# 基于国家层面的生物多样性研究论文分析可视化
## ——环境科学篇

郭玉清　刘爱原◎著

海洋出版社

2025年·北京

图书在版编目（CIP）数据

基于国家层面的生物多样性研究论文分析可视化. 环境科学篇 / 郭玉清，刘爱原著. -- 北京 : 海洋出版社，2025. 6. -- ISBN 978-7-5210-1549-2

Ⅰ. Q16

中国国家版本馆CIP数据核字第20257UB386号

责任编辑：杨　明
责任印制：安　淼

海洋出版社 出版发行
http://www.oceanpress.com.cn

北京市海淀区大慧寺路 8 号　　邮编：100081
涿州市般润文化传播有限公司印刷　　新华书店经销
2025年6月第1版　　2025年6月第1次印刷
开本：787mm×1092mm　　1 / 16　　印张：12.75
字数：213千字　　定价：98.00元

发行部：010-62100090　　总编室：010-62100034
海洋版图书印、装错误可随时退换

生物多样性是指所有来源的生命有机体（植物、动物和微生物）及其变异性，其与环境相互作用形成的生态复合体以及与此相关的各种生态过程的总和，包括基因、物种与生态系统 3 个层次水平。地球上任何一个物种都不能孤立地存在，人类在地球上的存在也不例外，我们既依赖又深刻影响着全球的生物多样性，特别是近 200 多年来的人类世（Anthropocene）以来。人类活动导致的生境破坏气候变化、生物入侵、资源的过度利用以及环境污染是导致生物多样性锐减的五大驱动力。

生物多样性是人类赖以生存的物质基础和条件。人类与生物多样性共栖息同命运。自 20 世纪 70 年代以来，全球一直在主动应对生物多样性的丧失问题。1972 年，联合国召开了人类环境大会，决定建立联合国环境规划署，以应对日益突出的生物多样性与环境问题。1992 年，150 多个国家共同签署了具有约束力的协议《生物多样性公约》（简称 CBD 公约），意味着全球性的生物多样性保卫战就此正式打响。战争的最大敌人不是别人而是我们人类自己，在面对自身的战争时，我们有太多的障碍需要克服。尽管 CBD 缔约已有 35 年，但生物多样性丧失的趋势并未因此得到有效缓解。2012 年成立了"生物多样性和生态系统服务政府间科学政策平台"（The Intergovernmental Science-Policy Platform on Biodiversity and Ecosystem Services），旨在通过多学科交叉实现将生物多样性科学知识转化成管理政策以加强生物多样性保护与可持续利用，确保人类福祉的长期化。本书通过检索 Web of Science 核心合集数据库中相关论文的大量数据，采用文献计量分析，可视化展示，呈现了环境 / 生态学、植物学与动物学、农业科学和地学 4 个学科生物多样性研究现状和发展趋势，通过不同国家不同学科生物多样性研究论文数据的分析能够转化成国家的管理政策，以加强国际合作，共同保护地球生物多样性。

　　近期研究表明过去 20 年中国主导了全球陆地变绿。只占全球植被面积 6.6% 的中国，贡献了全球 25% 的绿叶面积增量。在当前全球生物多样性和森林锐减的局势下，中国何以能取得如此巨大的生态成就？答案很简单，承认生物多样性与人类福祉的简单关系，用绿色发展理念、国家战略和实际行动保护好生物多样性，修复好受损的生态系统，就能实现大地回春。中国作为联合国生物多样性大会（COP15）主席国，有责任推动落实"昆明 – 蒙特利尔全球生物多样性框架"目标在中国率先达成，为国内外推动生物多样性保护提供模式和样板，为实现人与自然和谐共生的"命运共同体"贡献中国智慧和力量。本书也特别展示了中国生物多样性研究的发展与现状。

　　感谢国家自然科学基金"中国红树林湿地海洋线虫的分类研究"（N0.31772416）和"东海自由生活线虫分类学与多样性研究"（No.41176107）、厦门市海洋与渔业局"厦门红树林湿地重构和恢复效益评估"等项目和课题的资助。感谢广州原点软件有限公司（美国 OriginLab 中国分公司）为本书绘图提供最新版软件，感谢 Echo 提供的技术支持。由于能力和学术水平有限，本书错漏和不足之处在所难免，恳请广大专家、读者批评指正。

郭玉清

2024 年 6 月

# 目　录

# 1

## 概　述

### 1.1　数据库选择与检索词确定

SCI-E 和 SSCI 分别是科学引文数据库和社会科学引文数据库，包含 10000 种高水平期刊。InCites 数据库是一种基于引文的评估工具，它包含丰富的评价指标及量化工具，具有更好的数据分析功能。本书选择 Web of Science 核心合集中的 SCI-E 和 SSCI 两个子库和 InCites 数据库为数据源开展研究。

在 SCI-E 和 SSCI 数据库中，采用高级检索方式检索。检索策略为 (TI=("biodiversity" or "biological diversity" or "bio-diversity" or "genetic diversity" or "ecosystem diversity" or "species diversity" or "landscape diversity") or AK=("biodiversity" or "biological diversity" or "bio-diversity" or "genetic diversity" or "ecosystem diversity" or "species diversity" or "landscape diversity") or AB=("biodiversity" or "biological diversity" or "bio-diversity" or "genetic diversity" or "ecosystem diversity" or "species diversity" or "landscape diversity")) and (PY=(2003-2022))，其中 TI 为标题的字段标识、AK 为作者关键词的字段标识、AB 为摘要的字段标识、PY 为出版年的字段标识。检索时间为 2023 年 4 月 16 日。

### 1.2　学科分类

本研究学科分类采用 Essential Science Indicators（ESI）体系，该体系根据10000 多种学术期刊的属性，划分了 22 个比较宽泛的学科领域。按照澳大利亚学者 Anne-Wil Harzinga 和 Axèle Giroudb 的科学分类体系，进一步分为环境科学、生物医学科学、工学、理学和社会科学 5 大类（表 1–1）。本书选择环境科学的 4 个 ESI 学科，即环境 / 生态学、植物学和动物学、农业科学和地学进行分析研究，分别呈现在第二章到第五章中。环境科学大类包括的 ESI 学科涵盖内容见表 1–2。

### 表1-1 澳大利亚学者科学分类体系及对应的ESI学科

| 澳大利亚学者科学分类体系 | ESI 学科 |
| --- | --- |
| 环境科学 | 环境 / 生态学；植物学与动物学；农业科学；地学 |
| 生物医学科学 | 分子生物学与遗传学；微生物学；生物学与生物化学；临床医学；免疫学；药理学与毒理学；神经科学与行为科学 |
| 工学 | 工程；计算机科学；材料科学 |
| 理学 | 化学；物理学；数学；空间科学 |
| 社会科学 | 社会科学；经济学与商学；精神病学 / 心理学 |
| | 综合交叉学科 |

### 表1-2 环境科学包含的ESI学科及涵盖内容

| ESI 学科 | 涵盖内容 |
| --- | --- |
| 环境 / 生态学 | 理论与应用生态学；生态建模与工程；生态毒理学；进化生态学；环境污染与毒物学；环境卫生；环境监管；环境技术；环境地质学；土壤科学与土壤保护；水资源研究与工程；气候变化；生物多样性保护；自然史 |
| 植物学与动物学 | 区域植物学；菌学；苔藓学；植物生理学；林学；草科学；植物病理学；经济植物；水生植物与毒物学；海洋生态学；植物营养；光合作用；实验植物学；植物细胞和植物系统的细胞与分子生物学与生理学；动物行为；动物生产科学；禽科学；野生生物研究；实验动物科学；动物：灵长类、哺乳类、爬虫类、线虫类、软体动物；昆虫与虫害控制；兽医；动物健康；海水与淡水生物；渔业；水产 |
| 农业科学 | 农业工程；农艺学；耕地研究；农林；园艺；植物化学；农业生物化学；食品化学；谷物化学；碳水化合物与脂的研究 |
| 地学 | 地质学；地球化学；地球物理学；地质技术学；经济地质学；岩石（石油）化学；矿物学；气象学与大气科学；水文学；海洋学；石油地质学；火山学；地震学；气候学；古生物学；遥感；测地学；地质、石油与采矿工程 |

## 1.3　研究所用术语及软件

### 1.3.1　研究所用术语

论文数量：国家的论文数量即国家发表的每篇论文相加之和。

被引次数：国家发表的每篇论文的被引次数相加之和。

引文影响力：被引次数除以论文数量的值，即篇均被引次数。

学科规范化引文影响力（Category Normalized Citation Impact，CNCI）：指一篇论文相对于同行论文的被引表现。该指标消除了学科、发表时间和文献类型对论文被引频次的影响，是标准化的且独立于论文规模的指标。若一篇论文的被引频次为C，则该论文的CNCI为：

$$CNCI = C / reference$$

其中，reference为与该论文发表于同一年、同一学科、同一文献类型的全球论文篇均被引频次。CNCI为1，表明论文的被引表现与全球平均水平持平。

高产国家：论文数量排在全球前30的国家。

主要国家：非洲、亚洲、欧洲、北美洲、大洋洲、南美洲中论文数量最多的6个国家。

生物多样性特别丰富的国家：美国、墨西哥、澳大利亚、巴布亚新几内亚、南非、马达加斯加、刚果民主共和国、巴西、哥伦比亚、厄瓜多尔、秘鲁、委内瑞拉、中国、印度、印度尼西亚、马来西亚、菲律宾17个生物多样性特别丰富的国家。

### 1.3.2　研究所用软件

Origin是一款功能强大的科学绘图和数据分析软件，在科研和学术论文撰写中被广泛应用。它能够有效帮助科研工作者分析、处理和展示数据，将复杂的科研成果转化为生动直观的图像。全书共绘制图谱190张，其中166张使用了该软件提供的模板，包括折线图、点线图、散点图、棒棒糖图、柱状图、条形图、堆积柱状图、堆积条形图、树状图、热图、分块热图、网络图、分层边捆绑图和饼图等。为了更好展示数据间的关联，文中将不同类型的图形进行了组合，对图的背景进行了颜色填充，以充分展示数据的可视化效果。Origin 2024b软件由广州原点软件有限公司

（美国 OriginLab 中国分公司）提供。另外 24 张图使用 VOSviewer 1.6.20 软件。

# 1.4 数据整合与清洗

Web of Science 核心合集数据库和 InCites 数据库下载获得的论文数据既有共有的信息，例如入藏号、题目、出版年和被引次数。也有各自不同的信息，例如 Web of Science 核心合集数据库有 Addresses 和 Reprint Addresses 字段，包括作者及其机构与所在城市和国家或地区地址字段信息。InCites 数据库有 ESI 学科字段和 CNCI 字段。

本研究从 Web of Science 核心合集数据库检索获得生物多样性文献 203422 篇，下载全部论文，制作完整记录信息的 Excel 表格，包括论文的题目、作者机构和地址等。再将检索获得的 203422 篇文献导出到 InCites 数据库中，学科分类选择 Essential Science Indicators（ESI），文献类型选择 Article（研究型论文）后，得到生物多样性论文 182221 篇并下载。合并两个数据库中相同入藏号的论文，共有的字段信息（出版年和被引次数）采用 InCites 数据库中获得的信息。具体数据信息获取流程见图 1−1。

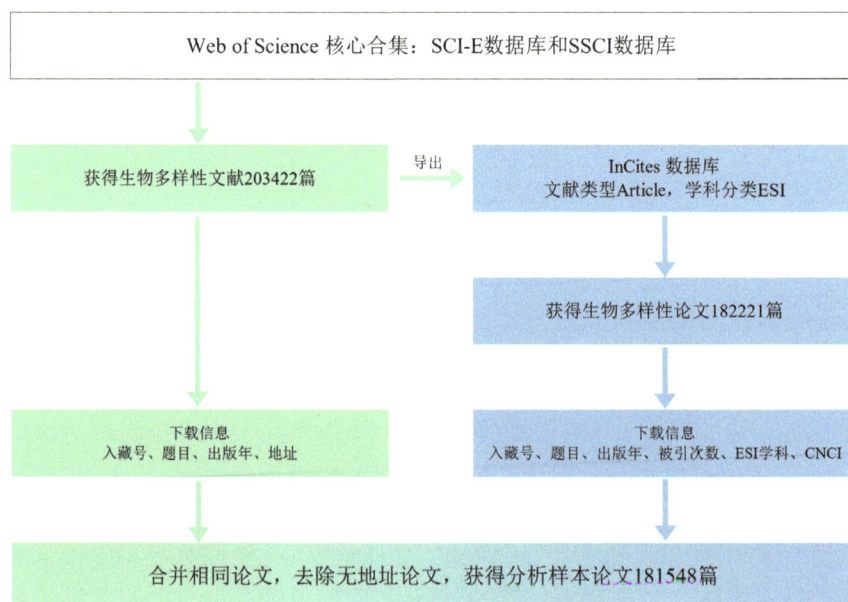

图 1−1 获取研究样本论文数据流程图

下载论文的信息中，多数论文包含了 Addresses 和 Reprint Addresses 两个字段信息，少数论文只包含 Addresses 或 Reprint Addresses 一个字段的信息，也有少数论文中两个字段的信息都缺少（表1–3）。本研究从 Addresses 和 Reprint Addresses 两个字段中提取国家或地区的信息，将国家或地区进行了归属（表1–4），去除无地址的条目，本书对181548篇论文样本进行统计分析。研究分析论文信息的主要字段范例见表1–5。

**表1–3　从Web of Science核心合集数据库获得的论文地址信息字段范例**

| 论文题目 | Addresses | Reprint Addresses |
|---|---|---|
| Importance of riparian habitats to flora conservation in farming landscapes of southern Quebec, Canada | Canadian Wildlife Serv, Natl Wildlife Res Ctr, Hull, PQ K1A 0H3, Canada; Environm Canada, Canadian Wildlife Serv, Ste Foy, PQ G1V 4H5, Canada | Boutin, C（通讯作者），Canadian Wildlife Serv, Natl Wildlife Res Ctr, 100 Gamelin Blvd, Hull, PQ K1A 0H3, Canada. |
| Invasion of non-indigenous suckermouth armoured catfish of the genus Pterygoplichthys (Loricariidae) in the East Kolkata Wetlands: Stakeholders' perception | [Hussan, Ajmal; Mandal, R. N.; Hoque, Farhana; Das, Arabinda; Chakrabarti, P. P.; Adhikari, S.] ICAR Cent Inst Freshwater Aquaculture, Reg Res Ctr, Rahara 700118, W Bengal, India; ICAR Cent Inst Freshwater Aquaculture, Bhubaneswar 751002, Odisha, India | |
| Effects of land use, cover, and protection on stream and riparian ecosystem services and biodiversity | | Hanna, DEL（通讯作者）, McGill Univ, Dept Nat Resource Sci, MacDonald Stewart Bldg 21,111 Lakeshore Rd, Ste Anne De Bellevue, PQ H9X 3V9, Canada. |
| Global hotspot of Biodiversity and Conservation | | |

**表1-4 研究论文涉及的国家或地区归属**

| Addresses 或 Reprint Addresses 字段中提取的国家或地区 | 归属后的国家 |
|---|---|
| United Kingdom、England、Scotland、North Ireland、Wales、Anguilla、Bermuda、Cayman Islands、Montserrat、St Helena、Turks & Caicos、Gibraltar、Ascension Isl、Tristan da Cunh | 英国 |
| Netherlands、Aruba、Curacao、Neth Antilles、St Martin | 荷兰 |
| France、St Barthelemy、New Caledonia、French Guiana | 法国 |
| Denmark、Faroe Islands、Greenland | 丹麦 |
| Peoples R China、Taiwan、Hong Kong、Macao、Macau | 中国 |
| Turkey、Turkiye | 土耳其 |
| Mongol Peo Rep、Mongolia | 蒙古国 |
| Eswatini、Swaziland | 斯威士兰 |
| Suriname、Surinam | 苏里南 |
| Trinid & Tobago、Trinidad Tobago | 特立尼达和多巴哥 |
| Bosnia and Herzegovina、Bosnia & Herceg | 波斯尼亚和黑塞哥维那 |

**表1-5 研究分析论文信息的主要字段范例**

| 论文题目 | 所属学科 | 出版年 | 被引频次 | CNCI | 国家 | 国家所属洲 |
|---|---|---|---|---|---|---|
| Importance of riparian habitats to flora conservation in farming landscapes of southern Quebec, Canada | 环境/生态学 | 2003 | 46 | 0.90 | 加拿大 | 北美洲 |
| Invasion of non-indigenous suckermouth armoured catfish of the genus Pterygoplichthys (Loricariidae) in the East Kolkata Wetlands: Stakeholders' perception | 植物学与动物学 | 2019 | 4 | 0.47 | 印度 | 亚洲 |
| Effects of land use, cover, and protection on stream and riparian ecosystem services and biodiversity | 环境/生态学 | 2020 | 26 | 2.39 | 加拿大 | 北美洲 |
| Global hotspot of Biodiversity and Conservation | 环境/生态学 | 2022 | 0 | 0 | | |

## 1.5　全球 22 个 ESI 学科生物多样性论文分布可视化概览

22 个 ESI 学科名称、各学科发表论文数量及其占全球总论文数量的比例见图 1-2。从图中可以看出环境 / 生态学、植物学与动物学、农业科学发文量占比分别是 34.1%、30.9% 和 7.84%，位于 22 个学科的前三位。地学发文量占比2.88%。4 个学科构成了环境科学大类。

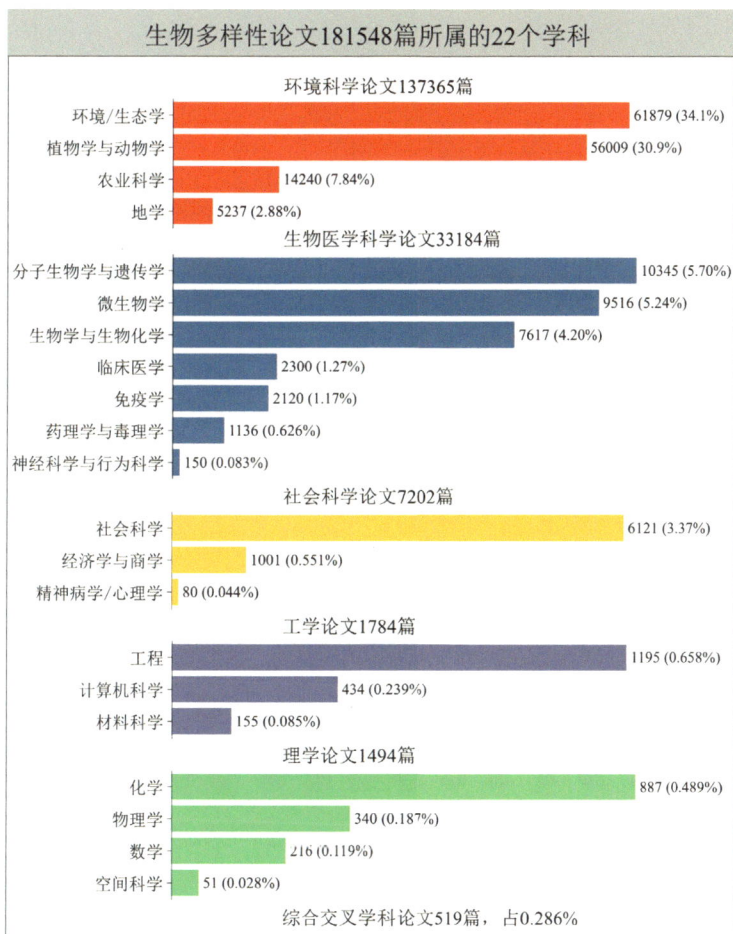

图 1-2　全球 22 个 ESI 学科生物多样性论文的学科分布

环境科学 4 个学科不同时段全球参与发表论文的国家或地区数量及其发表论文数量的比较见图 1-3。4 个学科比较发现，全球环境 / 生态学、植物学与动物学参与度高，发文量多，分别有 191 个和 194 个国家（或地区），发表数量分别为 61879 篇和 56006 篇。农业科学、地学学科研究相对较少，发文量 14240 篇和 5237 篇。随着时间的推移，参与 4 个学科研究的国家或地区以及发文量都在增加。

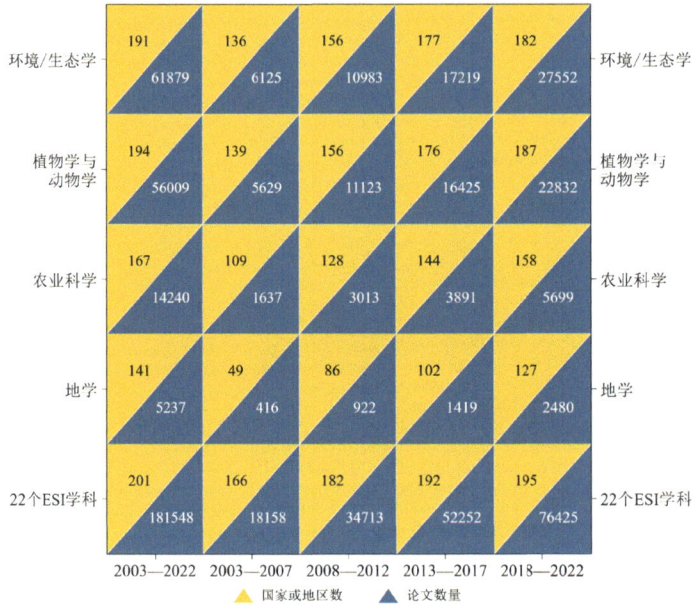

图 1-3　全球 22 个学科与环境科学 4 个学科发表论文的国家（或地区）数及其论文数量比较

全球 22 个学科的论文数量、被引次数、引文影响力和 CNCI 基本信息年度分布见图 1-4。20 年间的 2021 年发文量最多达到 17756 篇，2011 年被引次数最多为 295175 次，引文影响力最高的年份为 2003 年，达到 61.5，CNCI 最高的年份为 2005 年，达 1.50。

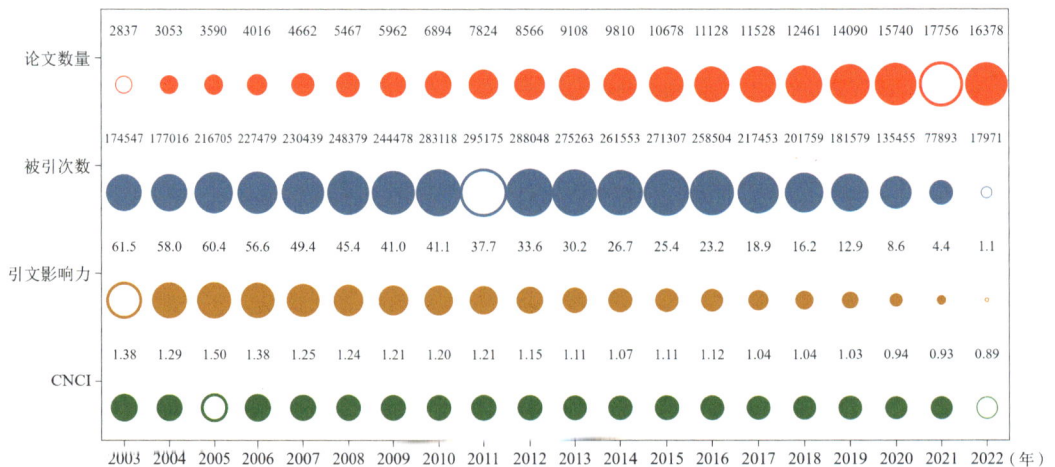

图 1-4　全球 22 个学科生物多样性论文数量与及其影响力指标基本信息年度分布

## 1.6　环境科学 4 个学科生物多样性论文可视化比较概览

　　图 1-5 为 4 个学科不同时段各洲发文量及参与国家（或地区）数量的比较。红五星下方数据代表 2003—2022 年间各洲发文量，上方数据代表参与国家（或地区）数量。柱体下方数值代表 4 个不同时段参与国家(或地区)数，上方数值代表发文量。

　　比较各洲的发文总量表明，4 个学科中发文量最多是欧洲。北美洲在环境生态学科的发文量超越亚洲，位列第 2 位，亚洲在其余 3 个学科发文量排在第 2 位。大洋洲在农业学科的论文数量排在最后，非洲在其余 3 个学科论文数量排在最后。比较各洲参与国家（或地区）数量以及发表论文总量表明，亚洲、非洲和欧洲参与的国家（或地区）数量相当，但发文量相差很大。

　　植物学与动物学、环境 / 生态学科 2 个学科，非洲参与研究的国家（或地区）数量最多，分别是 51 个和 54 个，但发文量最少，分别占 2 个学科总发文量的 7.1%和 7.2%。欧洲这 2 个学科参与国家（或地区）数量分别是 44 个和 43 个，发文量分别占总发文量 50.2% 和 43.9%；亚洲参与的国家（或地区）数量分别是 47 个和 45 个，发文量分别占总发文量的 22.6% 和 29.3%。对于农业学科而言，非洲、亚洲和欧洲参与的国家（或地区）数量分别是 45 个、44 个和 43 个，发文量分别占总发文量的 8.9%、38.1% 和 41.0%。对于地学学科，非洲、亚洲和欧洲参与的国家（或地区）数分别为 32 个、40 个和 40 个，发文量分别占总发文量 5.6%、30.2% 和 57.1%。北美洲参与 4 个学科的国家（或地区）数量分别是 24 个、24 个、15 个和 13 个，发文量占到各学科总发文量的 34.6%、27.8%、50.8% 和 29.8%。

　　图 1-6 为 4 个学科不同时段各洲出现的高产国家数量及其高产国家总发文量的比较。红五星上方数据代表 2003—2022 年间各洲出现的高产国家数量，下方数据代表发文总量。柱体下方数值代表 4 个不同时间段各洲出现的高产国家数量，上方数值代表其发文总量。从图中看出 4 个学科高产国家中包括欧洲国家分别是 18 个、18 个、16 个和 13 个，发文量占到各学科总发文量的 48.7%、40.5%，36.0% 和 29.3%。表明欧洲国家在各学科中仍然是科学研究的高地。4 个学科高产国家中北美洲发文量占到各学科总发文量的 34.2%、27.3%，33.3% 和 29.3%，其中美国贡献突出。4 个学科高产国家中亚洲发文量占到各学科总发文量的 16.2%、23.6%，33.3% 和 29.3%。

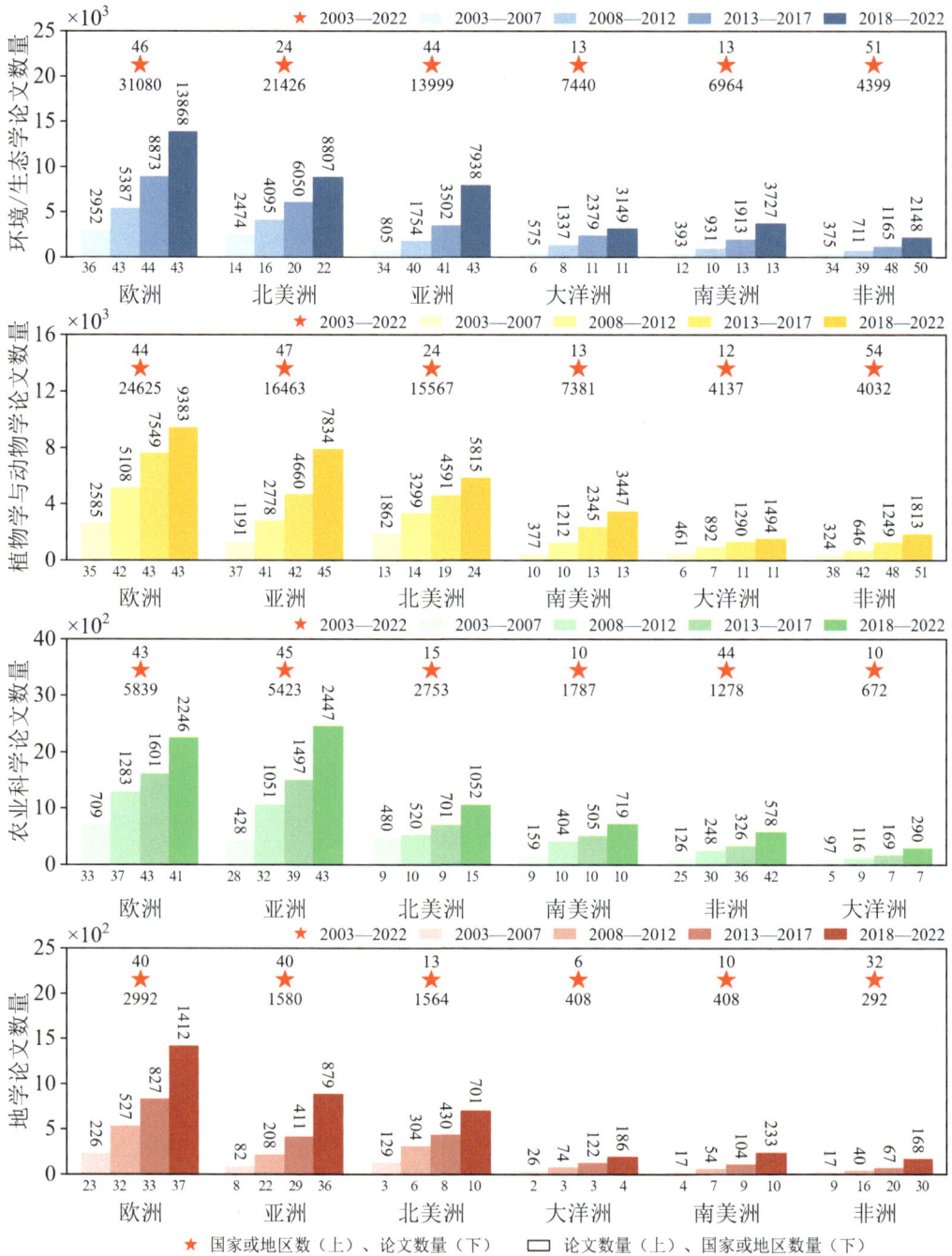

图 1-5  5个时段不同学科各洲发表论文的数量及其参与国家（或地区）数的比较

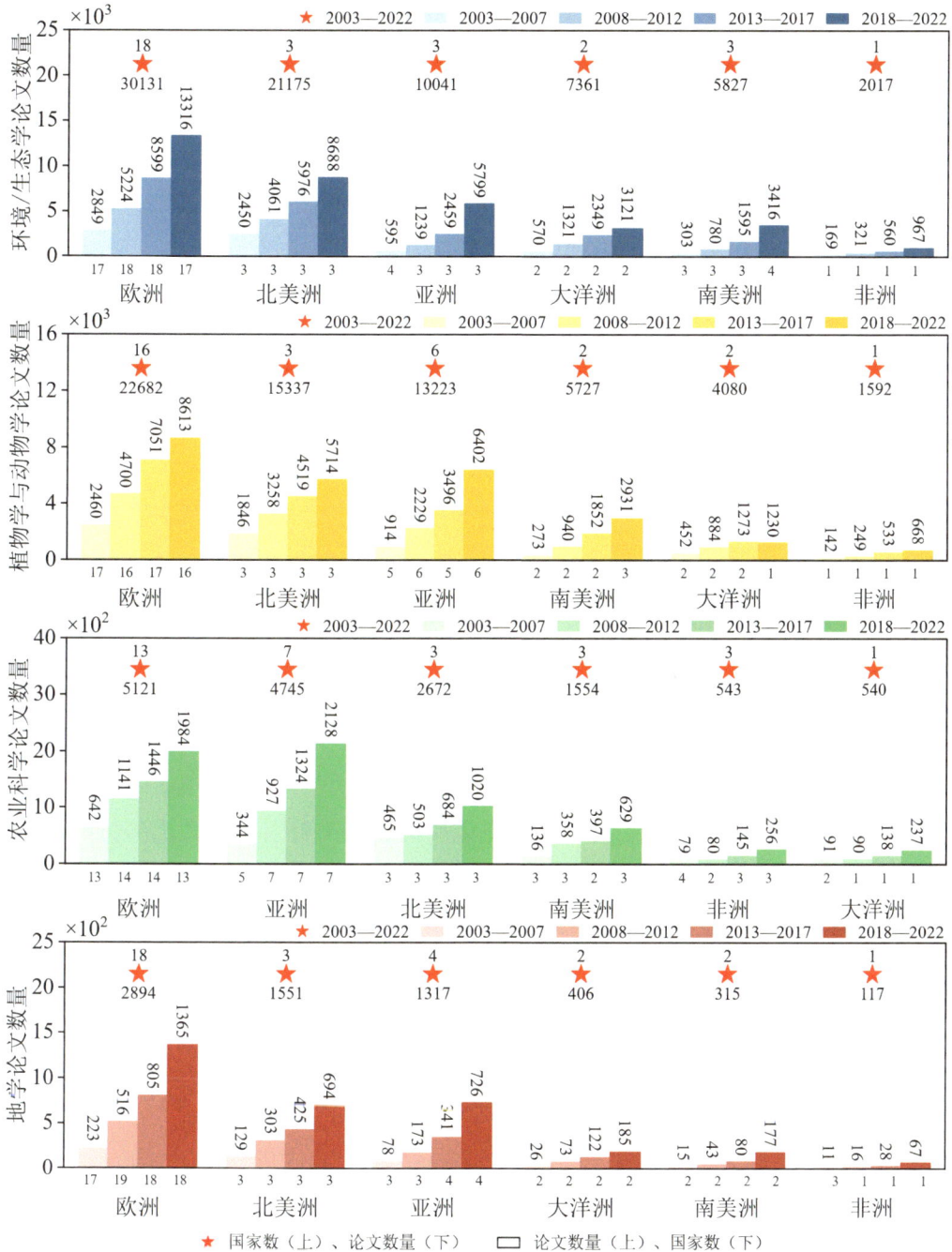

图 1-6　高产国家 5 个时段不同学科各洲发表论文的数量及其参与国家（或地区）数的比较

　　图 1-7 为不同学科 5 个时段各洲主要国家的论文数量及其在全球排序的比较。红五星上方数据为 2003—2022 年主要国家的发文总量在全球的排列位次，下方数据为该时段各主要国家的发文总量。柱体上方数据为 4 个不同时段各主要国家的发文量，下方数据为相应时段在全球的排序。

　　不同洲之间比较表明，在环境 / 生态学和地学学科，北美洲、欧洲和亚洲主要国家发文量高于大洋洲、南美洲和非洲主要国家的该指标。在植物学与动物学和农业学科，北美洲、亚洲和南美洲各主要国家发文量高于欧洲、大洋洲和非洲主要国家的该指标。各主要国家之间比较表明，4 个学科美国发文总量及其在世界的排名最高，南非发文总量及排名最低。在农业和地学领域各主要国家发文总量总体相对偏少。

　　图 1-8 为不同学科 5 个时段各洲主要国家的论文被引次数及其在全球排序的比较。红五星上方数据为 2003—2022 年主要国家论文被引次数在全球的排列位次，下方数据为该时段各主要国家论文被引次数。柱体上方数据为 4 个不同时段各主要国家论文被引次数，下方数据为相应时段各国该指标在全球的排序。

　　不同洲之间比较表明，环境 / 生态学和植物学与动物学学科，北美洲、欧洲和大洋洲主要国家论文被引次数高于非洲、南美洲和亚洲主要国家论文的该指标；在农业和地学学科，北美洲、亚洲和欧洲各主要国家论文被引次数高于南美洲、大洋洲和非洲主要国家论文的该指标。各主要国家之间比较，4 个学科都是美国论文被引次数最高，世界排名第 1。南非论文被引次数及在世界排名最低。中国在农业学科论文被引次数及世界排名第 2 位。该指标除了非洲以外，其他洲的主要国家在世界的排名都进入前 15 位。

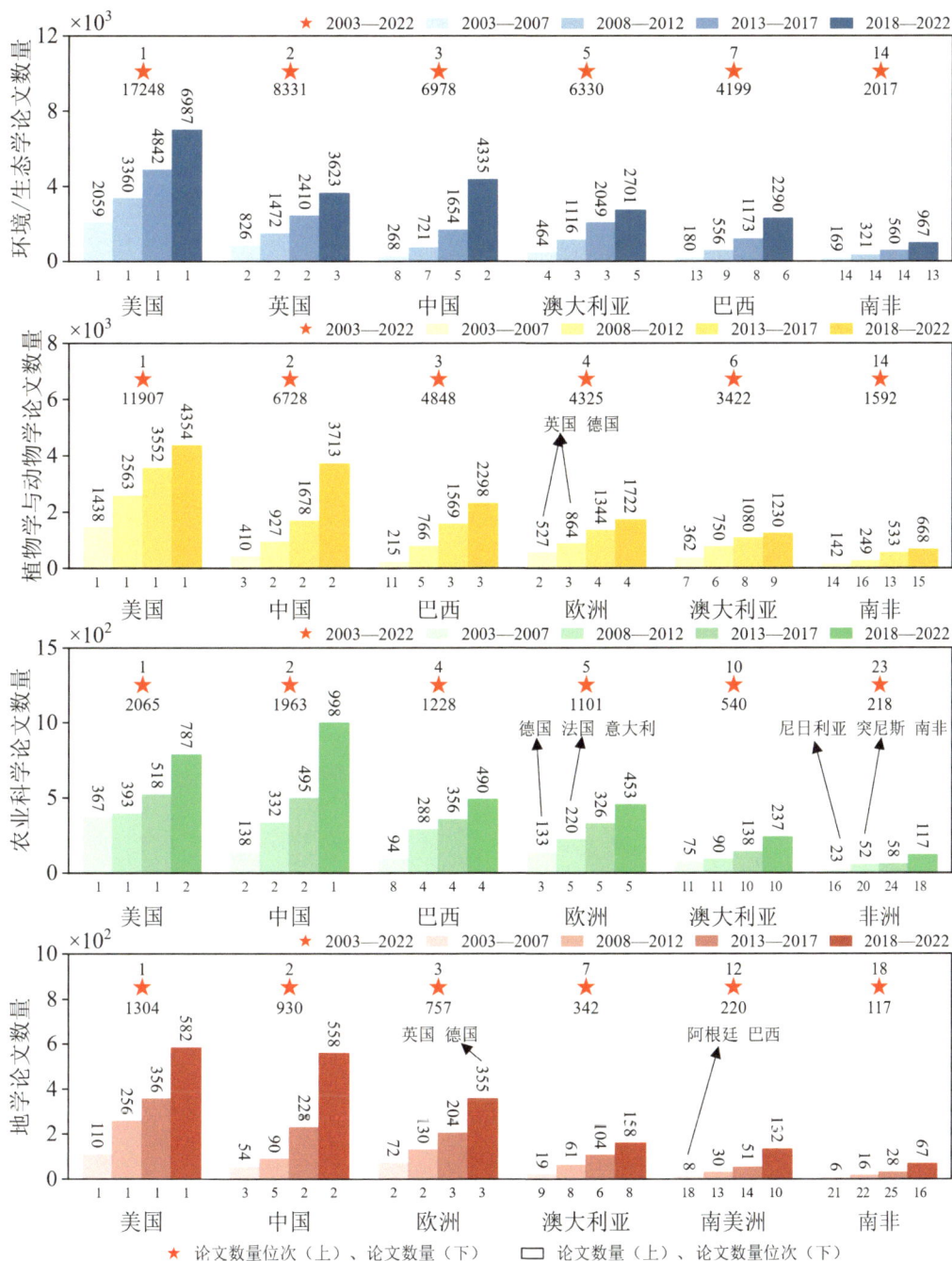

图 1-7　不同学科 5 个时段各洲主要国家发表论文数量及其在全球排序的比较

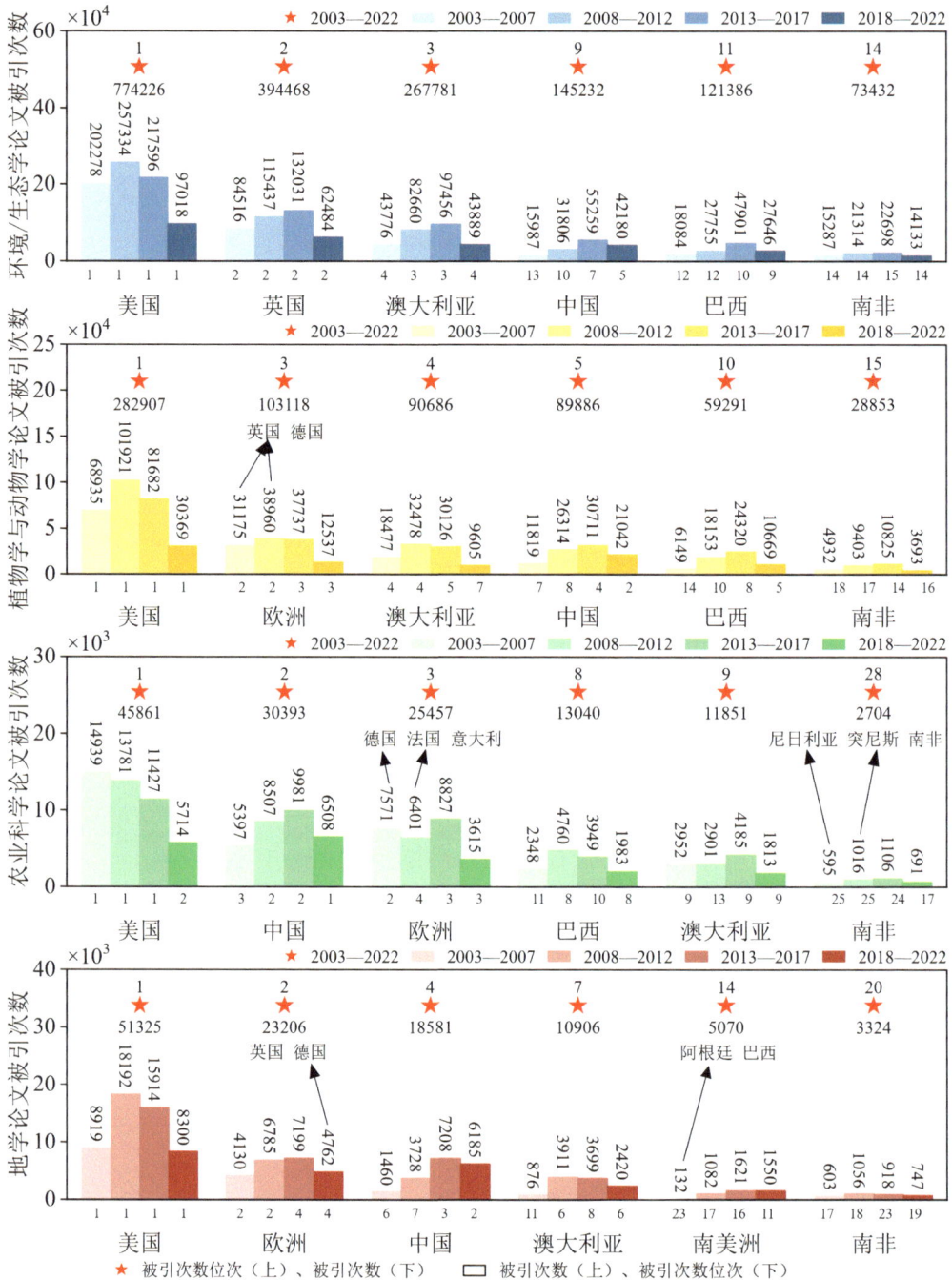

图1-8 不同学科5个时段各洲主要国家论文被引次数及其在全球排序的比较

图 1-9 为不同学科 5 个时段各洲主要国家论文引文影响力及其在全球排序的比软。红五星上方数据为 2003—2022 年主要国家论文引文影响力在全球排列的位次，下方数据为各主要国家论文的引文影响力。柱体上方数据为 4 个不同时段各主要国家论文的引文影响力，下方数据为相应时段各国该指标在全球的排序。

4 个学科不同洲之间比较，欧洲、大洋洲和北美洲主要国家论文引文影响力及在世界的排名高于非洲、南美洲和亚洲。各主要国家间比较表明，环境 / 生态学学科英国论文引文影响力及在世界的排名最高，中国论文引文影响力及在世界的排名最低；植物学与动物学学科澳大利亚论文引文影响力及在世界的排名最高，巴西论文引文影响力及在世界的排名最低；农业科学总体上意大利论文引文影响力及在世界的排名最高（在个别时段德国和法国领先），巴西论文引文影响力及在世界的排名最低；地学学科美国论文引文影响力及在世界的排名最高，中国论文引文影响力及在世界的排名最低。在地学领域各主要国家之间论文引文影响力在全球排列的位次相差不大，10 ~ 63 位之间。

图 1-10 为不同学科 5 个时段各洲主要国家论文 CNCI 及其在全球排序的比较。红五星上方数据为 2003—2022 年主要国家论文 CNCI 在全球排列的位次，下方数据为论文的 CNCI。柱体上方数据为 4 个不同时段各主要国家论文的 CNCI，下方数据为相应时段各国该指标在全球的排序。

4 个学科不同洲之间比较，欧洲、大洋洲和北美洲主要国家论文 CNCI 及其在世界的排名高于非洲、南美洲和亚洲主要国家论文的该指标。各主要国家之间比较，环境 / 生态学学科英国论文 CNCI 及在世界的排名最高，中国论文 CNCI 及在世界的排名最低；植物学与动物学学科澳大利亚论文 CNCI 及在世界的排名最高，巴西论文 CNCI 及在世界的排名最低；农业科学总体上意大利论文 CNCI 及在世界的排名最高（在个别时段德国和法国领先），巴西论文 CNCI 及在世界的排名最低；地学学科美国论文 CNCI 及在世界的排名最高，中国论文 CNCI 及在世界的排名最低。在地学领域各主要国家间论文 CNCI 相差不大，世界排名在 29 ~ 52 位之间。

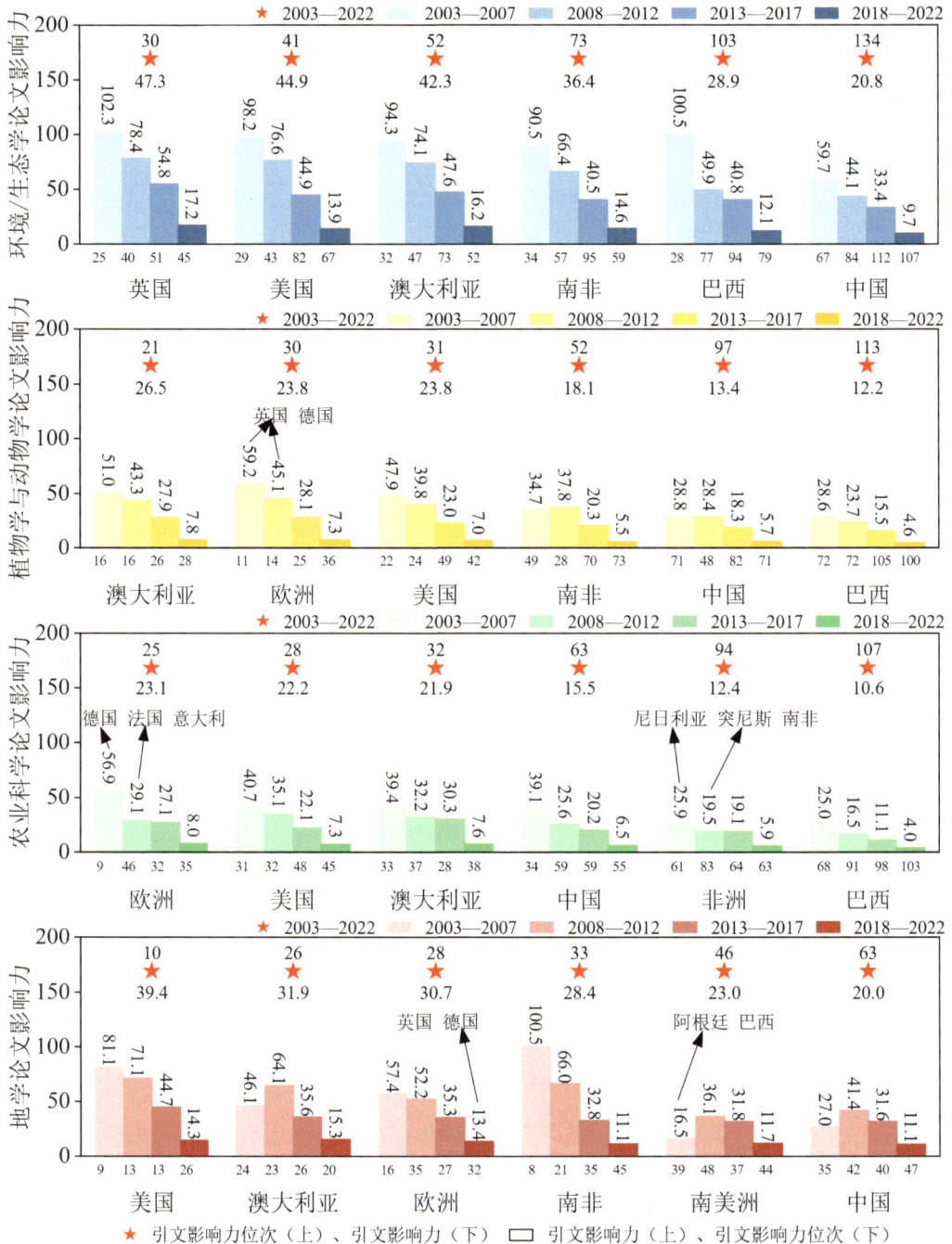

图1-9　不同学科5个时段各洲主要国家的论文引文影响力及其在全球排序的比较

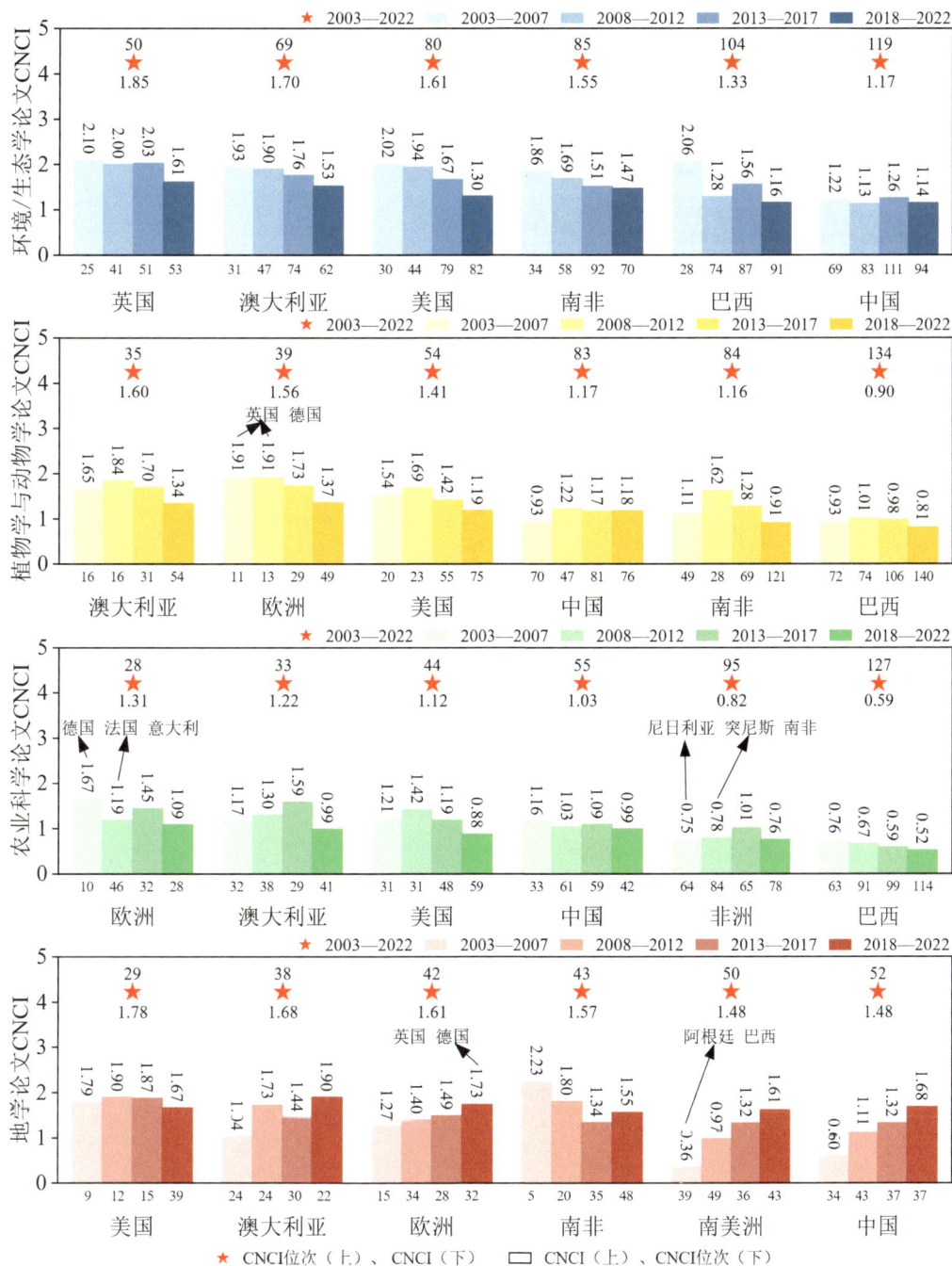

图 1-10　不同学科 5 个时段各洲主要国家论文 CNCI 及其在全球排序的比较

# 2

# 环境/生态学生物多样性
# 论文文献信息可视化

## 2.1 全球环境/生态学生物多样性论文数量及其质量信息可视化

2003—2022年间环境/生态学发表论文61879篇，来源于6大洲的191个国家或地区（图2-1）。欧洲、北美洲、亚洲、大洋洲、南美洲和非洲20年间发文量分别是31080篇、21426篇、13999篇、7440篇、6964篇和4399篇。

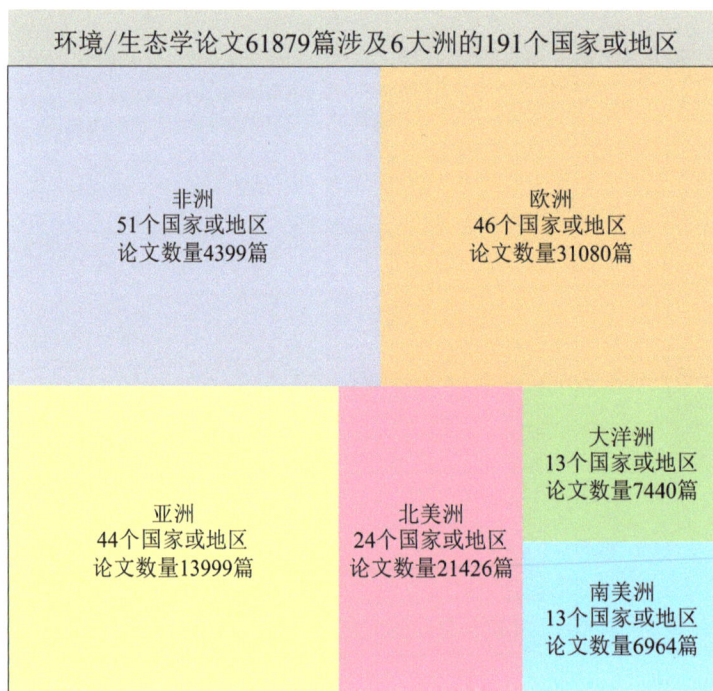

图2-1 2003—2022年间发表生物多样性论文的国家或地区分布

图 2-2 为环境 / 生态学在不同时段生物多样性论文涉及的国家或地区数。5 个时段分别是 2003—2007 年、2008—2012 年、2013—2017 年和 2018—2022 年，以及 2003—2022 年总时段。从图中看出，随着时间的推移各洲发表论文涉及的国家或地区数基本在不断增加。

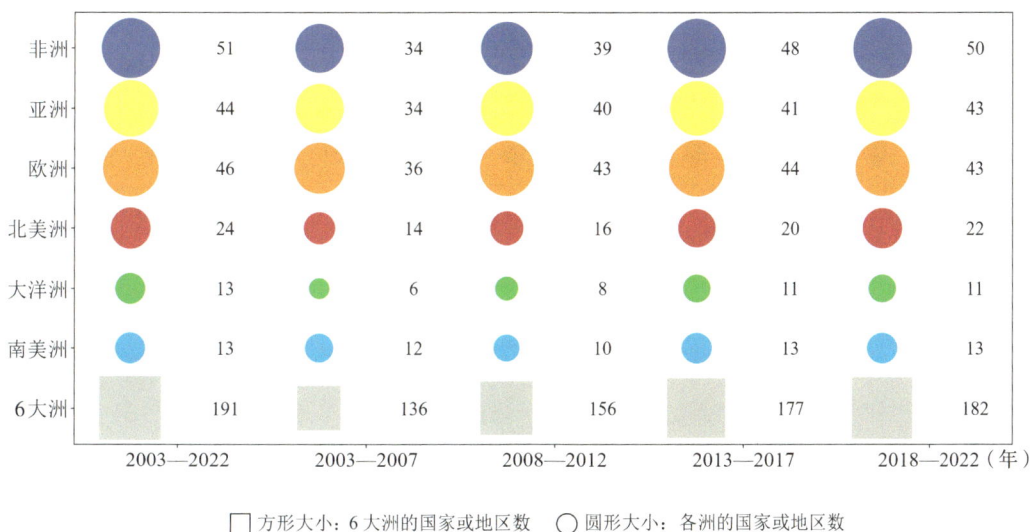

| | 2003—2022 | | 2003—2007 | | 2008—2012 | | 2013—2017 | | 2018—2022（年） |
|---|---|---|---|---|---|---|---|---|---|
| 非洲 | | 51 | | 34 | | 39 | | 48 | 50 |
| 亚洲 | | 44 | | 34 | | 40 | | 41 | 43 |
| 欧洲 | | 46 | | 36 | | 43 | | 44 | 43 |
| 北美洲 | | 24 | | 14 | | 16 | | 20 | 22 |
| 大洋洲 | | 13 | | 6 | | 8 | | 11 | 11 |
| 南美洲 | | 13 | | 12 | | 10 | | 13 | 13 |
| 6大洲 | | 191 | | 136 | | 156 | | 177 | 182 |

□ 方形大小：6 大洲的国家或地区数　○ 圆形大小：各洲的国家或地区数

图 2-2　环境 / 生态学学科不同时段各洲发表论文的国家或地区数量

使用两种图形来描述环境 / 生态学生物多样性论文数量和质量信息的年度分布。图 2-3 重点提供 20 年逐年论文数量、被引次数、引文影响力和 CNCI 的基础数据，数值越大，对应的指标圆圈就越大，空心圆圈为相应指标的最大值或最小值。图 2-4 呈现 4 个指标 20 年逐年变化的趋势。从图中看出发表论文数量基本呈现逐年增加的趋势，2021 年达到最高值 6562 篇。被引次数超过 10 万次的时段出现在 2006—2016 年的 10 年间，最高值为 129578 次，出现在 2010 年，之后基本呈现逐年减少趋势。引文影响力呈现逐年减少趋势，最高值出现在 2003 年，达到 84.3 次 / 篇。CNCI 最高值出现在 2003 年，此后基本呈现逐年缓慢降低趋势。

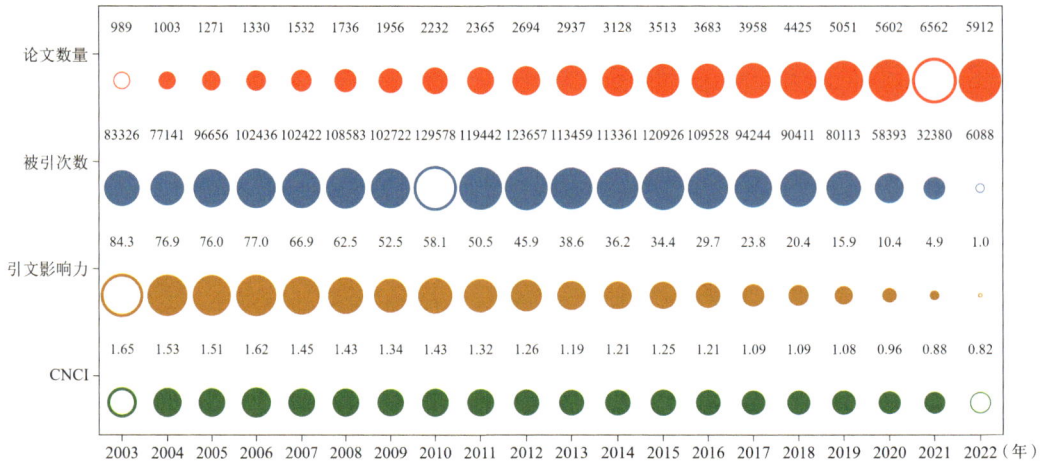

图 2-3　环境 / 生态学学科生物多样性论文的数量及其影响力指标基本信息

图 2-5 为不同时段全球国家或地区、高产国家和主要国家独立与合作完成的论文数量。图中数据表明从国家层面来看，合作研究比例逐步上升。高产国家和主要国家的发文量分别占全球发文总量的 95.1% 和 59.1%。

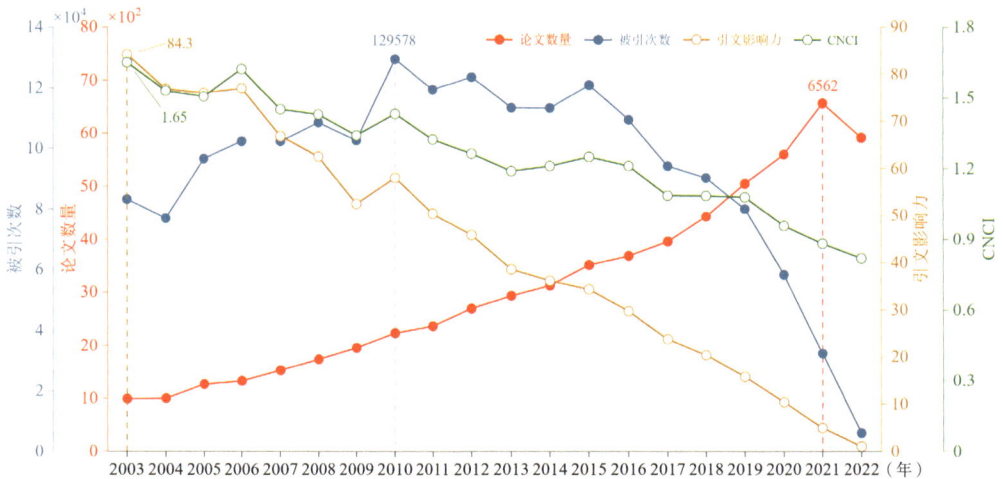

图 2-4　环境 / 生态学学科生物多样性论文数量及其影响力指标的年度变化

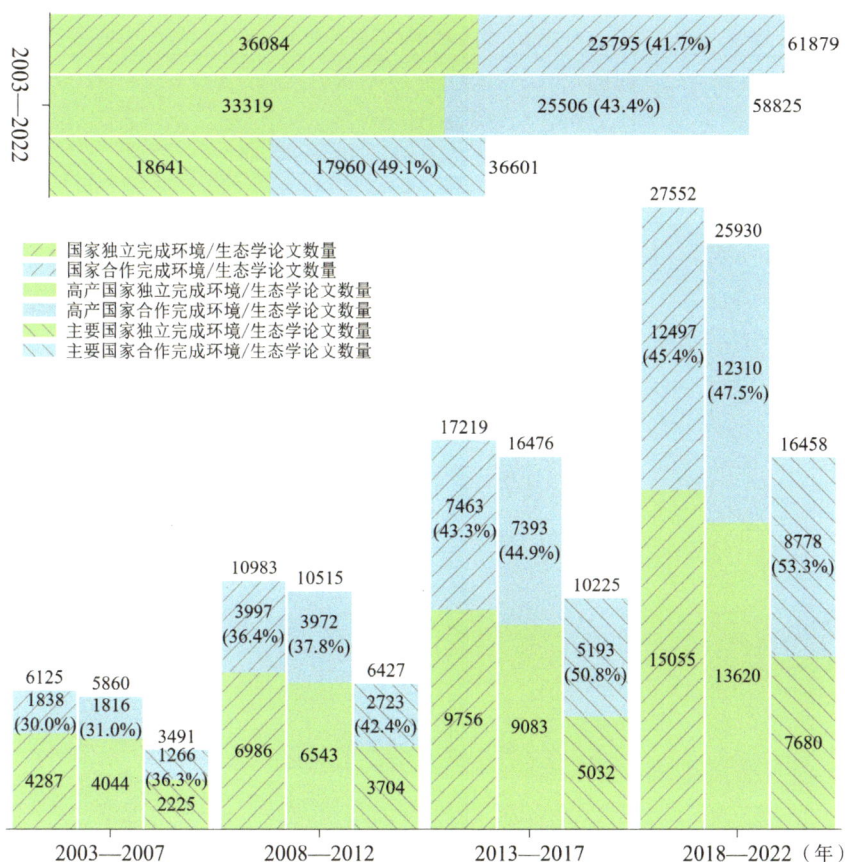

图 2-5　不同时段独立与合作论文的数量及合作论文数量百分比

## 2.2　高产国家环境/生态学生物多样性论文数量及其质量信息可视化

图 2-6 表征了高产国家不同时段论文量多少的排序和 CNCI 的高低，同时反映各国论文量与影响力变化趋势。图中高产国家共涉及 32 个，其中欧洲国家 18 个，亚洲和南美洲各 4 个，北美洲 3 个，大洋洲 2 个，非洲 1 个。图中数字越小表示该国论文量越多，颜色深浅表示论文影响力 CNCI 的高低。20 年论文数量美国排列第一，英国第二，中国第三。4 个时段排前 10 位的国家基本没有变化（除了巴西 2003—2007 年时段排列第 13 位），但排名序列有所不同。瑞士、荷兰、瑞典、捷克和丹麦 5 国的 CNCI 较高，均超过了 2.5（图中显示为白色数字）。后面对各时段 30 个国家信息详细分析。

图例:■ 非洲　■ 亚洲　■ 欧洲　■ 北美洲　■ 大洋洲　■ 南美洲

| 国家 | 2003—2022 | 2003—2007 | 2008—2012 | 2013—2017 | 2018—2022 | CNCI |
|---|---|---|---|---|---|---|
| 美国 | 1 | 1 | 1 | 1 | 1 | |
| 英国 | 2 | 2 | 2 | 2 | 3 | 0.6~0.9 |
| 中国 | 3 | 8 | 7 | 5 | 2 | |
| 德国 | 4 | 3 | 4 | 4 | 4 | |
| 澳大利亚 | 5 | 4 | 3 | 3 | 5 | |
| 法国 | 6 | 6 | 5 | 6 | 7 | |
| 巴西 | 7 | 13 | 9 | 8 | 6 | 0.9~1.1 |
| 加拿大 | 8 | 5 | 6 | 9 | 9 | |
| 西班牙 | 9 | 7 | 8 | 7 | 8 | |
| 意大利 | 10 | 10 | 10 | 10 | 10 | |
| 瑞士 | 11 | 12 | 11 | 11 | 11 | 1.1~1.4 |
| 荷兰 | 12 | 9 | 12 | 12 | 12 | |
| 瑞典 | 13 | 11 | 13 | 13 | 14 | |
| 南非 | 14 | 14 | 14 | 14 | 13 | 1.4~1.6 |
| 墨西哥 | 15 | 15 | 16 | 15 | 17 | |
| 印度 | 16 | 17 | 15 | 22 | 15 | |
| 日本 | 17 | 19 | 17 | 17 | 18 | |
| 葡萄牙 | 18 | 26 | 20 | 16 | 16 | 1.6~1.9 |
| 芬兰 | 19 | 16 | 19 | 23 | 20 | |
| 比利时 | 20 | 18 | 21 | 20 | 21 | |
| 丹麦 | 21 | 22 | 22 | 18 | 22 | |
| 新西兰 | 22 | 20 | 18 | 21 | 24 | 1.9~2.1 |
| 波兰 | 23 | 24 | 24 | 19 | 19 | |
| 挪威 | 24 | 21 | 23 | 25 | 23 | |
| 捷克 | 25 | 29 | 28 | 24 | 25 | |
| 奥地利 | 26 | 28 | 27 | 26 | 26 | 2.1~2.4 |
| 阿根廷 | 27 | 25 | 26 | 27 | 27 | |
| 智利 | 28 | 27 | 29 | 28 | 28 | |
| 俄罗斯 | 29 | 23 | 25 | 29 | 29 | |
| 希腊 | 30 | | 30 | 30 | | |
| 以色列 | | 30 | | | | 2.4~2.7 |
| 哥伦比亚 | | | | | 30 | |

（年）

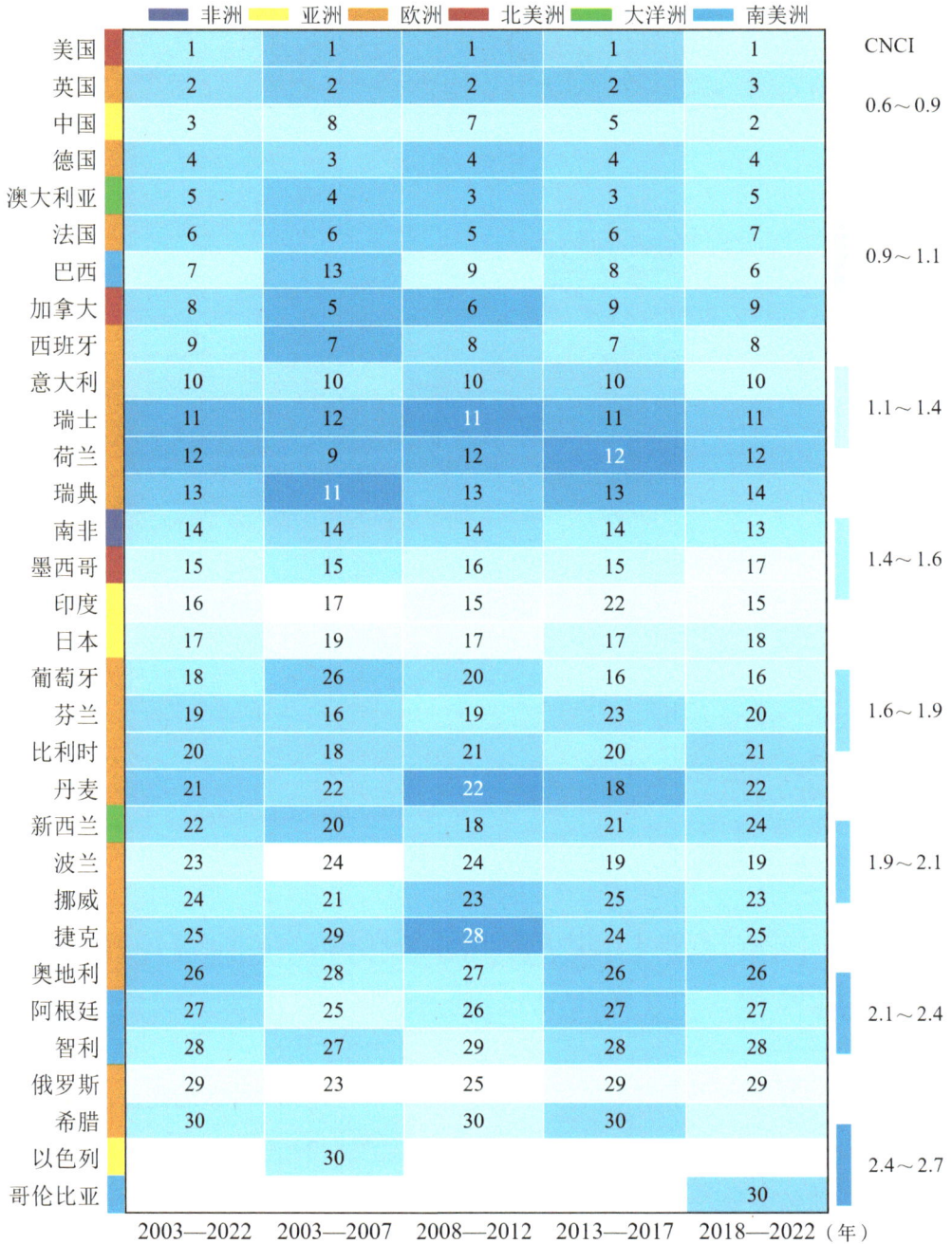

图2-6　环境/生态学学科不同时段高产国家的论文数量位次变化及其CNCI热图

## 2.2.1 2003—2022 年高产国家论文数量及其质量信息可视化总览

2003—2022 年间，全球共发表论文 61879 篇，高产国家共发表论文 58825 篇，占全球论文总数量的 95.1%。该时段排在前 30 位国家的论文信息见图 2-7。30 个高

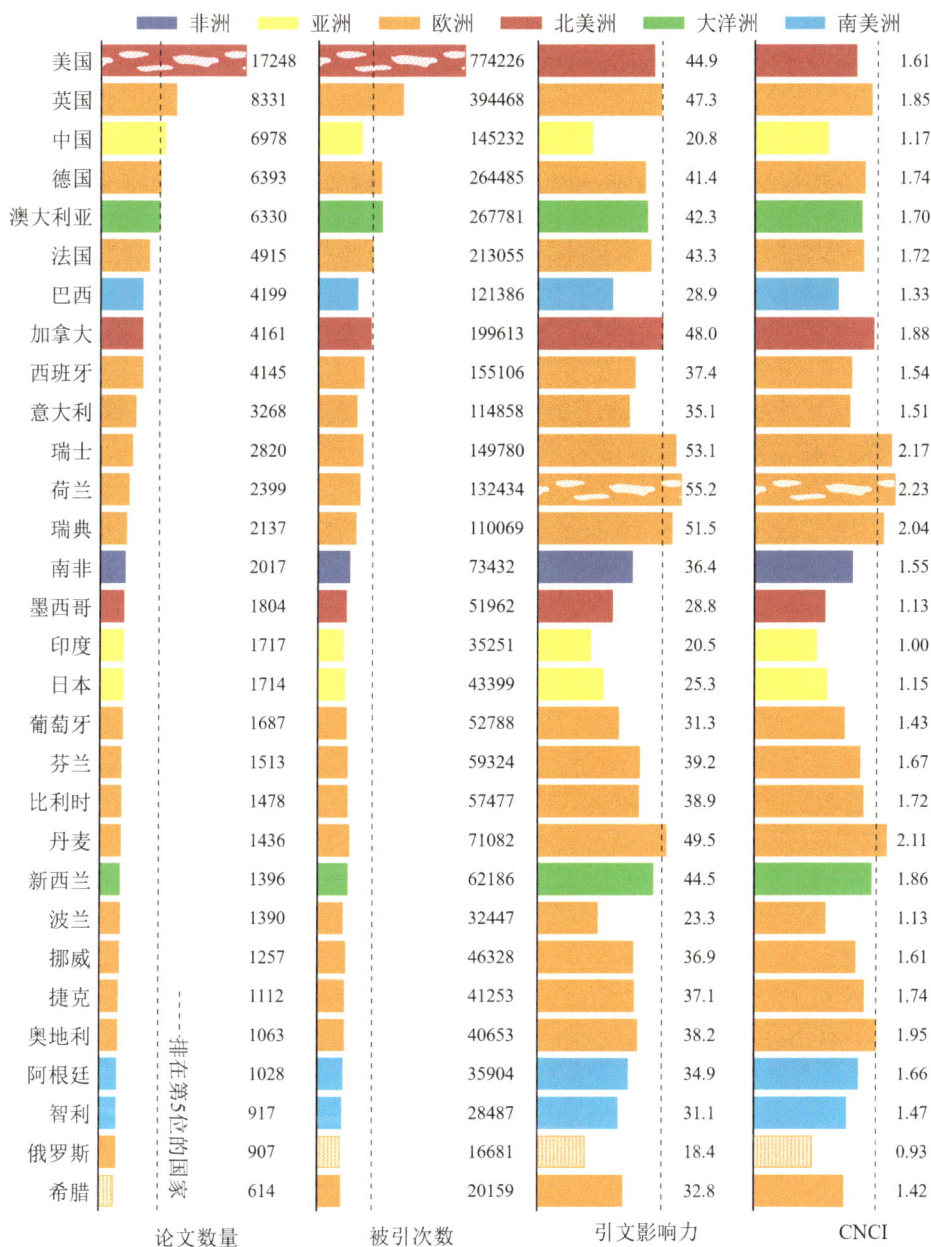

| | 非洲 | 亚洲 | 欧洲 | 北美洲 | 大洋洲 | 南美洲 |

| 国家 | 论文数量 | 被引次数 | 引文影响力 | CNCI |
|---|---|---|---|---|
| 美国 | 17248 | 774226 | 44.9 | 1.61 |
| 英国 | 8331 | 394468 | 47.3 | 1.85 |
| 中国 | 6978 | 145232 | 20.8 | 1.17 |
| 德国 | 6393 | 264485 | 41.4 | 1.74 |
| 澳大利亚 | 6330 | 267781 | 42.3 | 1.70 |
| 法国 | 4915 | 213055 | 43.3 | 1.72 |
| 巴西 | 4199 | 121386 | 28.9 | 1.33 |
| 加拿大 | 4161 | 199613 | 48.0 | 1.88 |
| 西班牙 | 4145 | 155106 | 37.4 | 1.54 |
| 意大利 | 3268 | 114858 | 35.1 | 1.51 |
| 瑞士 | 2820 | 149780 | 53.1 | 2.17 |
| 荷兰 | 2399 | 132434 | 55.2 | 2.23 |
| 瑞典 | 2137 | 110069 | 51.5 | 2.04 |
| 南非 | 2017 | 73432 | 36.4 | 1.55 |
| 墨西哥 | 1804 | 51962 | 28.8 | 1.13 |
| 印度 | 1717 | 35251 | 20.5 | 1.00 |
| 日本 | 1714 | 43399 | 25.3 | 1.15 |
| 葡萄牙 | 1687 | 52788 | 31.3 | 1.43 |
| 芬兰 | 1513 | 59324 | 39.2 | 1.67 |
| 比利时 | 1478 | 57477 | 38.9 | 1.72 |
| 丹麦 | 1436 | 71082 | 49.5 | 2.11 |
| 新西兰 | 1396 | 62186 | 44.5 | 1.86 |
| 波兰 | 1390 | 32447 | 23.3 | 1.13 |
| 挪威 | 1257 | 46328 | 36.9 | 1.61 |
| 捷克 | 1112 | 41253 | 37.1 | 1.74 |
| 奥地利 | 1063 | 40653 | 38.2 | 1.95 |
| 阿根廷 | 1028 | 35904 | 34.9 | 1.66 |
| 智利 | 917 | 28487 | 31.1 | 1.47 |
| 俄罗斯 | 907 | 16681 | 18.4 | 0.93 |
| 希腊 | 614 | 20159 | 32.8 | 1.42 |

排在第 5 位的国家

图 2-7　环境 / 生态学学科高产国家的论文数量及其影响力指标基本信息

产论文国家包括欧洲国家 18 个，亚洲、北美洲和南美洲各 3 个，大洋洲 2 个，非洲 1 个，各洲使用不同的颜色加以区分。图中最大值和最小值用特殊图案进行了标注，虚线为各指标由大到小排列第 5 位的数值线，各指标排列第 5 的国家数值标签使用与洲相同的颜色标注。各国发表论文数量在 614～17248 篇之间。美国论文数量 17248 篇和被引次数 774226 次均排列第一位；英国论文数量和被引次数排列第二位。引文影响力排列前 5 位的是荷兰 55.2、瑞士 53.1、瑞典 51.5、丹麦 49.5 和加拿大 48.0。引文影响力最低的国家是俄罗斯 18.4。CNCI 超过 1 的国家 28 个，排在前 5 位的国家包括荷兰 2.23、瑞士 2.17、丹麦 2.11、瑞典 2.04 和奥地利 1.95。CNCI 最低的国家是俄罗斯 0.93。美国的引文影响力和 CNCI 分别是 44.9 和 1.61。中国的引文影响力和 CNCI 分别是 20.8 和 1.17。

图 2-8 为 30 个高产国家及其所属区域信息、论文数量、被引次数、引文影响力和 CNCI 变化比较。横坐标从左到右，按国家的论文数量由大到小排序，图中同时标注了论文数量排第 2 位的国家，引文影响力和 CNCI 的最高数值用虚线与横坐标对应的国家链接。美国的论文数量和被引次数排列第一；荷兰的引文影响力和 CNCI 排列第一。

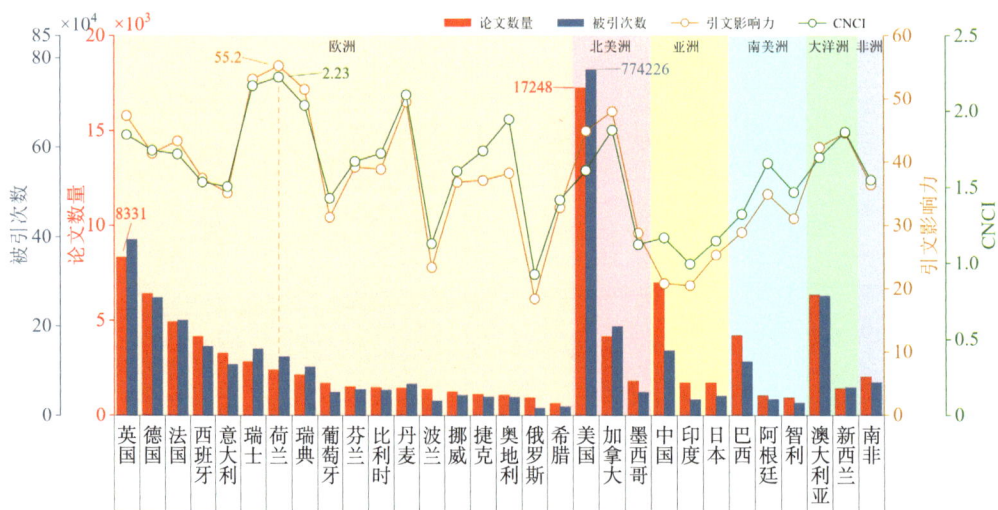

图 2-8　环境／生态学学科高产国家的分布及其论文数量和影响力指标变化

环境/生态学学科高产国家的独立论文数量、合作论文数量、合作论文数量百分比及其 CNCI 见图 2-9。图由三部分构成，左侧显示各国独立和合作论文数量，蓝色方块与红色圆圈旁分别标注独立与合作论文数量，次序按照各国合作论文数量由大到小排列。中央区域数字和圆圈大小代表各国合作论文数量占其总论文数量的百分比。右侧蓝色与红色字体分别代表各国独立与合作论文的 CNCI。箭头表示左右两侧数字大小的变化。有 28 个国家的合作论文数量占比超过 50%，奥地利合作论文数量最多，占比为 87.8%；印度合作论文数量占比最少为 37.7%。美国和中国合作论文数量占比分别是 54.6% 和 45.2%。各国合作论文的 CNCI 都大于 1，且合作论文的 CNCI 都大于独立论文的 CNCI。独立论文的 CNCI 有 11 个国家大于 1。

2003—2022 年间环境/生态学高产国家生物多样性论文 58825 篇，其中独立 33319 篇，合作 25506 篇，合作论文占 43.4%。高产国家独立与合作论文数量比例及其合作网络见图 2-10。图中 30 个国家按照所属洲不同（非洲、亚洲、欧洲、北美洲、大洋洲和南美洲）顺时针排列，用 6 种不同颜色区分；同一洲内的国家再按论文数量由大到小顺时针排列，圆圈大小代表论文数量，圆圈越大代表该国发表论文数量越多。

美国圆圈最大，论文数量为 17248 篇，希腊圆圈最小，论文数量为 614 篇。红色圆圈代表该国合作论文数量小于独立论文数量，蓝色代表该国合作论文数量大于独立论文数量。图中只有中国和印度国家合作论文数量小于独立论文数量。连线表明两个国家间有合作关系，图中共有 435 条连线，30 个国家之间都有合作，但不同国家间合作次数差异很大。合作次数最多的国家间用红色连线，合作次数最少的，用蓝色连线。图中美国和英国合作次数最多，达 2106 次；墨西哥和希腊合作最少，8 次；合作次数介于两者之间的用灰色连线。

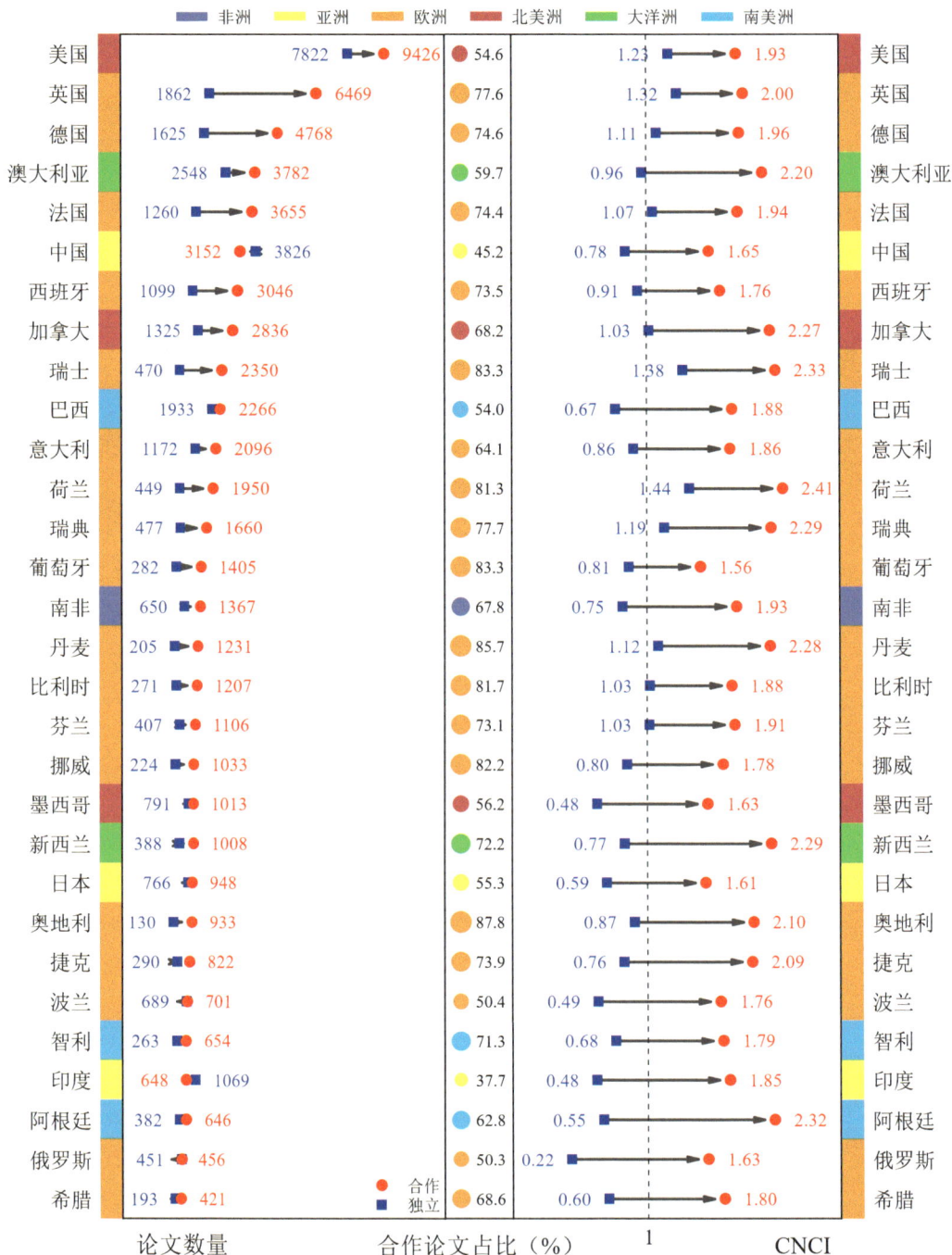

| 国家 | 非洲 | 亚洲 | 欧洲 | 北美洲 | 大洋洲 | 南美洲 |
|---|---|---|---|---|---|---|

| 美国 | 7822 → 9426 | 54.6 | 1.23 → 1.93 | 美国 |
| 英国 | 1862 → 6469 | 77.6 | 1.32 → 2.00 | 英国 |
| 德国 | 1625 → 4768 | 74.6 | 1.11 → 1.96 | 德国 |
| 澳大利亚 | 2548 → 3782 | 59.7 | 0.96 → 2.20 | 澳大利亚 |
| 法国 | 1260 → 3655 | 74.4 | 1.07 → 1.94 | 法国 |
| 中国 | 3152 → 3826 | 45.2 | 0.78 → 1.65 | 中国 |
| 西班牙 | 1099 → 3046 | 73.5 | 0.91 → 1.76 | 西班牙 |
| 加拿大 | 1325 → 2836 | 68.2 | 1.03 → 2.27 | 加拿大 |
| 瑞士 | 470 → 2350 | 83.3 | 1.38 → 2.33 | 瑞士 |
| 巴西 | 1933 → 2266 | 54.0 | 0.67 → 1.88 | 巴西 |
| 意大利 | 1172 → 2096 | 64.1 | 0.86 → 1.86 | 意大利 |
| 荷兰 | 449 → 1950 | 81.3 | 1.44 → 2.41 | 荷兰 |
| 瑞典 | 477 → 1660 | 77.7 | 1.19 → 2.29 | 瑞典 |
| 葡萄牙 | 282 → 1405 | 83.3 | 0.81 → 1.56 | 葡萄牙 |
| 南非 | 650 → 1367 | 67.8 | 0.75 → 1.93 | 南非 |
| 丹麦 | 205 → 1231 | 85.7 | 1.12 → 2.28 | 丹麦 |
| 比利时 | 271 → 1207 | 81.7 | 1.03 → 1.88 | 比利时 |
| 芬兰 | 407 → 1106 | 73.1 | 1.03 → 1.91 | 芬兰 |
| 挪威 | 224 → 1033 | 82.2 | 0.80 → 1.78 | 挪威 |
| 墨西哥 | 791 → 1013 | 56.2 | 0.48 → 1.63 | 墨西哥 |
| 新西兰 | 388 → 1008 | 72.2 | 0.77 → 2.29 | 新西兰 |
| 日本 | 766 → 948 | 55.3 | 0.59 → 1.61 | 日本 |
| 奥地利 | 130 → 933 | 87.8 | 0.87 → 2.10 | 奥地利 |
| 捷克 | 290 → 822 | 73.9 | 0.76 → 2.09 | 捷克 |
| 波兰 | 689 → 701 | 50.4 | 0.49 → 1.76 | 波兰 |
| 智利 | 263 → 654 | 71.3 | 0.68 → 1.79 | 智利 |
| 印度 | 648 → 1069 | 37.7 | 0.48 → 1.85 | 印度 |
| 阿根廷 | 382 → 646 | 62.8 | 0.55 → 2.32 | 阿根廷 |
| 俄罗斯 | 451 → 456 | 50.3 | 0.22 → 1.63 | 俄罗斯 |
| 希腊 | 193 → 421 | 68.6 | 0.60 → 1.80 | 希腊 |

● 合作　■ 独立

论文数量　　　合作论文占比（%）　1　CNCI

图 2-9　环境 / 生态学学科高产国家的论文数量及其 CNCI 与合作论文数量百分比

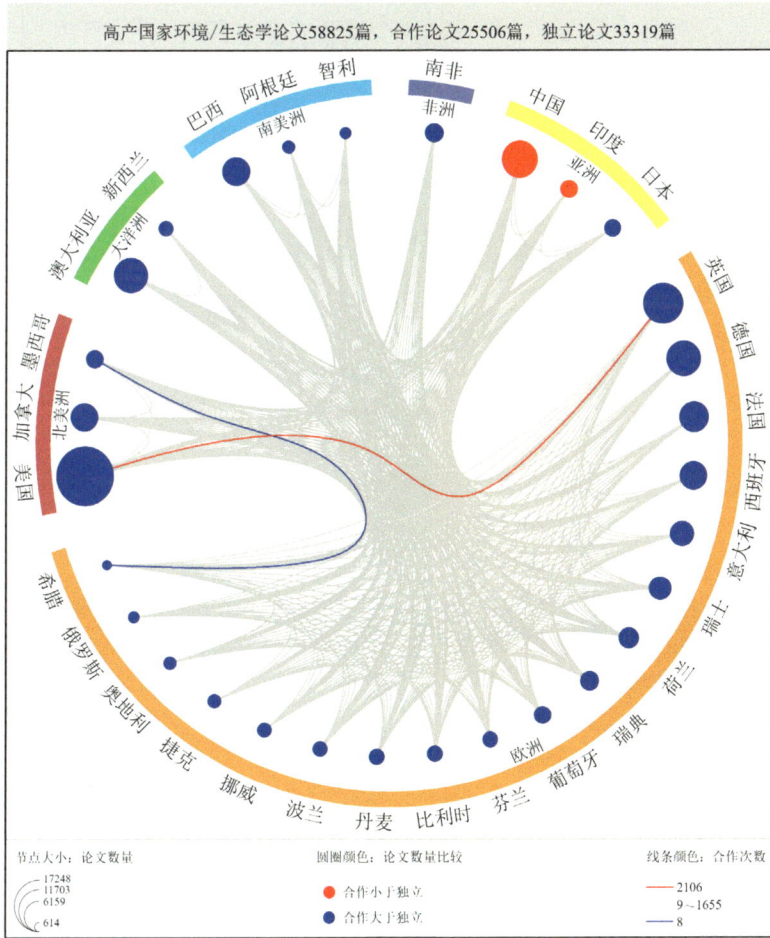

图 2-10　高产国家独立与合作论文数量比例及其合作网络

　　图 2-11 为环境 / 生态学不同时段高产国家论文数量及其相应时段占本国总论文
数百分比。图 2-12 为不同时段高产国家论文数量及其占相应时段全球论文数量百
分比。两图左侧标注了 30 个国家的名称及其所在洲,最下行表示不同时段,图中颜
色深浅代表所发论文数量范围。图 2-11 第一列为高产国家 20 年发表论文的总量,
其他 4 列为不同时段高产国家论文量以及论文量占本国论文总量百分比。随着时间推
移,各国论文量都在增加。2018—2022 年时段论文量占比达到和超过 50% 的国家 11
个,排在前 5 位是中国 62.1%、智利 56.2%、巴西 54.6%、捷克 53.8%、奥地利 53.1%
和阿根廷 53.3%。20 年美国、英国和中国论文量分别占到全球论文总量的 27.87%、
13.46% 和 11.28%,位居前三位,希腊论文量占全球论文量的 0.99%,位居第 30 位。

| | 非洲 | 亚洲 | 欧洲 | 北美洲 | 大洋洲 | 南美洲 |
|---|---|---|---|---|---|---|

| 国家 | 2003—2022 | 2003—2007 | 2008—2012 | 2013—2017 | 2018—2022 (年) |
|---|---|---|---|---|---|
| 美国 | 17248 | 2059 (11.9%) | 3360 (19.5%) | 4842 (28.1%) | 6987 (40.5%) |
| 英国 | 8331 | 826 (9.9%) | 1472 (17.7%) | 2410 (28.9%) | 3623 (43.5%) |
| 中国 | 6978 | 268 (3.9%) | 721 (10.3%) | 1654 (23.7%) | 4335 (62.1%) |
| 德国 | 6393 | 471 (7.4%) | 966 (15.1%) | 1853 (29.0%) | 3103 (48.5%) |
| 澳大利亚 | 6330 | 464 (7.3%) | 1116 (17.6%) | 2049 (32.4%) | 2701 (42.7%) |
| 法国 | 4915 | 402 (8.2%) | 817 (16.6%) | 1468 (29.9%) | 2228 (45.3%) |
| 巴西 | 4199 | 180 (4.3%) | 556 (13.2%) | 1173 (27.9%) | 2290 (54.6%) |
| 加拿大 | 4161 | 419 (10.1%) | 742 (17.8%) | 1161 (27.9%) | 1839 (44.2%) |
| 西班牙 | 4145 | 272 (6.5%) | 695 (16.8%) | 1202 (29.0%) | 1976 (47.7%) |
| 意大利 | 3268 | 246 (7.5%) | 484 (14.8%) | 932 (28.5%) | 1606 (49.2%) |
| 瑞士 | 2820 | 198 (7.0%) | 477 (16.9%) | 817 (29.0%) | 1328 (47.1%) |
| 荷兰 | 2399 | 259 (10.8%) | 402 (16.7%) | 664 (27.7%) | 1074 (44.8%) |
| 瑞典 | 2137 | 206 (9.7%) | 338 (15.8%) | 635 (29.7%) | 958 (44.8%) |
| 南非 | 2017 | 169 (8.4%) | 321 (15.9%) | 560 (27.8%) | 967 (47.9%) |
| 墨西哥 | 1804 | 150 (8.3%) | 275 (15.2%) | 534 (29.6%) | 845 (46.9%) |
| 印度 | 1717 | 148 (8.6%) | 289 (16.8%) | 412 (24.0%) | 868 (50.6%) |
| 日本 | 1714 | 139 (8.1%) | 269 (15.7%) | 484 (28.2%) | 822 (48.0%) |
| 葡萄牙 | 1687 | 65 (3.8%) | 227 (13.5%) | 529 (31.4%) | 866 (51.3%) |
| 芬兰 | 1513 | 149 (9.8%) | 246 (16.3%) | 404 (26.7%) | 714 (47.2%) |
| 比利时 | 1478 | 142 (9.6%) | 224 (15.2%) | 428 (28.9%) | 684 (46.3%) |
| 丹麦 | 1436 | 102 (7.1%) | 208 (14.5%) | 456 (31.7%) | 670 (46.7%) |
| 新西兰 | 1396 | 117 (8.4%) | 260 (18.6%) | 414 (29.7%) | 605 (43.3%) |
| 波兰 | 1390 | 67 (4.8%) | 178 (12.8%) | 429 (30.9%) | 716 (51.5%) |
| 挪威 | 1257 | 113 (9.0%) | 184 (14.6%) | 320 (25.5%) | 640 (50.9%) |
| 捷克 | 1112 | 55 (4.9%) | 121 (10.9%) | 338 (30.4%) | 598 (53.8%) |
| 奥地利 | 1063 | 57 (5.4%) | 137 (12.9%) | 304 (28.6%) | 565 (53.1%) |
| 阿根廷 | 1028 | 66 (6.4%) | 143 (13.9%) | 271 (26.4%) | 548 (53.3%) |
| 智利 | 917 | 62 (6.8%) | 113 (12.3%) | 227 (24.7%) | 515 (56.2%) |
| 俄罗斯 | 907 | 79 (8.7%) | 155 (17.1%) | 221 (24.4%) | 452 (49.8%) |
| 希腊 | 614 | 46 (7.5%) | 111 (18.1%) | 163 (26.5%) | 294 (47.9%) |

填充颜色：论文数量     0～300     300～1000     1000～2000     > 2000

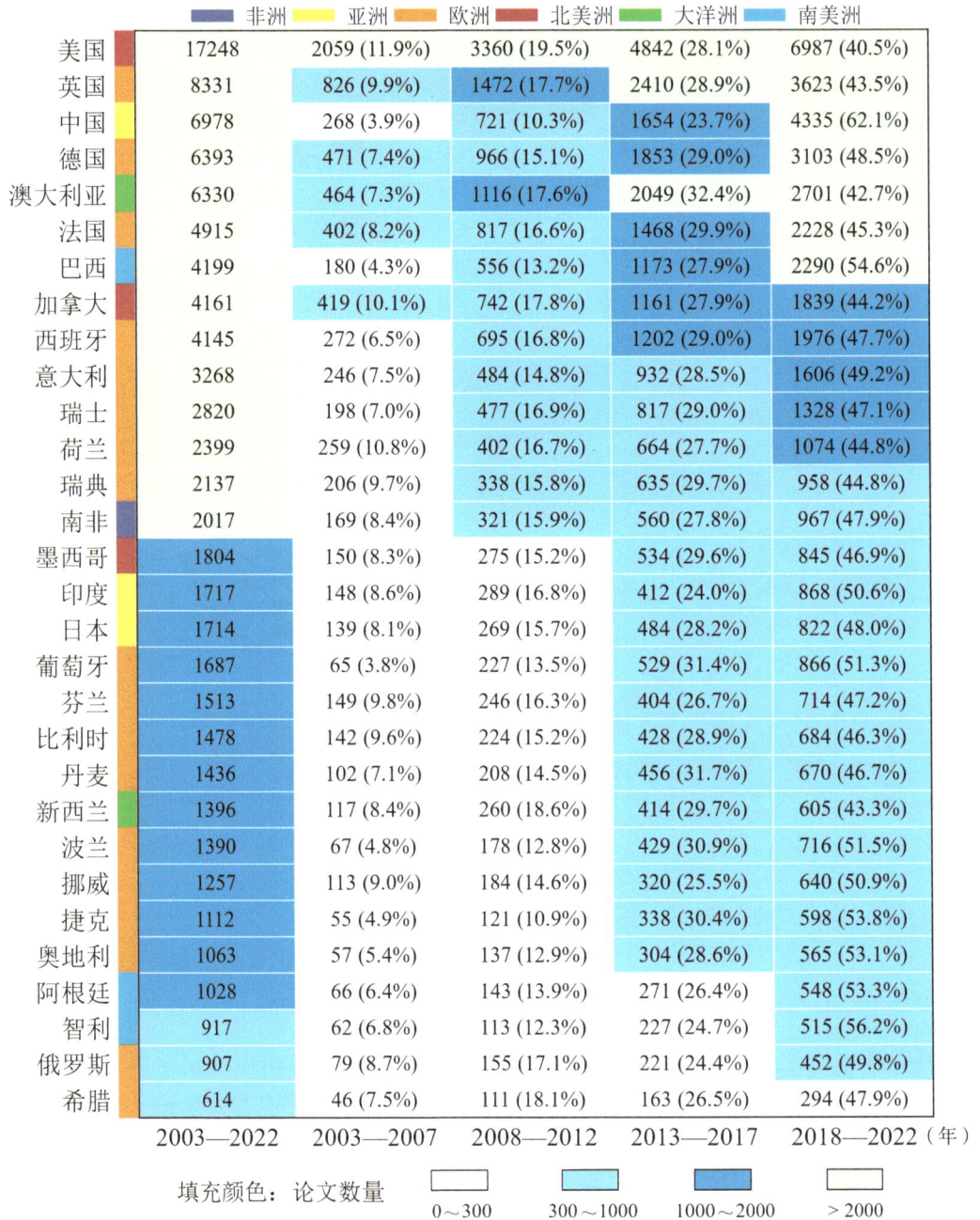

图 2-11 环境 / 生态学学科不同时段高产国家论文数量及其所占本国论文总数百分比

| | 非洲 | 亚洲 | 欧洲 | 北美洲 | 大洋洲 | 南美洲 |
|---|---|---|---|---|---|---|

| | 2003—2022 | 2003—2007 | 2008—2012 | 2013—2017 | 2018—2022（年） |
|---|---|---|---|---|---|
| 美国 | 17248 (27.87%) | 2059 (33.62%) | 3360 (30.59%) | 4842 (28.12%) | 6987 (25.36%) |
| 英国 | 8331 (13.46%) | 826 (13.49%) | 1472 (13.40%) | 2410 (14.00%) | 3623 (13.15%) |
| 中国 | 6978 (11.28%) | 268 (4.38%) | 721 (6.56%) | 1654 (9.61%) | 4335 (15.73%) |
| 德国 | 6393 (10.33%) | 471 (7.69%) | 966 (8.80%) | 1853 (10.76%) | 3103 (11.26%) |
| 澳大利亚 | 6330 (10.23%) | 464 (7.58%) | 1116 (10.16%) | 2049 (11.90%) | 2701 (9.80%) |
| 法国 | 4915 (7.94%) | 402 (6.56%) | 817 (7.44%) | 1468 (8.53%) | 2228 (8.09%) |
| 巴西 | 4199 (6.79%) | 180 (2.94%) | 556 (5.06%) | 1173 (6.81%) | 2290 (8.31%) |
| 加拿大 | 4161 (6.72%) | 419 (6.84%) | 742 (6.76%) | 1161 (6.74%) | 1839 (6.67%) |
| 西班牙 | 4145 (6.70%) | 272 (4.44%) | 695 (6.33%) | 1202 (6.98%) | 1976 (7.17%) |
| 意大利 | 3268 (5.28%) | 246 (4.02%) | 484 (4.41%) | 932 (5.41%) | 1606 (5.83%) |
| 瑞士 | 2820 (4.56%) | 198 (3.23%) | 477 (4.34%) | 817 (4.74%) | 1328 (4.82%) |
| 荷兰 | 2399 (3.88%) | 259 (4.23%) | 402 (3.66%) | 664 (3.86%) | 1074 (3.90%) |
| 瑞典 | 2137 (3.45%) | 206 (3.36%) | 338 (3.08%) | 635 (3.69%) | 958 (3.48%) |
| 南非 | 2017 (3.26%) | 169 (2.76%) | 321 (2.92%) | 560 (3.25%) | 967 (3.51%) |
| 墨西哥 | 1804 (2.92%) | 150 (2.45%) | 275 (2.50%) | 534 (3.10%) | 845 (3.07%) |
| 印度 | 1717 (2.77%) | 148 (2.42%) | 289 (2.63%) | 412 (2.39%) | 868 (3.15%) |
| 日本 | 1714 (2.77%) | 139 (2.27%) | 269 (2.45%) | 484 (2.81%) | 822 (2.98%) |
| 葡萄牙 | 1687 (2.73%) | 65 (1.06%) | 227 (2.07%) | 529 (3.07%) | 866 (3.14%) |
| 芬兰 | 1513 (2.45%) | 149 (2.43%) | 246 (2.24%) | 404 (2.35%) | 714 (2.59%) |
| 比利时 | 1478 (2.39%) | 142 (2.32%) | 224 (2.04%) | 428 (2.49%) | 684 (2.48%) |
| 丹麦 | 1436 (2.32%) | 102 (1.67%) | 208 (1.89%) | 456 (2.65%) | 670 (2.43%) |
| 新西兰 | 1396 (2.26%) | 117 (1.91%) | 260 (2.37%) | 414 (2.40%) | 605 (2.20%) |
| 波兰 | 1390 (2.25%) | 67 (1.09%) | 178 (1.62%) | 429 (2.49%) | 716 (2.60%) |
| 挪威 | 1257 (2.03%) | 113 (1.84%) | 184 (1.68%) | 320 (1.86%) | 640 (2.32%) |
| 捷克 | 1112 (1.80%) | 55 (0.90%) | 121 (1.10%) | 338 (1.96%) | 598 (2.17%) |
| 奥地利 | 1063 (1.72%) | 57 (0.93%) | 137 (1.25%) | 304 (1.77%) | 565 (2.05%) |
| 阿根廷 | 1028 (1.66%) | 66 (1.08%) | 143 (1.30%) | 271 (1.57%) | 548 (1.99%) |
| 智利 | 917 (1.48%) | 62 (1.01%) | 113 (1.03%) | 227 (1.32%) | 515 (1.87%) |
| 俄罗斯 | 907 (1.47%) | 79 (1.29%) | 155 (1.41%) | 221 (1.28%) | 452 (1.64%) |
| 希腊 | 614 (0.99%) | 46 (0.75%) | 111 (1.01%) | 163 (0.95%) | 294 (1.07%) |
| 环境/生态学 | 61879 | 6125 | 10983 | 17219 | 27552 |

填充颜色：论文数量占本科学的比例　　0～2%　　2%～4%　　4%～7%　　> 7%

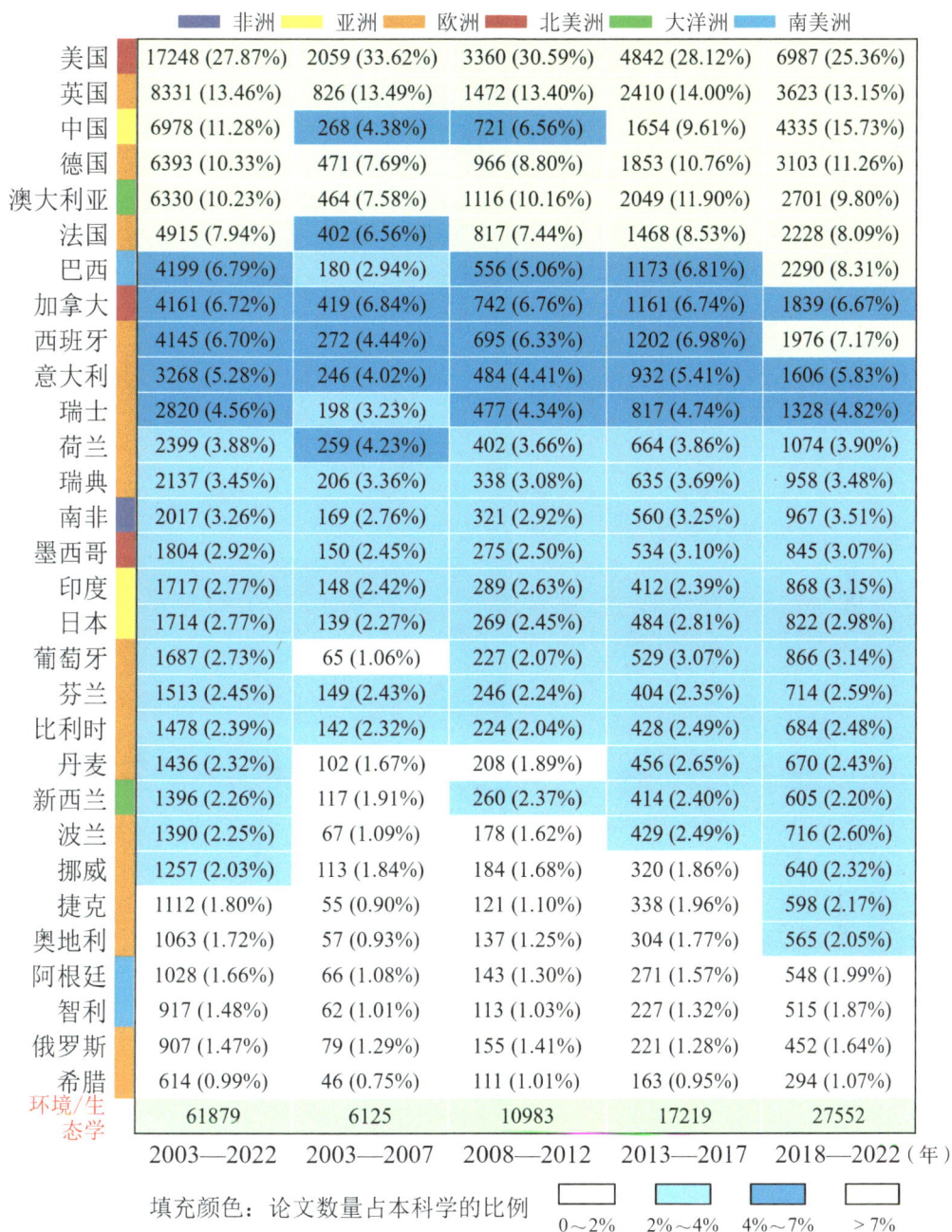

图 2-12　高产国家不同时段论文数量及其占相应时段全球论文数量百分比

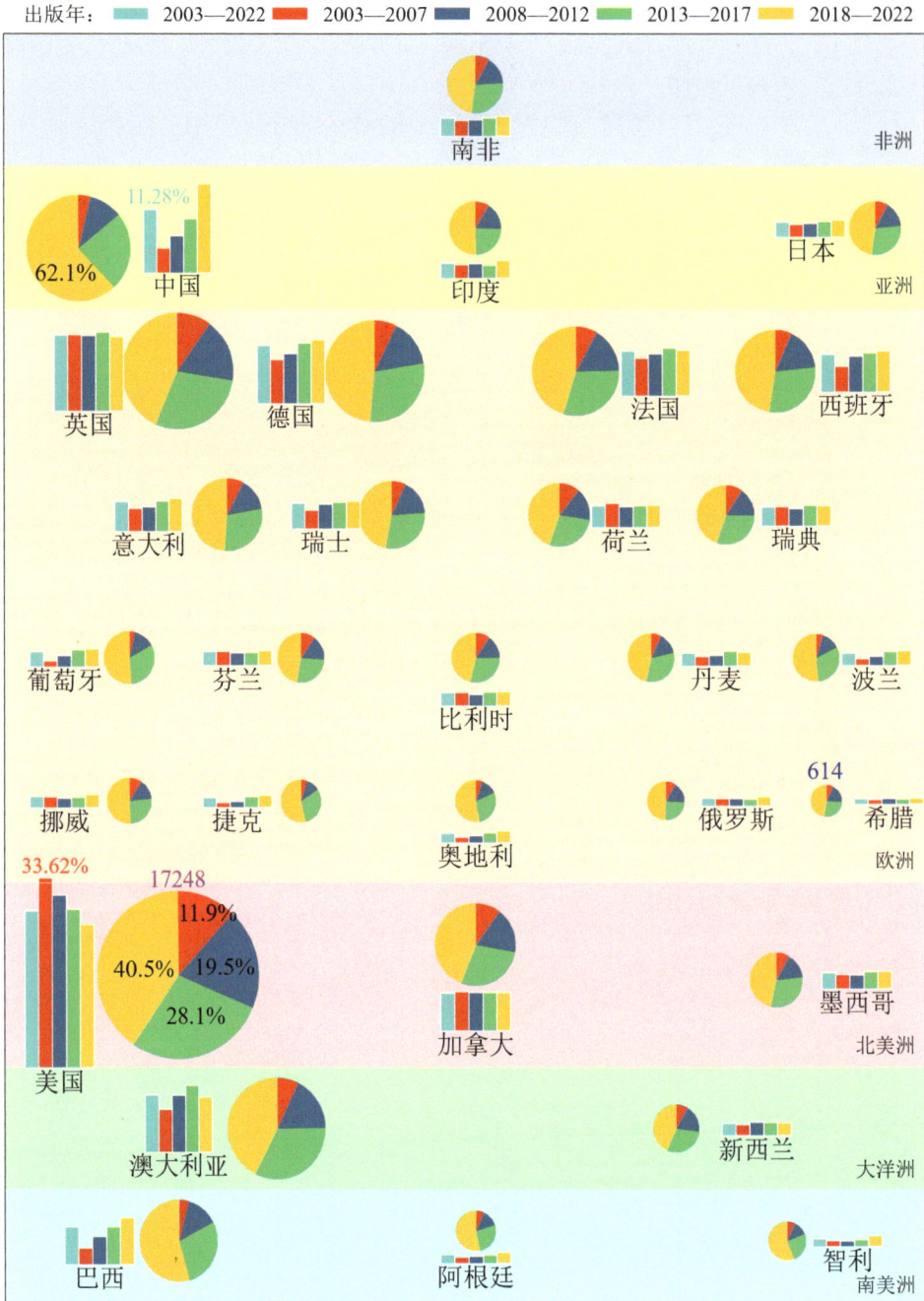

图 2-13　不同时段高产国家论文数占本国论文数量百分比（饼图）及占全球论文数百分比（柱状图）

饼图大小：2003—2022年各国的论文数量；饼图中各部分：各国各时段论文数占本国总论文数百分比
柱状图：同时段各国论文数占本学科论文总数百分比

图 2-13 为高产国家论文数占本国论文总数百分比（饼图）及占全球论文总数百分比（柱状图），饼图和柱状图中相同时间段使用相同颜色表征，各洲用不同颜色加以分割。饼图可视化图 2-11 的数据，柱状图可视化图 2-12 的数据。

图 2-13 饼图圈的大小显示该国 2003—2022 年间发表论文总数的多少，表示图 2-11 中第一列数据。美国的论文数量最多为 17248 篇，希腊的论文数量最少为 614 篇，分别是图中的最大圈和最小圈。饼图中呈现的 4 种颜色，分别代表 2003—2007 年、2008—2012 年、2013—2017 年和 2018—2022 年 4 个不同时段高产国家论文数量或占本国论文总数的百分比。美国 4 个不同时段论文数量占本国论文总数的百分比分别是 11.9%、19.5%、28.1% 和 40.5%（其他国家以此类推）。中国 2018—2022 年间论文数量占本国论文总数的百分比为 62.1%，该时段论文数量占本国论文总数的百分比超过 50% 的国家还有智利、巴西、捷克、阿根廷、奥地利、波兰、葡萄牙、挪威和印度 9 个国家，表明这些国家论文增长速度较快。相反，美国该时段论文数量占本国论文总数的百分比最小，为 40.5%，表明其论文数量增长在下降。

图 2-13 柱状图由 5 根柱子构成，分别代表 2003—2022 年间总时段和其他 4 个时段占相同时段论文数量的百分比。从绝对数值来看，30 个国家中 5 个时段，美国的论文数量都最高，占比也最大，希腊论文数量都最低，占比也是最小的。从相对数值上比较，随着时间推移中国论文数量的占比不断增加，美国论文数量的占比不断下降。

## 2.2.2　不同时段高产国家论文数量及其质量信息可视化

二模网络以时间段和国家为两个节点，表征了各国在 4 个时段成为高产国家的次数。圆圈不同颜色代表国家所属的洲，不同连线颜色代表在 4 个时间段出现的频率次数。环境 / 生态学学科在 4 个时间段进入前 30 位的国家有 32 个（图 2-14），其中欧洲 18 个，亚洲和南美洲各 4 个，北美洲 3 个，大洋洲 2 个，非洲 1 个。4 个时间段论文数量始终保持在前 30 位的国家有 29 个（图 2-14 左侧所列），希腊出现 2 次，以色列和哥伦比亚出现 1 次。本节呈现不同时间段环境 / 生态学学科生物多样性论文数量及其质量信息化可视化。

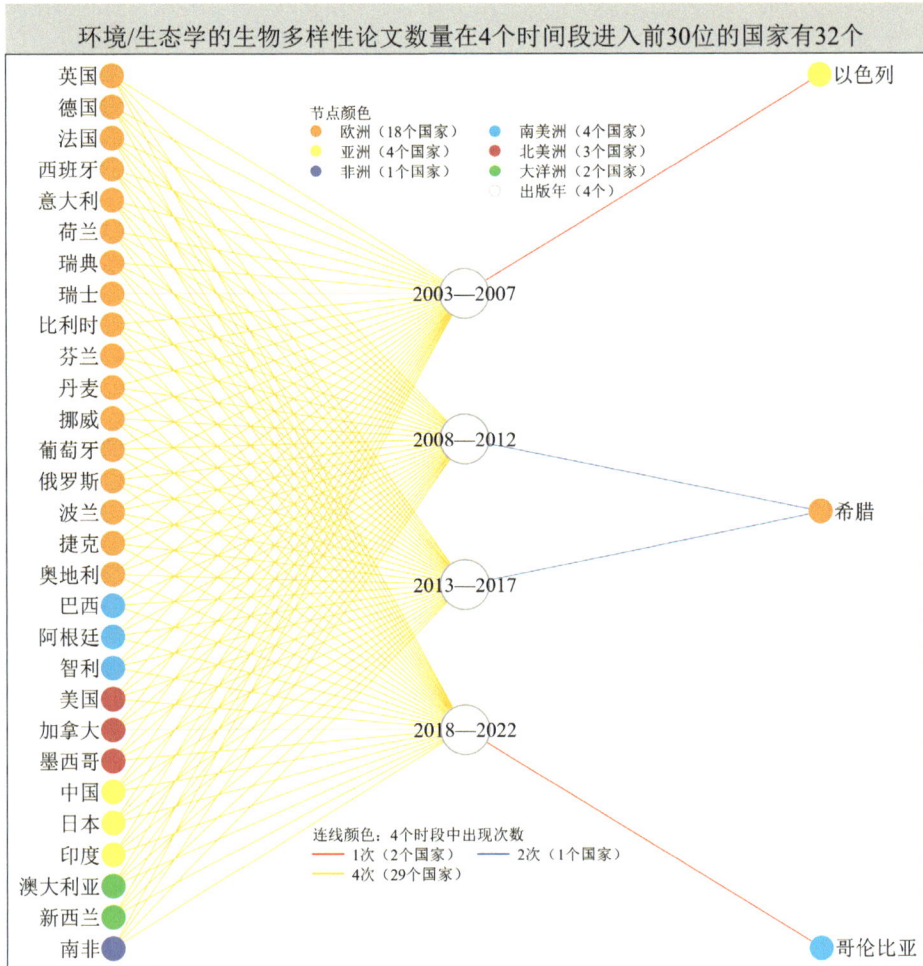

图 2-14　环境 / 生态学学科不同时段高产国家的全球分布总览

### 2.2.2.1　2003—2007 年间

2003—2007 年全球发表论文 6125 篇，来源于 6 大洲的 136 个国家或地区。高产国家发表 5860 篇，占全球论文总量的 95.7%。该时段高产国家论文数量及其影响力指标信息见图 2-15。各国论文数量在 53 ~ 2059 篇之间，美国论文数量 2059 篇和被引次数 202278 次排第一位。中国论文数量 268 篇排第 8 位。引文影响力排列前五位的国家是瑞典 124.2、瑞士 110.2、加拿大 109.0、西班牙 107.4 和荷兰 104.6；引文影响力俄罗斯 29.7 最低。CNCI 超过 1 的国家 27 个，前 5 位国家是瑞典 2.54、瑞士 2.28，加拿大 2.25、西班牙 2.22 和荷兰 2.15。

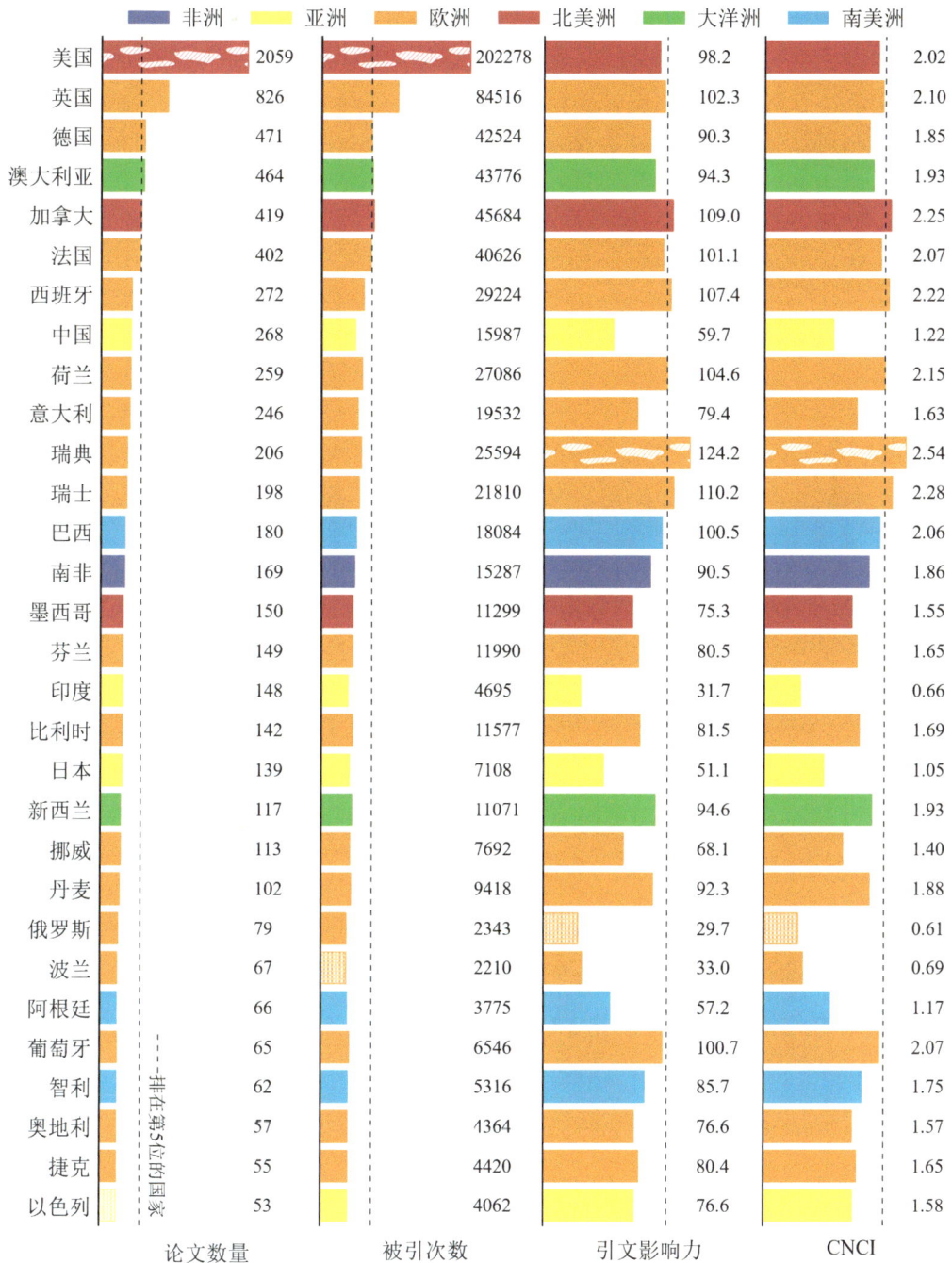

图 2-15　2003—2007 年间高产国家环境 / 生态学学科论文数量及其影响力指标基本信息

2003—2007 年间高产国家发表的论文数量、被引次数、引文影响力和 CNCI 变化比较见图 2-16。与 20 年总时段相比，位于前 30 的国家中少了希腊，增加了以色列。美国的论文数量和被引次数排列第一；瑞典的引文影响力和 CNCI 排列第一。

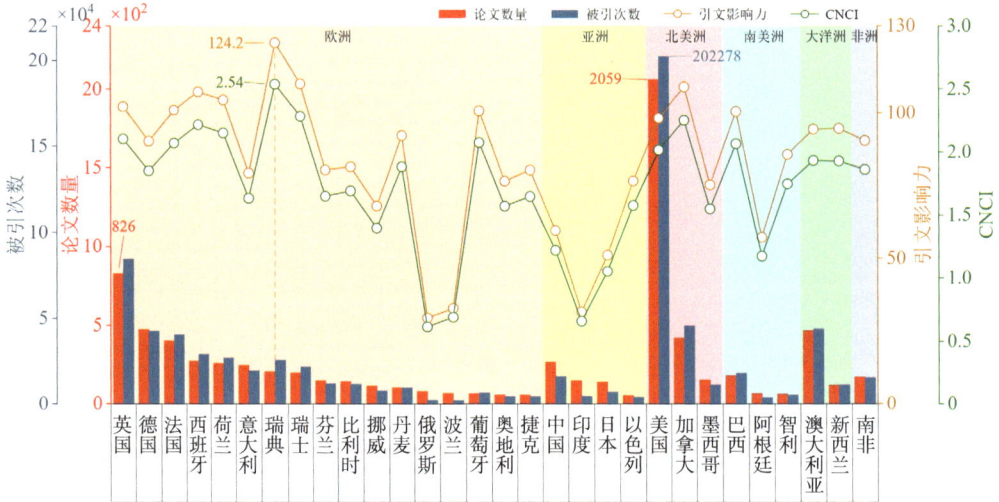

图 2-16　2003—2007 年间环境／生态学学科高产国家的分布及其论文数量和影响力指标变化

2003—2007 年间高产国家的论文数量及其 CNCI 与合作论文数量占比见图 2-17。美国、中国、澳大利亚、印度、日本、俄罗斯、意大利、波兰、阿根廷和芬兰 10 个国家的独立论文数量大于合作论文数量，有 20 个国家的合作论文数量占比超过 50%。葡萄牙合作论文数量占比 81.5%。印度合作论文数量占比最少 29.1%。美国和中国合作论文占比分别是 37.7% 和 35.4%。高产国家合作论文的 CNCI 都大于 1，大于独立论文的 CNCI，瑞典独立论文的 CNCI 最高为 2.06。

2003—2007 年间高产国家生物多样性论文 5860 篇，其中独立 4044 篇，合作 1816 篇，合作论文占比 31%。该时段各国独立与合作论文数量比例的饼图叠加合作网络见图 2-18。美国饼圈最大，论文数量为 2059 篇，以色列饼圈最小，论文数量为 53 篇。图中有 354 条连线，美国和英国的连线最粗，合作次数最多为 155 次，用蓝色连线；合作次数最少的 1 次，用红色连线，共有 72 条。

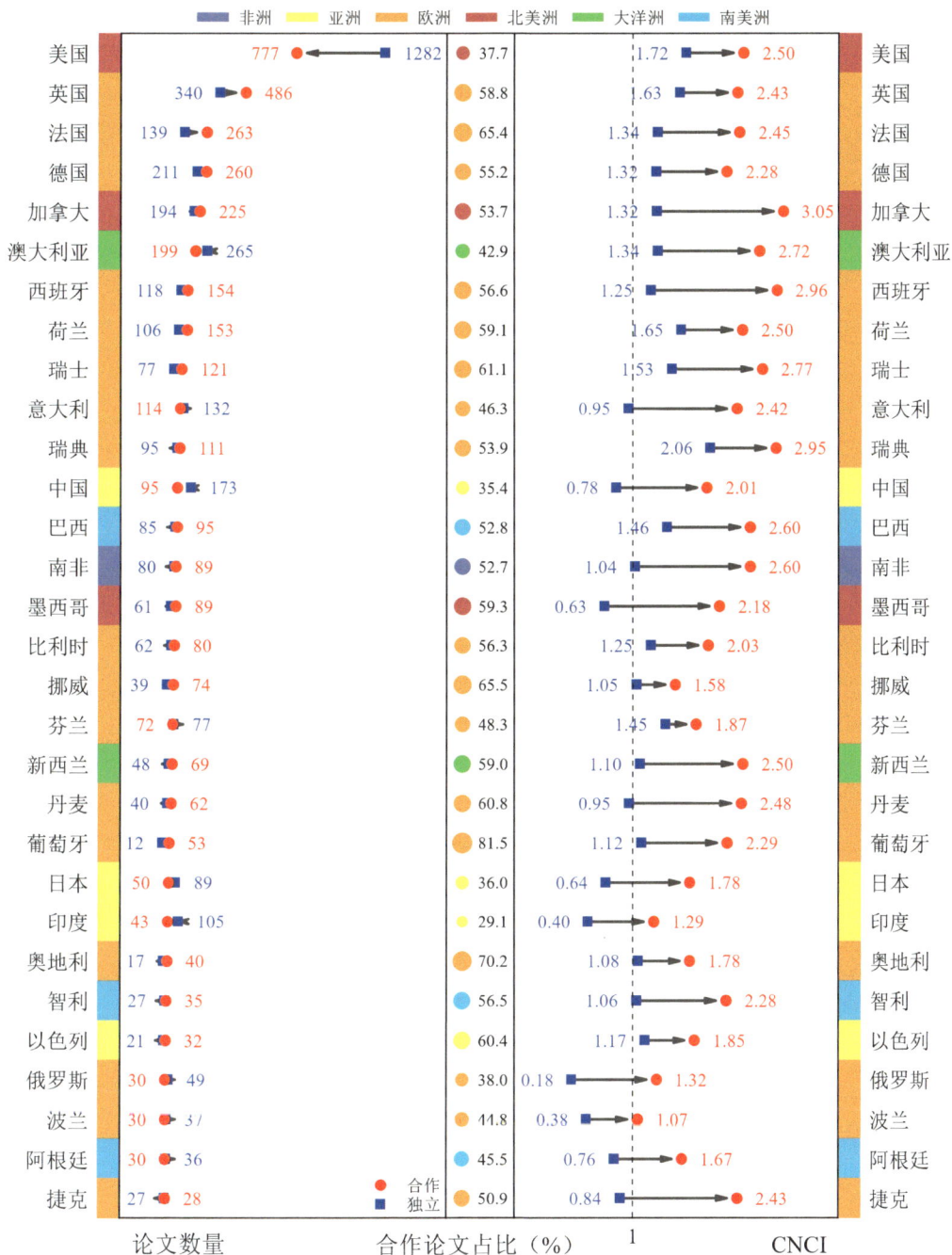

图 2-17　2003—2007 年间环境 / 生态学学科高产国家的论文数量及其 CNCI 与合作论文数量百分比

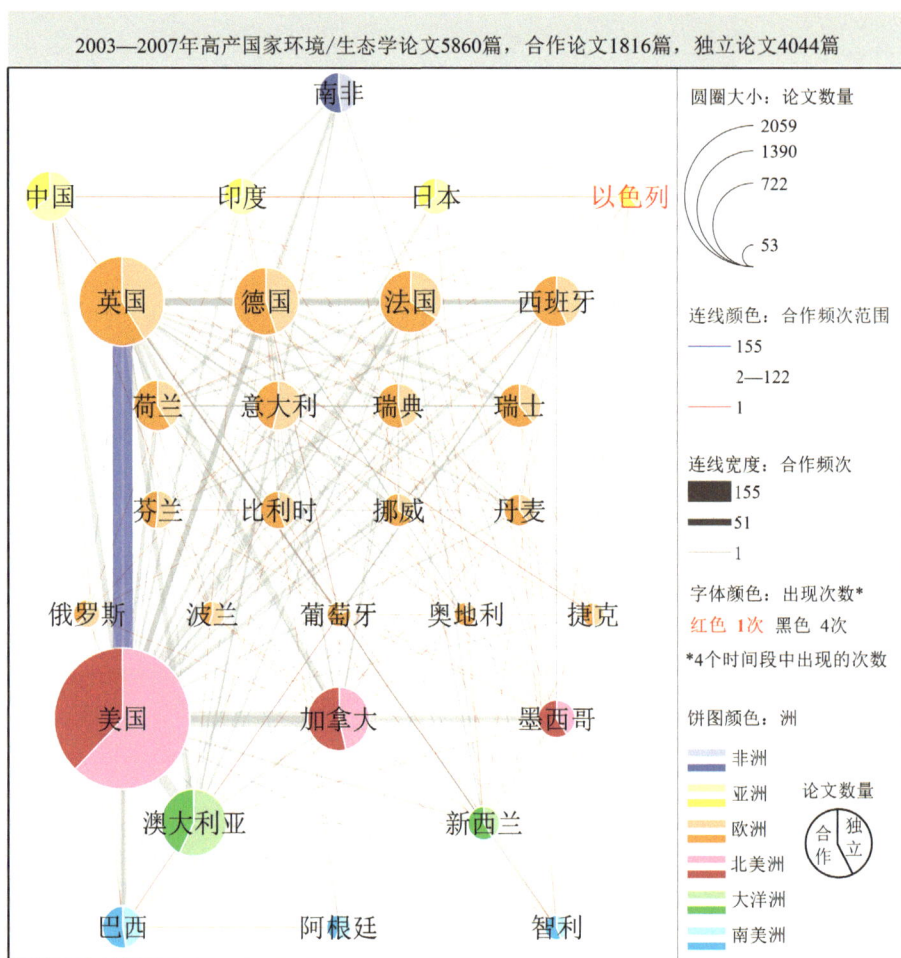

图 2-18　2003—2007 年高产国家的独立与合作论文数量比例及其合作网络

## 2.2.2.2　2008—2012 年间

2008—2012 年全球发表论文 10983 篇，来源于 6 大洲的 156 个国家或地区。高产国家发表 10515 篇，占论文总量的 95.7%。该时段高产国家的论文数量及其影响力指标信息见图 2-19。各国论文数量在 111～3360 篇之间，美国论文数量 3360 篇和被引次数 257334 次排列第一位；中国论文数量 721 篇，排列第七位。引文影响力排列前 5 位的是瑞士 101.6、丹麦 101.2、捷克 98.5、荷兰 93.9 和加拿大 84.1。引文影响力最低俄罗斯 30.6。CNCI 超过 1 的国家 29 个，前五位的是丹麦 2.66、瑞士 2.58、捷克 2.52、荷兰 2.39 和加拿大 2.15。美国引文影响力和 CNCI 分别是 76.6 和 1.94。中国引文影响力和 CNCI 分别是 44.1 和 1.13。

| 非洲 | 亚洲 | 欧洲 | 北美洲 | 大洋洲 | 南美洲 |

| 国家 | 论文数量 | 被引次数 | 引文影响力 | CNCI |
| --- | --- | --- | --- | --- |
| 美国 | 3360 | 257334 | 76.6 | 1.94 |
| 英国 | 1472 | 115437 | 78.4 | 2.00 |
| 澳大利亚 | 1116 | 82660 | 74.1 | 1.90 |
| 德国 | 966 | 78823 | 81.6 | 2.09 |
| 法国 | 817 | 65130 | 79.7 | 2.02 |
| 加拿大 | 742 | 62379 | 84.1 | 2.15 |
| 中国 | 721 | 31806 | 44.1 | 1.13 |
| 西班牙 | 695 | 47345 | 68.1 | 1.75 |
| 巴西 | 556 | 27755 | 49.9 | 1.28 |
| 意大利 | 484 | 31276 | 64.6 | 1.64 |
| 瑞士 | 477 | 48461 | 101.6 | 2.58 |
| 荷兰 | 402 | 37744 | 93.9 | 2.39 |
| 瑞典 | 338 | 27356 | 80.9 | 2.08 |
| 南非 | 321 | 21314 | 66.4 | 1.69 |
| 印度 | 289 | 11655 | 40.3 | 1.02 |
| 墨西哥 | 275 | 13736 | 49.9 | 1.28 |
| 日本 | 269 | 10866 | 40.4 | 1.05 |
| 新西兰 | 260 | 18726 | 72.0 | 1.84 |
| 芬兰 | 246 | 15636 | 63.6 | 1.63 |
| 葡萄牙 | 227 | 15516 | 68.4 | 1.76 |
| 比利时 | 224 | 15238 | 68.0 | 1.72 |
| 丹麦 | 208 | 21059 | 101.2 | 2.66 |
| 挪威 | 184 | 14350 | 78.0 | 1.98 |
| 波兰 | 178 | 8246 | 46.3 | 1.18 |
| 俄罗斯 | 155 | 4737 | 30.6 | 0.76 |
| 阿根廷 | 143 | 8927 | 62.4 | 1.60 |
| 奥地利 | 137 | 7841 | 57.2 | 1.47 |
| 捷克 | 121 | 11916 | 98.5 | 2.52 |
| 智利 | 113 | 5755 | 50.9 | 1.30 |
| 希腊 | 111 | 5293 | 47.7 | 1.21 |

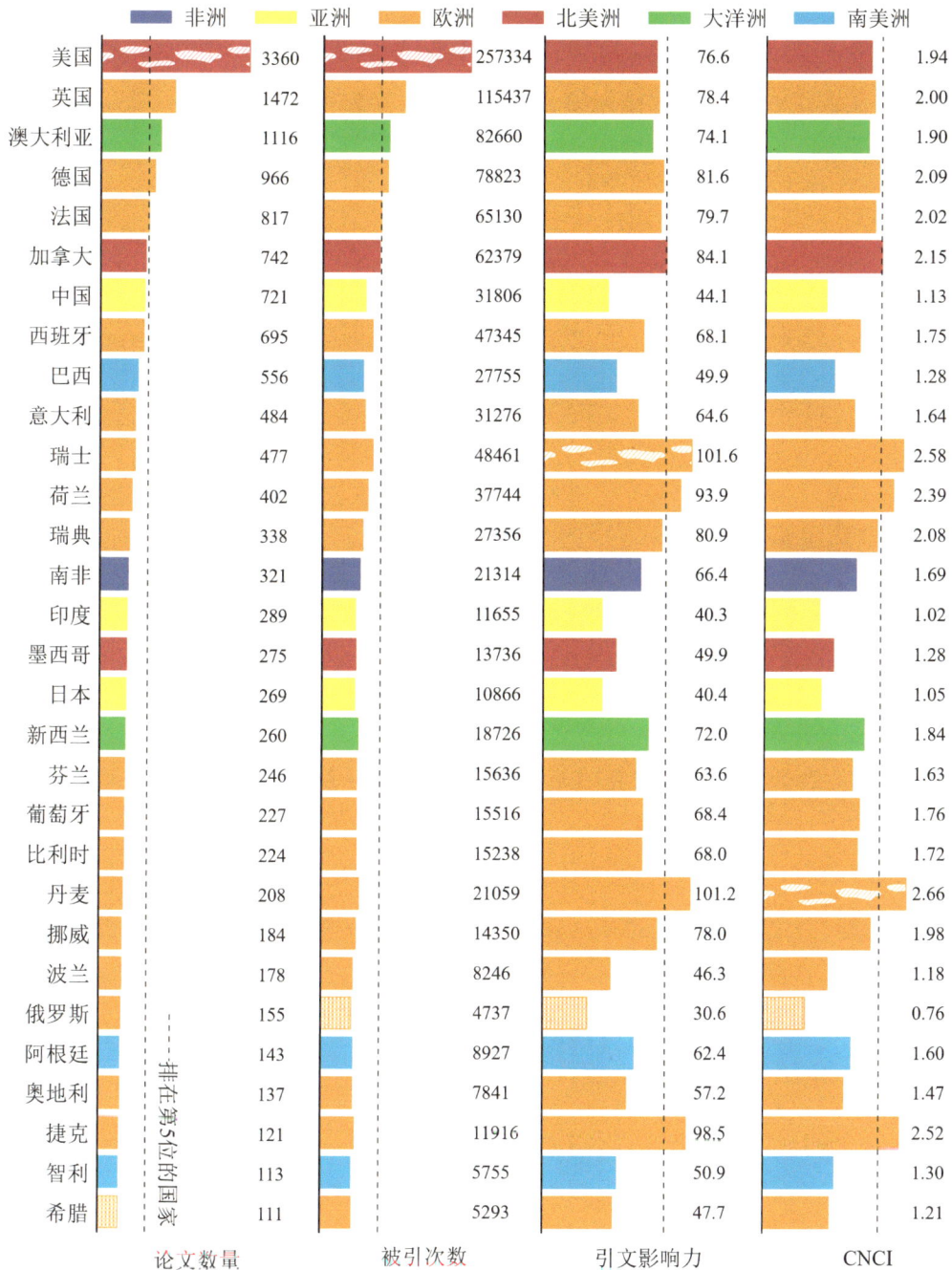

图 2-19 2008—2012 年间环境／生态学学科高产国家的论文数量及其影响力指标基本信息

2008—2012 年间高产国家发表的论文数量、被引次数、引文影响力和 CNCI 变化比较见图 2-20。与 2003—2007 时段相比，30 个国家中少了以色列，增加了希腊。美国的论文数量和被引次数排列第一；瑞士的引文影响力排列第一，丹麦的 CNCI 排列第一。

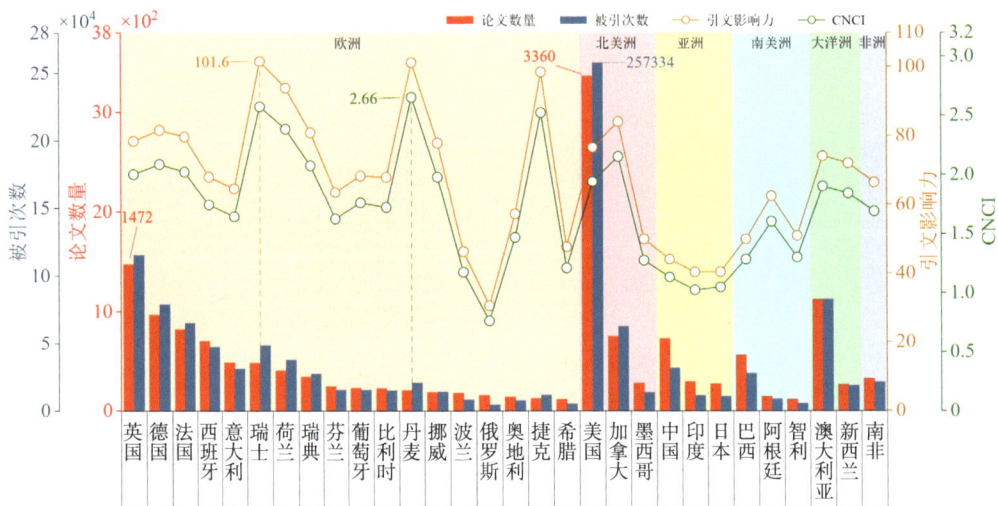

图 2-20　2008—2012 年间环境 / 生态学学科高产国家的分布及其论文数量和影响力指标变化

2008—2012 年间高产国家的论文数量及其 CNCI 与合作论文数量百分比见图 2-21。美国、中国、印度、巴西、俄罗斯、日本、波兰和澳大利亚 8 个国家的独立论文数量大于合作论文，有 22 个国家的合作论文数量占比超过 50%。丹麦合作论文数量占比最高为 82.7%。印度合作论文数量占比最低为 32.9%。美国和中国合作论文数量比例分别是 46.0% 和 39.9%。30 个国家合作论文的 CNCI 都大于 1，大于独立论文的 CNCI。独立论文的 CNCI 有 14 个国家大于 1，丹麦独立论文的 CNCI 最高，为 1.62。

2008—2012 年间高产国家论文数量 10515 篇，其中独立 6543 篇，合作 3972 篇，合作论文占比 38%。各国独立与合作论文比例的饼图叠加合作网络见图 2-22。美国饼圈最大，论文数量为 3360 篇，希腊饼圈最小，论文数量为 111 篇。图中有 430 条连线，美国和英国的连线最粗，合作次数最多为 314 次，用蓝色连线，合作次数最少的 1 次，用红色连线，共有 21 条。

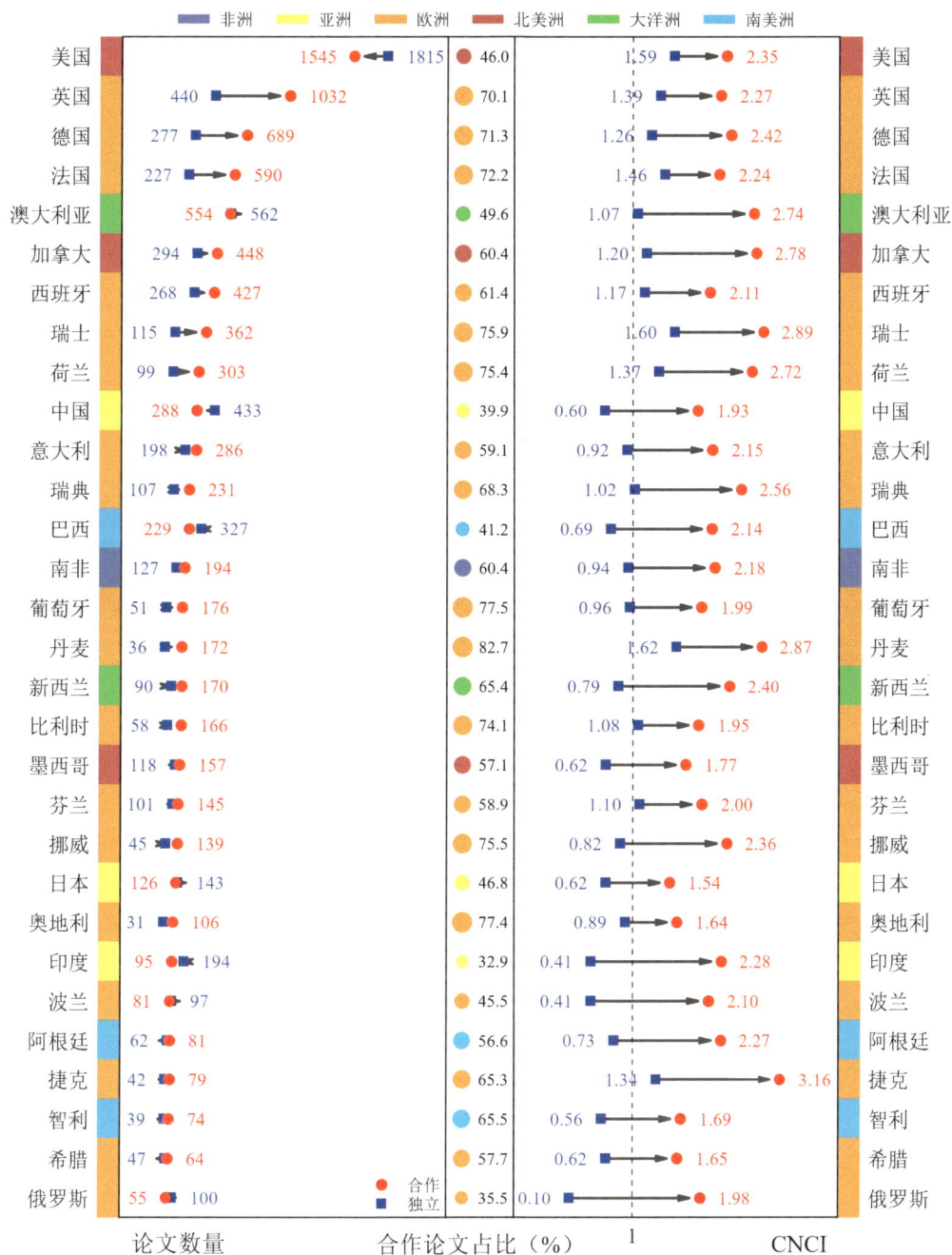

图 2-21  2008—2012 年间环境 / 生态学高产国家的论文数量及其 CNCI 与合作论文数量百分比

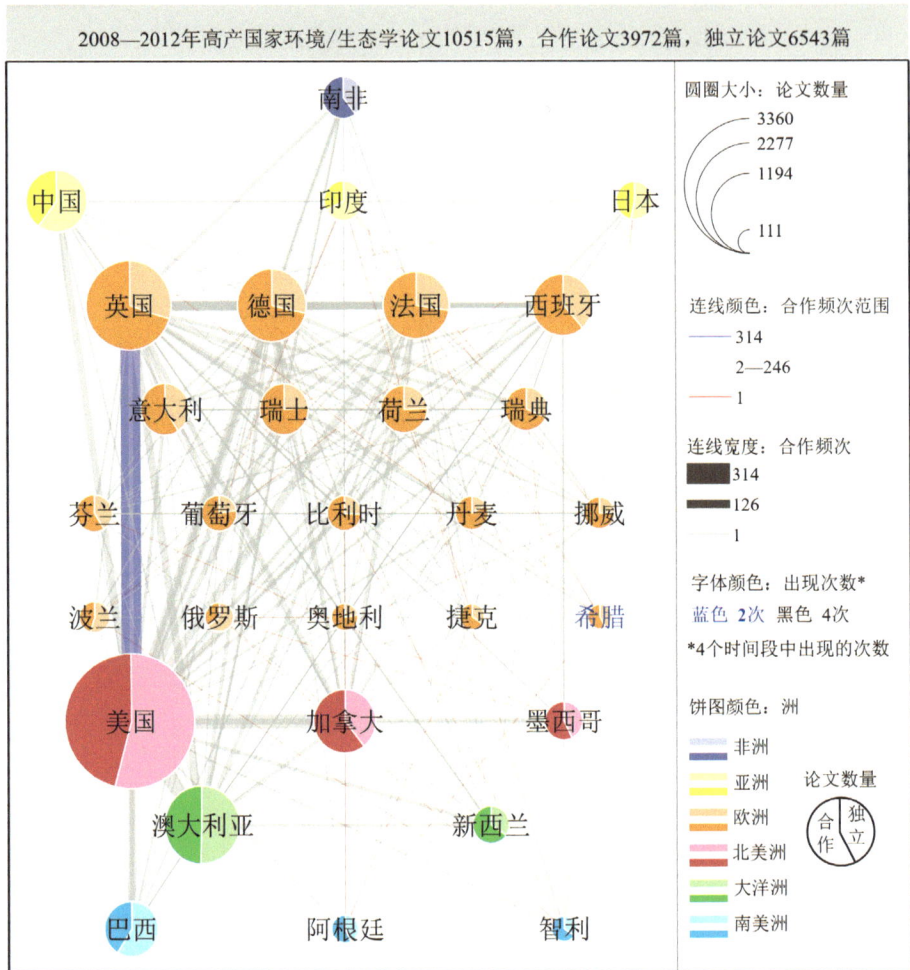

图 2-22  2008—2012 年高产国家的独立与合作论文数量比例及其合作网络

### 2.2.2.3  2013—2017 年间

2013—2017 年共发表论文 17219 篇，来源于 6 大洲的 177 个国家或地区。高产国家发表 16476 篇，占论文总量的 95.7%。论文数量及其影响力排在前 30 位国家的信息见图 2-23。各国发表数量在 163～4842 篇之间，美国论文数量 4842 篇和被引次数 217596 次排第一位，中国论文数量 1654 篇，排列第 5。引文影响力排列前 5 位的是荷兰 68.6、瑞士 64.3、丹麦 61.5、瑞典 60.9 和阿根廷 57.2；引文影响力最少的是印度 25.6。CNCI 数值超过 1 的国家 29 个，排前五位的是荷兰 2.56、瑞士 2.35、丹麦 2.31、瑞典 2.25 和阿根廷 2.10；CNCI 最低是印度 0.93。美国的引文影响力和 CNCI 分别是 44.9 和 1.67。中国引文影响力和 CNCI 分别是 33.4 和 1.26。

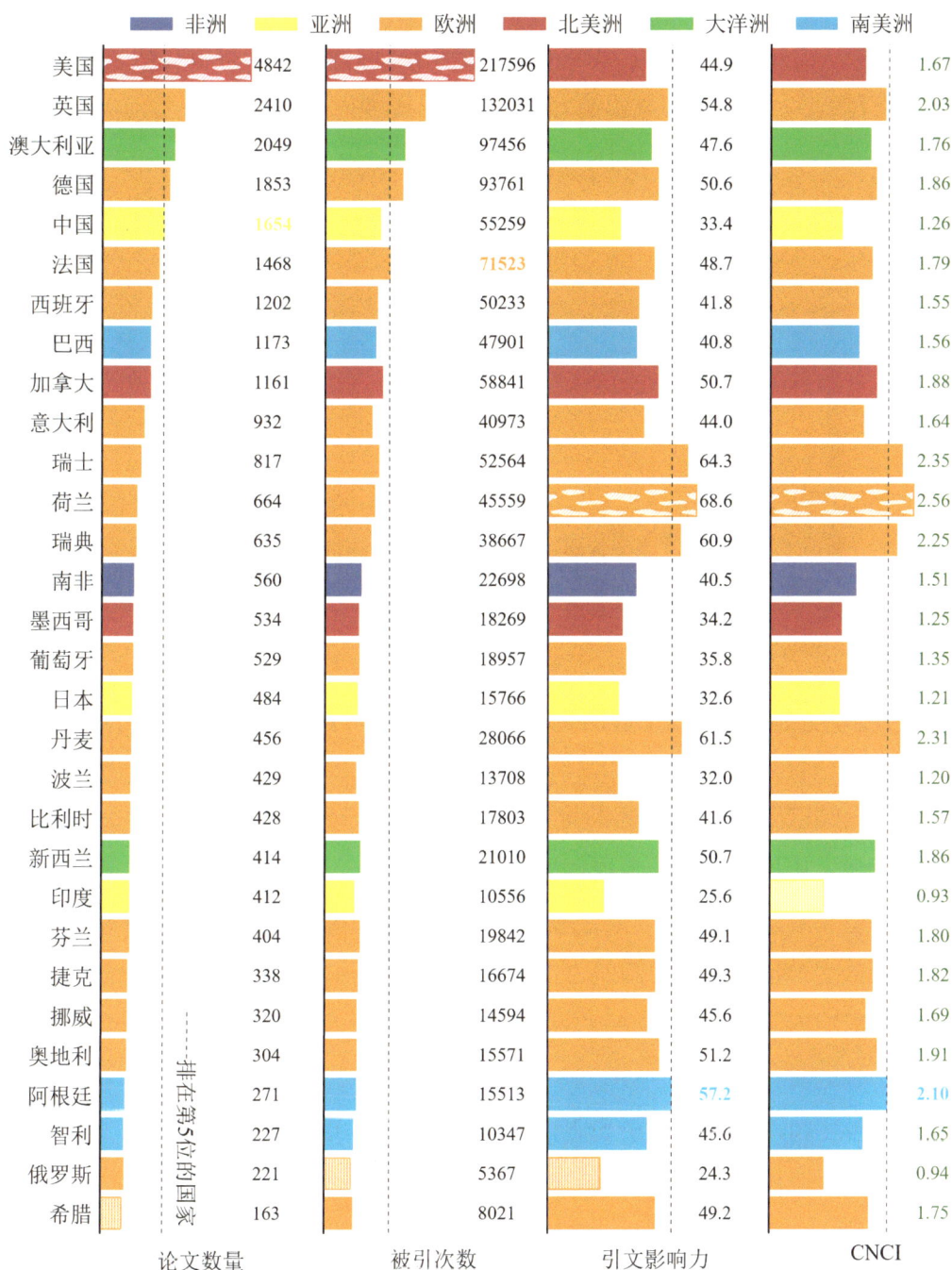

图 2-23　2013—2017 年间环境 / 生态学学科高产国家的论文数量及其影响力指标基本信息

2013—2017 年间高产国家发表的论文数量、被引次数、引文影响力和 CNCI 变化比较见图 2-24。出现的高产国家与 2003—2022 时段一致。美国的论文数量和被引次数排列第一；荷兰的引文影响力和 CNCI 排列第一。

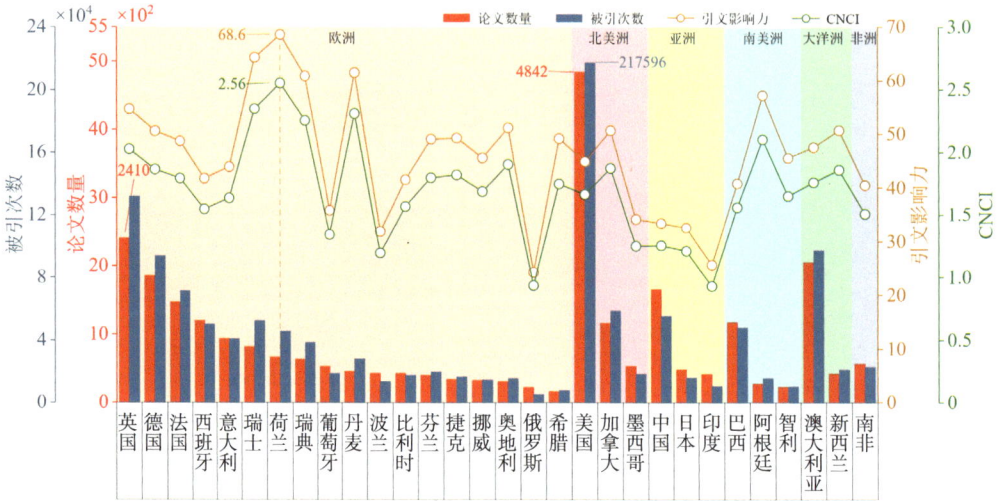

图 2-24　2013—2017 年间环境 / 生态学学科高产国家的分布及其论文数量和影响力指标变化

2013—2017 年间高产国家的论文数量及其 CNCI 与合作论文数量百分比见图 2-25。印度、中国和波兰 3 个国家的独立论文数量大于合作论文数量，有 27 个国家的合作论文数量占比超过 50%。奥地利合作论文数量占比最高为 89.9%。美国和中国合作论文数量占比分别是 56.3% 和 48.9%。所有高产国家合作论文的 CNCI 都大于 1，都大于独立完成论文的 CNCI。独立论文的 CNCI 有 9 个国家大于 1，荷兰独立论文的 CNCI 最高，为 1.70。

2013—2017 年间高产国家共发表论文 16476 篇，其中独立 9083 篇，合作 7393 篇，合作论文占比 44.9%。高产国家独立与合作论文比例的饼图叠加合作网络图见图 2-26。美国的饼圈最大，论文数量为 4842 篇，希腊饼的饼圈最小，论文数量为 163 篇。图中有 434 条连线，美国和英国的连线最粗，即合作次数最多为 607 次，用蓝色连线；波兰和智利合作次数最少 1 次，用红色连线。

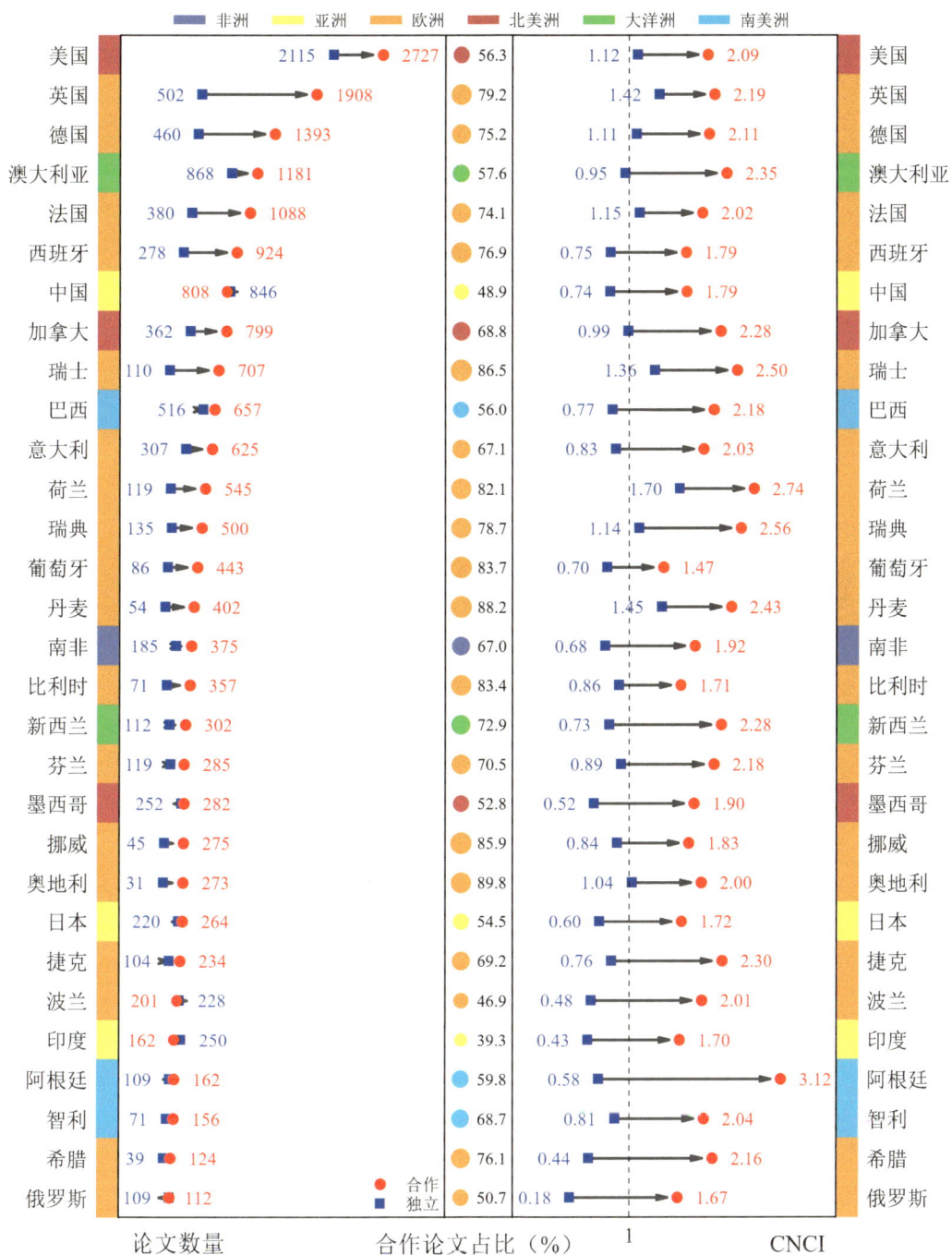

图例:
- 非洲
- 亚洲
- 欧洲
- 北美洲
- 大洋洲
- 南美洲

| 国家 | 论文数量 | 合作论文占比（%） | CNCI |
|------|----------|-------------------|------|
| 美国 | 2115 → 2727 | 56.3 | 1.12 → 2.09 |
| 英国 | 502 → 1908 | 79.2 | 1.42 → 2.19 |
| 德国 | 460 → 1393 | 75.2 | 1.11 → 2.11 |
| 澳大利亚 | 868 → 1181 | 57.6 | 0.95 → 2.35 |
| 法国 | 380 → 1088 | 74.1 | 1.15 → 2.02 |
| 西班牙 | 278 → 924 | 76.9 | 0.75 → 1.79 |
| 中国 | 808 → 846 | 48.9 | 0.74 → 1.79 |
| 加拿大 | 362 → 799 | 68.8 | 0.99 → 2.28 |
| 瑞士 | 110 → 707 | 86.5 | 1.36 → 2.50 |
| 巴西 | 516 → 657 | 56.0 | 0.77 → 2.18 |
| 意大利 | 307 → 625 | 67.1 | 0.83 → 2.03 |
| 荷兰 | 119 → 545 | 82.1 | 1.70 → 2.74 |
| 瑞典 | 135 → 500 | 78.7 | 1.14 → 2.56 |
| 葡萄牙 | 86 → 443 | 83.7 | 0.70 → 1.47 |
| 丹麦 | 54 → 402 | 88.2 | 1.45 → 2.43 |
| 南非 | 185 → 375 | 67.0 | 0.68 → 1.92 |
| 比利时 | 71 → 357 | 83.4 | 0.86 → 1.71 |
| 新西兰 | 112 → 302 | 72.9 | 0.73 → 2.28 |
| 芬兰 | 119 → 285 | 70.5 | 0.89 → 2.18 |
| 墨西哥 | 252 → 282 | 52.8 | 0.52 → 1.90 |
| 挪威 | 45 → 275 | 85.9 | 0.84 → 1.83 |
| 奥地利 | 31 → 273 | 89.8 | 1.04 → 2.00 |
| 日本 | 220 → 264 | 54.5 | 0.60 → 1.72 |
| 捷克 | 104 → 234 | 69.2 | 0.76 → 2.30 |
| 波兰 | 201 → 228 | 46.9 | 0.48 → 2.01 |
| 印度 | 162 → 250 | 39.3 | 0.43 → 1.70 |
| 阿根廷 | 109 → 162 | 59.8 | 0.58 → 3.12 |
| 智利 | 71 → 156 | 68.7 | 0.81 → 2.04 |
| 希腊 | 39 → 124 | 76.1 | 0.44 → 2.16 |
| 俄罗斯 | 109 → 112 | 50.7 | 0.18 → 1.67 |

论文数量　　合作论文占比（%）　　1　　CNCI

● 合作　■ 独立

图 2-25　2013—2017 年间环境 / 生态学高产国家的论文数量及其 CNCI 与合作论文数量百分比

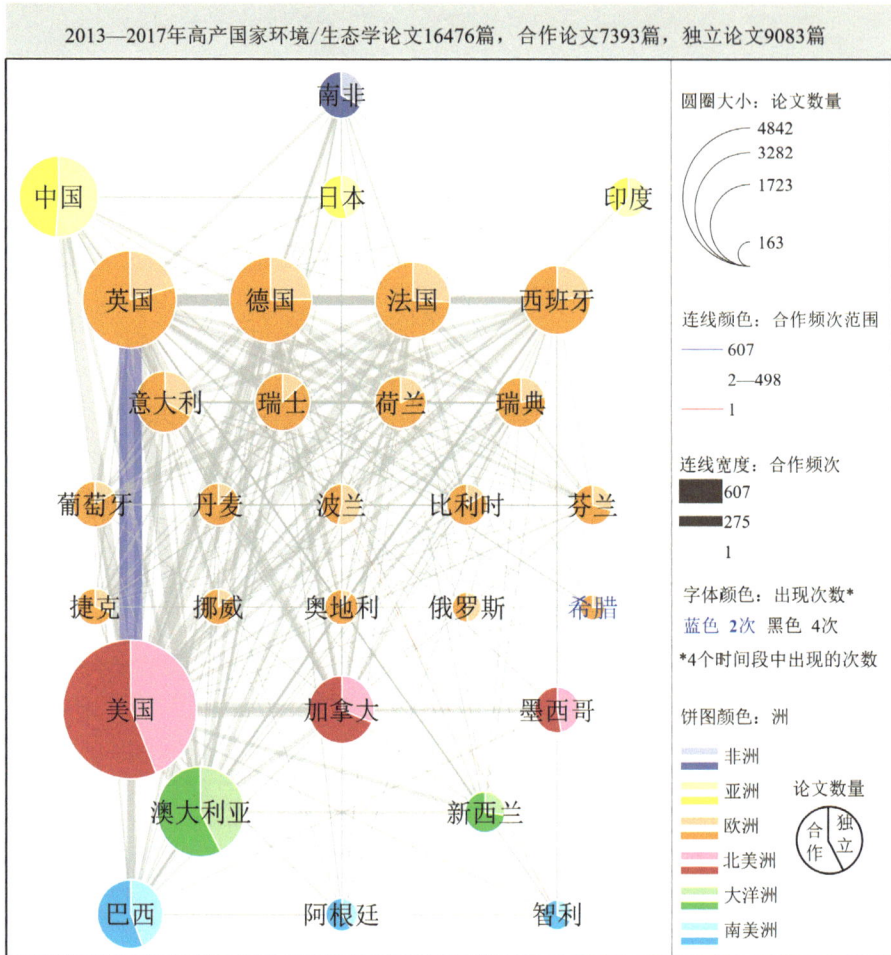

图2-26　2013—2017年高产国家的独立与合作论文数量比例及其合作网络

## 2.2.2.4　2018—2022年间

2018—2022年间全球发表论文27552篇，来源于6大洲的182个国家或地区。高产国家发表论文25930篇，占论文总量的94.1%。论文数量排在前30位国家的信息见图2-27。该时段各国发表数量在383~6987篇之间，美国论文数量6987篇和被引次数97018次排列第一，中国论文数量4337篇排列第二，被引次数42180次排列第五。引文影响力排列前5位的是奥地利22.8、荷兰20.5、瑞士20.3、瑞典19.3和新西兰为18.8。CNCI排列前5位的是奥地利2.13、荷兰1.98、瑞士1.90、新西兰1.86和丹麦1.84。引文影响力最低俄罗斯9.4。CNCI超过1的国家29个，墨西哥0.92最低。美国的引文影响力和CNCI是13.9和1.30。中国的引文影响力和CNCI是9.7和1.14。

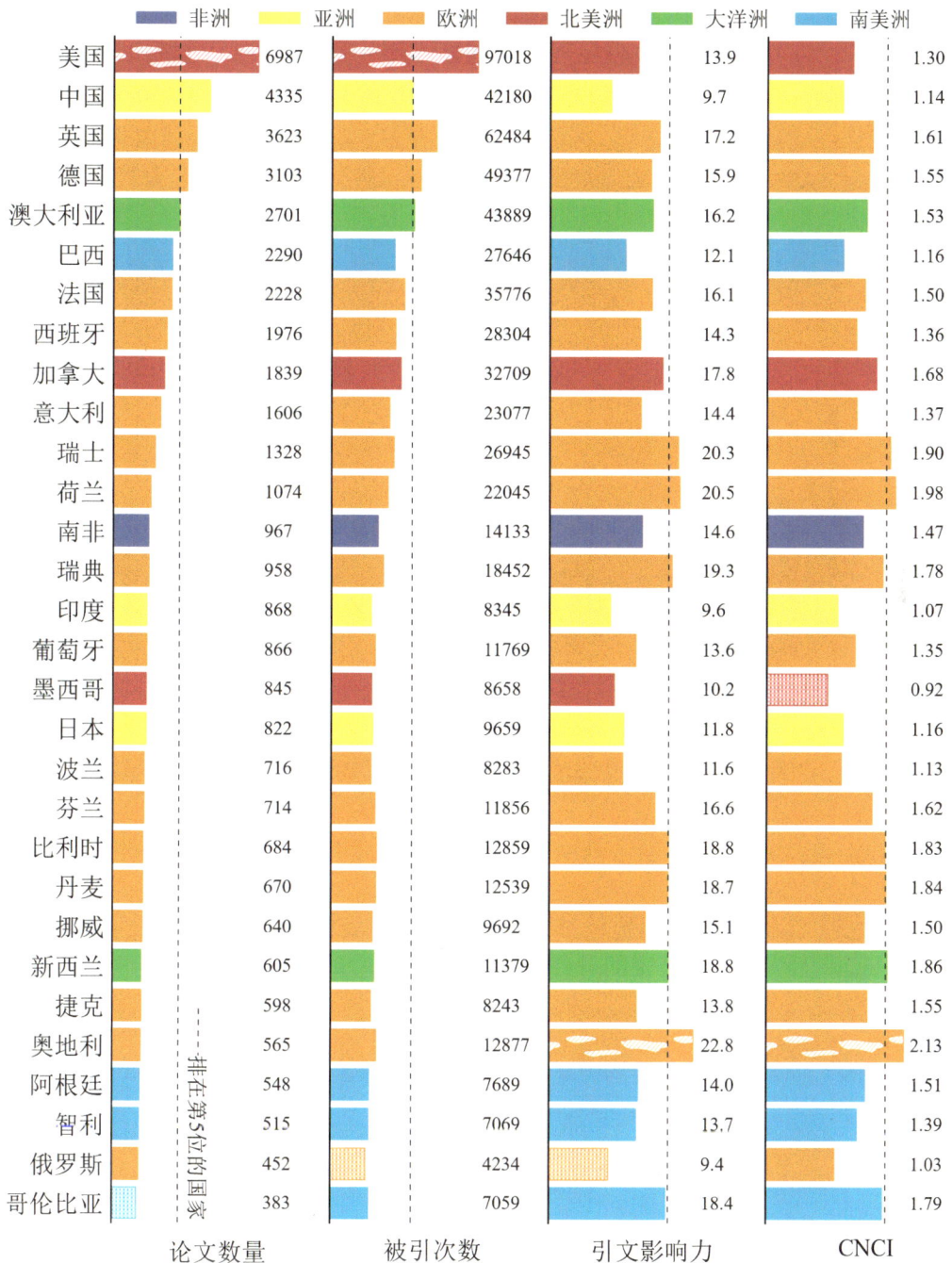

图2-27　2018—2022年间环境／生态学学科高产国家的论文数量及其影响力指标基本信息

2018—2022 年间多样性发表的论文数量、被引次数、引文影响力和 CNCI 的变化比较见图 2-28。与 2003—2022 时间段相比，30 个国家中少了希腊，增加了哥伦比亚。美国的论文数量和被引次数排列第一；奥地利的引文影响力和 CNCI 排列第一。

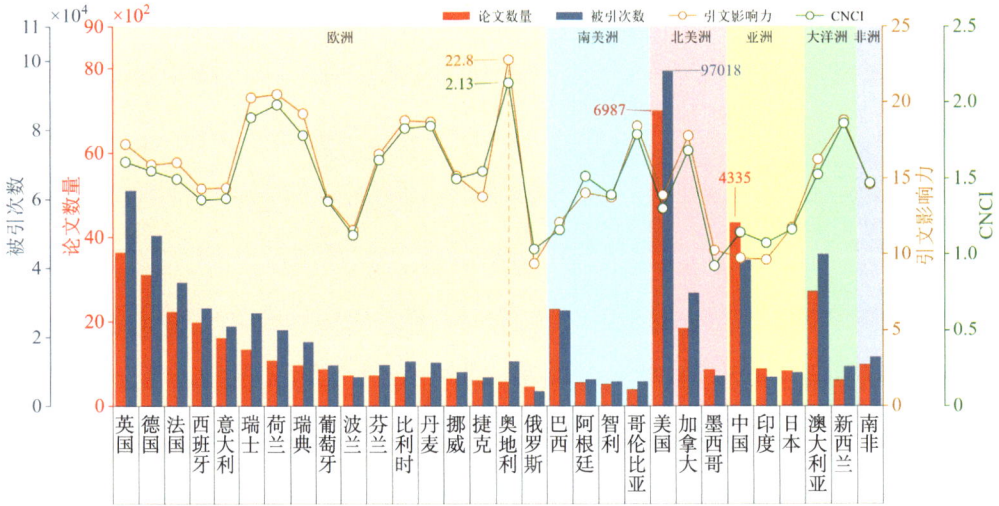

图 2-28　2018—2022 年间环境 / 生态学学科高产国家的分布及其论文数量和影响力指标变化

2018—2022 年间高产国家的论文数量及其 CNCI 与合作论文数量百分比见图 2-29。中国和印度独立论文数量大于合作论文，有 28 个国家的合作论文数量占比超过 50%，其中有 12 个国家的合作论文数量占比超过 80%。奥地利合作论文数量比例最高为 91.0%。美国和中国合作论文数量的比例分别是 62.6% 和 45.2%。各国合作论文的 CNCI 都大于 1，都大于独立论文的 CNCI。独立论文的 CNCI 瑞士最高 1.18。

2018—2022 年间高产国家共完成论文数量 25930 篇，其中独立 13620 篇，合作 12310 篇，合作论文占比 47.5%。高产国家独立与合作论文比例的饼图叠加合作网络见图 2-30。美国的饼圈最大，论文数量为 6987 篇，哥伦比亚饼圈最小，论文数量为 383 篇。图中有 435 条连线，美国和英国的连线最粗即合作次数最多为 1030 次，用蓝色连线；波兰和智利、波兰和墨西哥合作次数最少为 6 次，用红色连线。

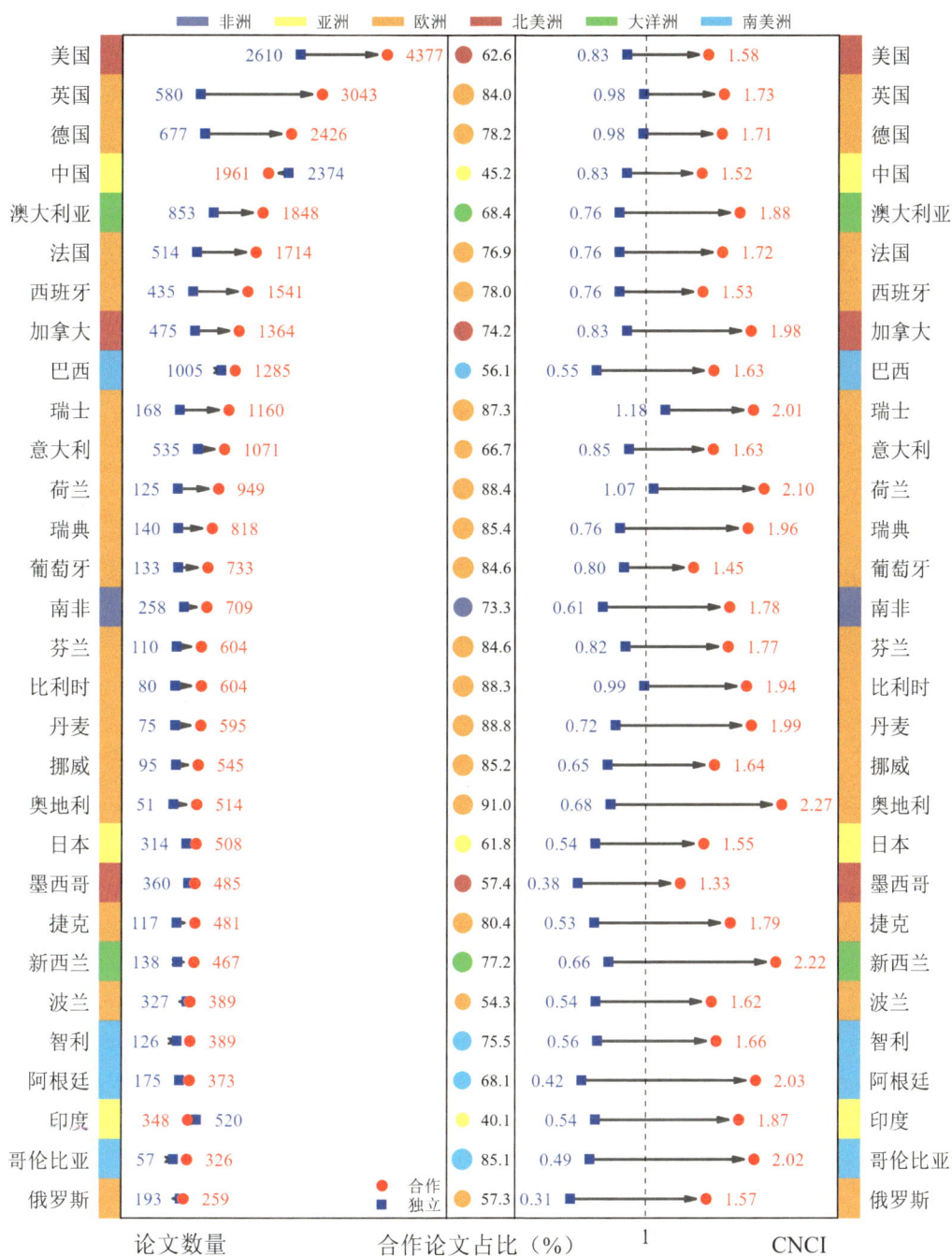

图 2-29　2018—2022 年间环境 / 生态学学科高产国家的论文数量及其 CNCI 与合作论文数量百分比

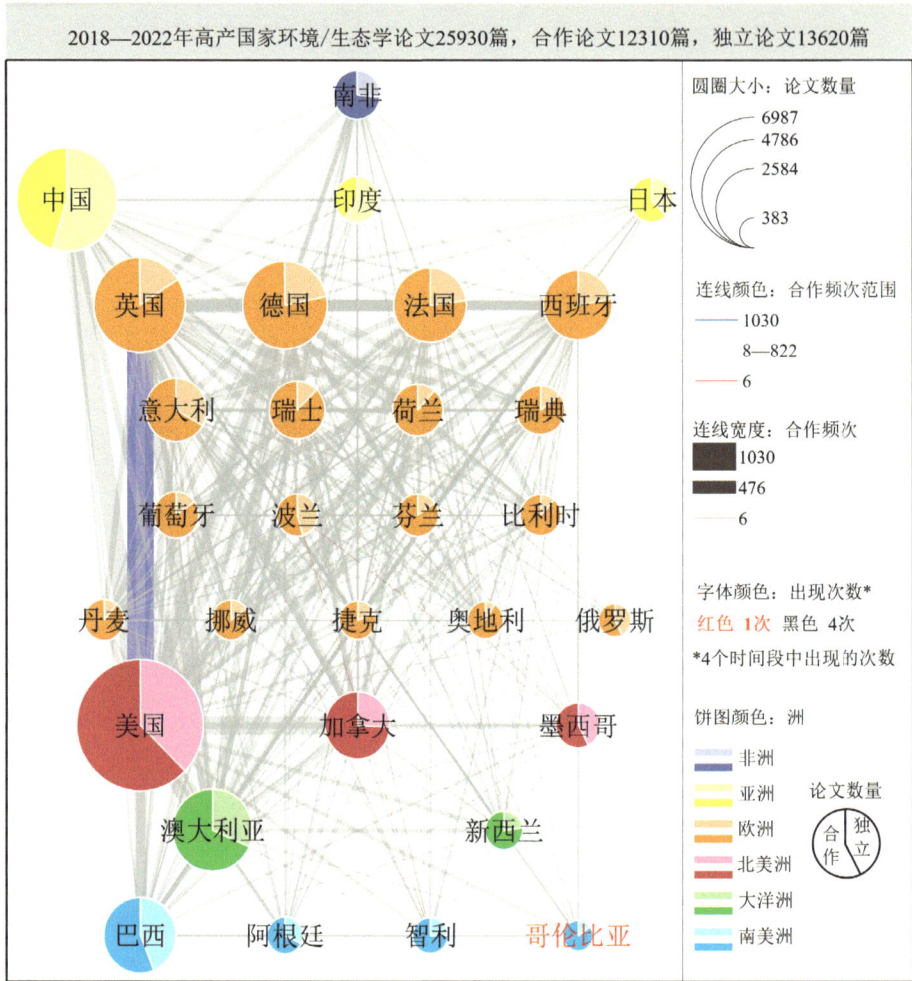

图 2-30  2018—2022 年高产国家的独立与合作论文数量比例及其合作网络

## 2.3  主要国家环境/生态学生物多样性论文及其合作研究信息可视化

北美洲、欧洲、亚洲、大洋洲、南美洲和非洲 20 年间发表环境/生态学生物多样性相关论文数量分别是 21426 篇、31080 篇、13999 篇、7440 篇、6964 篇和 4399篇，占全球环境/生态学生物多样性论文数量（61879 篇）的百分比分别是 34.6%、50.2%、22.6%、12.0%、11.3% 和 7.1%。以各洲发表论文数量最多的国家（TOP1）为代表（主要国家），比较其发表论文的数量与质量特征，比较它们与全球国家或地区合作、与高产国家合作、与生物多样性特别丰富国家合作的数量与分布。环境 / 生态学学科的主要国家是美国、英国、中国、澳大利亚、巴西和南非，它们各自发表论文数量占所在洲论文总数量的百分比分别是 80.5%、26.8%、49.8%、85.1%、60.3% 和 45.9%，它们是所在洲的科研大国。除了英国外，其他 5 国也是生物多样性特别丰富的国家。主要国家 20 年间共发表论文数量 36601 篇，占全球论文总数量的 59.1%，逐年发表论文数量基本呈现缓慢上升态势（图 2-31）。

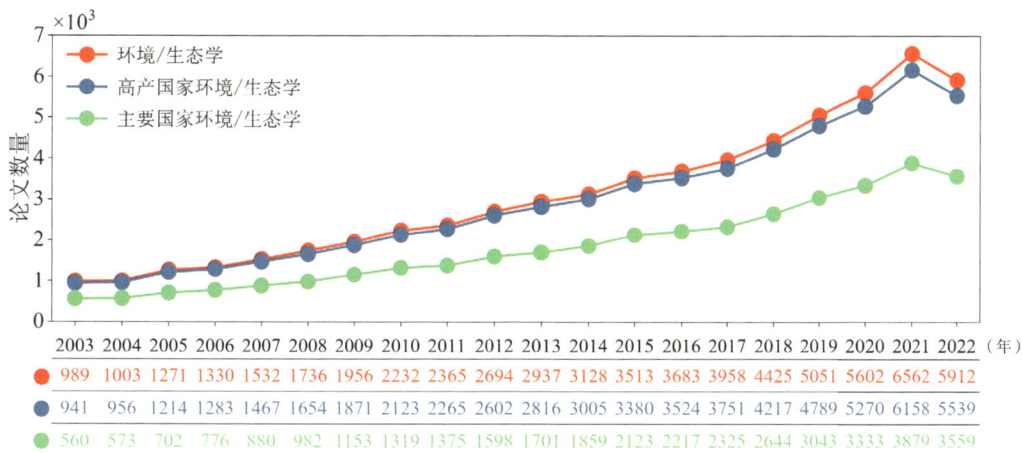

图 2-31　环境 / 生态学生物多样性论文数量逐年变化

## 2.3.1　主要国家论文数量及其质量信息的年度分布可视化

20 年间美国、英国、中国、澳大利亚、巴西和南非 6 个主要国家的论文数量、被引次数、引文影响力和 CNCI 的基础数据比较见图 2-32。从图中看出，美国是环境 / 生态学学科绝对科研大国，英国是论文影响力排名第一的强国，澳大利亚排列第二，中国论文的影响力需要提升。

各主要国家论文数量的年度变化趋势见图 2-33。图中曲线上论文数量的最大值用圆圈标出，并用虚线与对应的年份链接，图中 6 个主要国家论文数量的最大值和最小值用表格进行了显示。从图中看出，美国 20 年间论文数量年度变化曲线始终处于图中最上方。南非论文数量年度曲线处于图中最下方。英国、澳大利亚和巴西论文数量曲线处于图中部。2017 年之前中国论文数量缓慢增加，之后增长凶猛数量超过英国和澳大利亚，论文数量最大值出现在 2022 年。

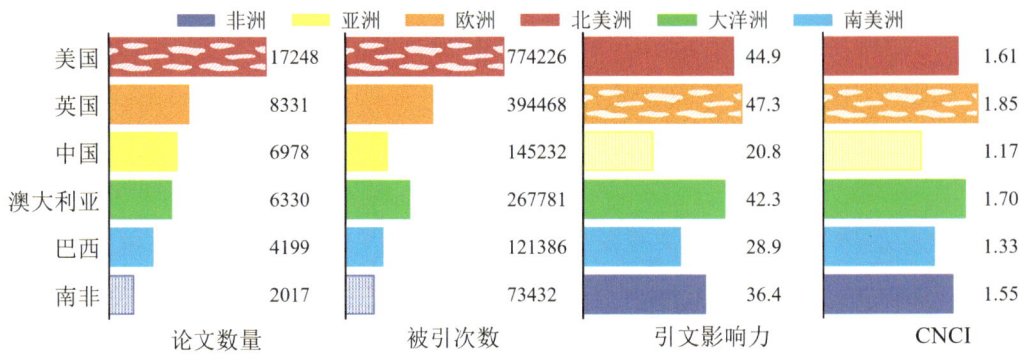

图 2-32　环境／生态学学科主要国家论文的数量和影响力指标基本信息

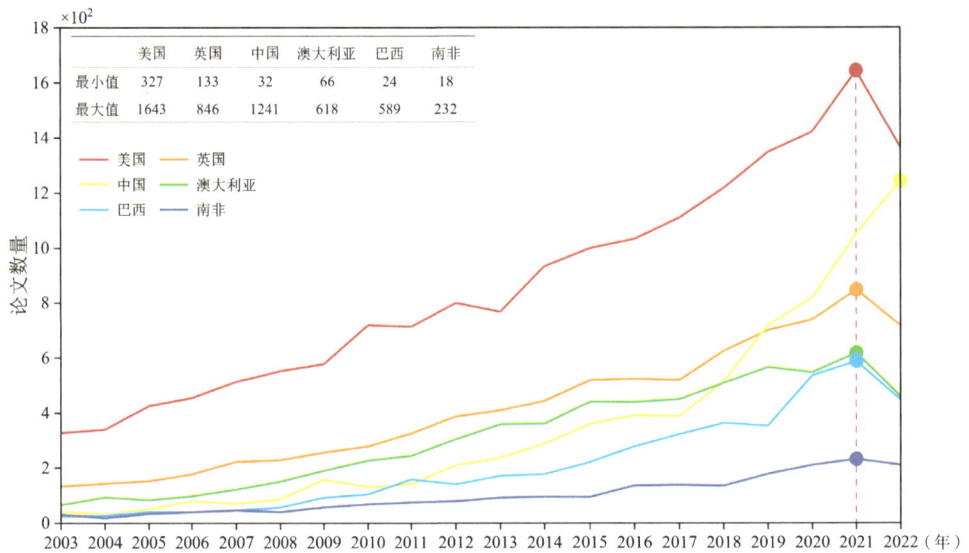

图 2-33　环境／生态学学科主要国家论文数量的年度变化

　　各主要国家论文被引次数的年度变化趋势见图 2-34。图中曲线上论文被引次数的最大值用圆圈标出，并用虚线与对应的年份链接，图中 6 个主要国家论文被引次数的最大值和最小值用表格进行了显示。从图中看出，20 年间美国论文被引次数年度曲线基本成山峰状，处于图的最上方，英国论文被引次数年度曲线位于美国曲线的下方。中国、巴西和南非论文被引次数年度曲线 2011 年之前缠绕在一起，处于图的最下方，之后南非的曲线处于图的最下方，中国的曲线超越巴西，2019 年后超越澳大利亚。

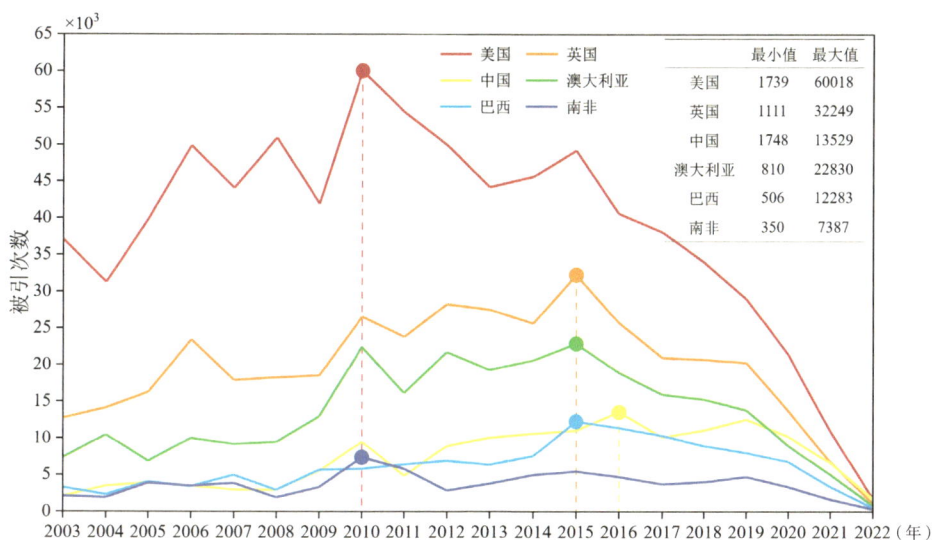

图 2-34 环境 / 生态学学科主要国家论文被引次数的年度变化比较

各主要国家论文引文影响力的年度变化趋势见图 2-35。图中曲线上论文引文影响力的最大值用圆圈标出，并用虚线与对应的年份链接。图中 6 个主要国家论文引文影响力的最大值和最小值用表格进行了显示。图中可以看出，20 年间中 6 个国家论文的该指数变化随着时间的推移由高到低变化。除了 2004 年外，中国论文引文影响力几乎成为最低值。巴西论文引文影响力最大值出现在 2003 年，为 136.6，是 6 个主要国家中该指标的最高值。

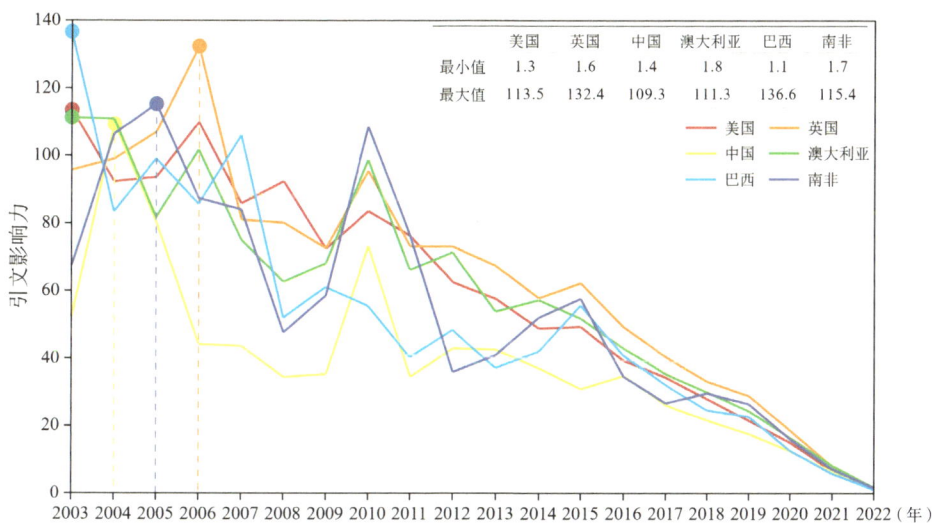

图 2-35 环境 / 生态学学科主要国家论文引文影响力的年度变化比较

各主要国家论文 CNCI 的年度变化趋势见图 2-36。曲线上论文 CNCI 的最大值用圆圈标出，并用虚线与对应的年份链接，图中各国论文 CNCI 的最大值和最小值用表格进行了显示。从图中看出，英国该指标在 2006 年达到最大值 2.79，是主要国家中该指标的最高点，2012—2021 年间位于图的最上方。每年美国、英国和澳大利亚论文的 CNCI 都大于 1。中国论文的 CNCI 最高值和最低值分别为 2.18 和 0.79，是主要国家中该指标的最低点，影响力偏弱。

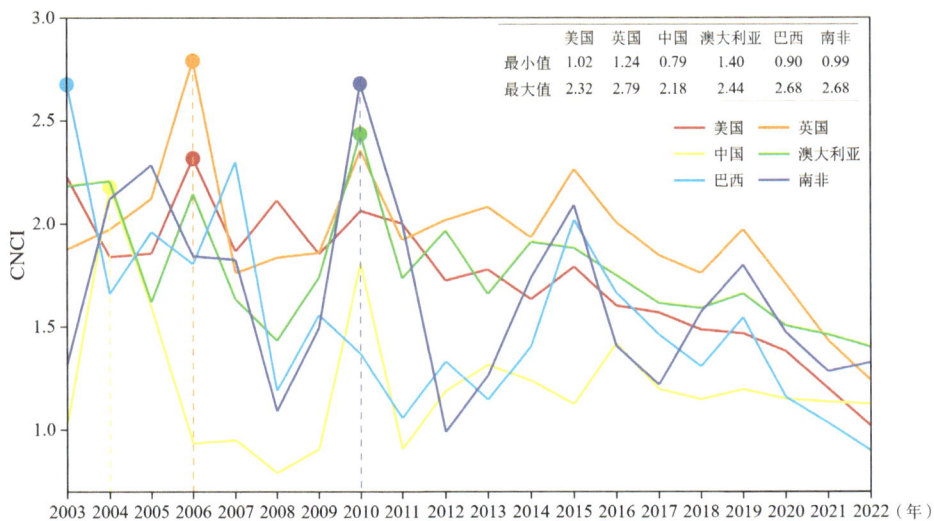

图 2-36　环境 / 生态学学科主要国家论文 CNCI 的年度变化比较

## 2.3.2　主要国家论文合作研究信息可视化

环境 / 生态学主要国家与高产国家合作的论文数量与分布见图 2-37。图左侧国家顺序按照美国与各高产国家合作论文数占比由高到低排列，方块大小为主要国家合作的论文总量，圆圈大小为相应主要国家与高产国家合作的论文数量，各洲用不同颜色加以区分。图中每组数据包括某主要国家与某高产国家合作的论文数及占百（论文数除以某主要国家合作论文总数）。从图中看出，澳大利亚与美国的合作论文数量占比达到澳大利亚合作论文总数的 43.8% 为最高，中国与希腊的合作论文数量占比为中国合作论文总数的 0.6% 为最低。6 个主要国家与图中位于前 10 位国家的合作占比基本都在 5% 以上（除了中国与巴西合作占比为 3.6%，与西班牙合作占比为 4.9% 外）；6 个主要国家与美国、英国、澳大利亚和德国的合作占比在 10% 以上。

另外，合作次数较高的国家之间表现出一定的区域性，澳大利亚与新西兰的合作占澳大利亚合作论文总数的 9.7%，中国与日本合作论文数量占中国合作论文总数的 7.7%。

| | 非洲 | 亚洲 | 欧洲 | 北美洲 | 大洋洲 | 南美洲 |
|---|---|---|---|---|---|---|
| 美国 | 9426 | 2106 (32.6%) | 1257 (39.9%) | 1655 (43.8%) | 964 (42.5%) | 524 (38.3%) |
| 英国 | 2106 (22.3%) | 6469 | 512 (16.2%) | 1119 (29.6%) | 638 (28.2%) | 508 (37.2%) |
| 澳大利亚 | 1655 (17.6%) | 1119 (17.3%) | 435 (13.8%) | 3782 | 315 (13.9%) | 357 (26.1%) |
| 加拿大 | 1444 (15.3%) | 679 (10.5%) | 414 (13.1%) | 515 (13.6%) | 223 (9.8%) | 207 (15.1%) |
| 中国 | 1257 (13.3%) | 512 (7.9%) | 3152 | 435 (11.5%) | 114 (5%) | 112 (8.2%) |
| 德国 | 1240 (13.2%) | 1157 (17.9%) | 460 (14.6%) | 540 (14.3%) | 317 (14%) | 252 (18.4%) |
| 法国 | 1003 (10.6%) | 976 (15.1%) | 227 (7.2%) | 497 (13.1%) | 279 (12.3%) | 234 (17.1%) |
| 巴西 | 964 (10.2%) | 638 (9.9%) | 114 (3.6%) | 315 (8.3%) | 2266 | 106 (7.8%) |
| 西班牙 | 747 (7.9%) | 864 (13.4%) | 156 (4.9%) | 342 (9%) | 286 (12.6%) | 137 (10%) |
| 瑞士 | 724 (7.7%) | 662 (10.2%) | 221 (7%) | 323 (8.5%) | 145 (6.4%) | 151 (11%) |
| 荷兰 | 586 (6.2%) | 706 (10.9%) | 227 (7.2%) | 277 (7.3%) | 158 (7%) | 142 (10.4%) |
| 墨西哥 | 564 (6%) | 179 (2.8%) | 46 (1.5%) | 100 (2.6%) | 180 (7.9%) | 48 (3.5%) |
| 南非 | 524 (5.6%) | 508 (7.9%) | 112 (3.6%) | 357 (9.4%) | 106 (4.7%) | 1367 |
| 意大利 | 519 (5.5%) | 596 (9.2%) | 124 (3.9%) | 232 (6.1%) | 129 (5.7%) | 92 (6.7%) |
| 瑞典 | 457 (4.8%) | 539 (8.3%) | 115 (3.6%) | 219 (5.8%) | 143 (6.3%) | 92 (6.7%) |
| 新西兰 | 414 (4.4%) | 283 (4.4%) | 102 (3.2%) | 365 (9.7%) | 81 (3.6%) | 93 (6.8%) |
| 丹麦 | 405 (4.3%) | 499 (7.7%) | 172 (5.5%) | 183 (4.8%) | 81 (3.6%) | 87 (6.4%) |
| 葡萄牙 | 332 (3.5%) | 483 (7.5%) | 66 (2.1%) | 146 (3.9%) | 237 (10.5%) | 109 (8%) |
| 日本 | 310 (3.3%) | 217 (3.4%) | 242 (7.7%) | 174 (4.6%) | 50 (2.2%) | 52 (3.8%) |
| 比利时 | 304 (3.2%) | 371 (5.7%) | 99 (3.1%) | 141 (3.7%) | 92 (4.1%) | 90 (6.6%) |
| 阿根廷 | 296 (3.1%) | 148 (2.3%) | 63 (2%) | 133 (3.5%) | 151 (6.7%) | 67 (4.9%) |
| 印度 | 283 (3%) | 165 (2.6%) | 101 (3.2%) | 118 (3.1%) | 51 (2.3%) | 66 (4.8%) |
| 芬兰 | 275 (2.9%) | 328 (5.1%) | 112 (3.6%) | 126 (3.3%) | 96 (4.2%) | 87 (6.4%) |
| 挪威 | 273 (2.9%) | 357 (5.5%) | 73 (2.3%) | 121 (3.2%) | 60 (2.6%) | 67 (4.9%) |
| 智利 | 269 (2.9%) | 169 (2.6%) | 58 (1.8%) | 114 (3%) | 98 (4.3%) | 60 (4.4%) |
| 奥地利 | 239 (2.5%) | 247 (3.8%) | 68 (2.2%) | 105 (2.8%) | 62 (2.7%) | 62 (4.5%) |
| 捷克 | 213 (2.3%) | 237 (3.7%) | 73 (2.3%) | 98 (2.6%) | 51 (2.3%) | 61 (4.5%) |
| 俄罗斯 | 151 (1.6%) | 107 (1.7%) | 71 (2.3%) | 35 (0.9%) | 31 (1.4%) | 27 (2%) |
| 波兰 | 139 (1.5%) | 224 (3.5%) | 46 (1.5%) | 65 (1.7%) | 40 (1.8%) | 19 (1.4%) |
| 希腊 | 104 (1.1%) | 163 (2.5%) | 20 (0.6%) | 41 (1.1%) | 25 (1.1%) | 23 (1.7%) |
| | 美国 | 英国 | 中国 | 澳大利亚 | 巴西 | 南非 |

☐ 方形大小：主要国家合作的论文数量　　○ 圆形大小：主要国家与高产国家合作的论文数量

图 2-37　环境 / 生态学学科主要国家与高产国家论文合作数量与分布

　　主要国家与生物多样性特别丰富国家的合作论文数量与分布见图 2-38，方块大小为主要国家合作论文总量，圆圈大小为主要国家与生物多样性特别丰富国家合作的论文数量，各洲用不同颜色加以区分。既是高产国家又是生物多样性特别丰富国家分别是美国、澳大利亚、中国、巴西、墨西哥、南非和印度 7 国。主要国家与 7 个国家合作论文占比在 2.3% 以上。此外，与哥伦比亚、印度尼西亚、马来西亚和厄瓜多尔合作也比较密切，占比在 1% 以上。

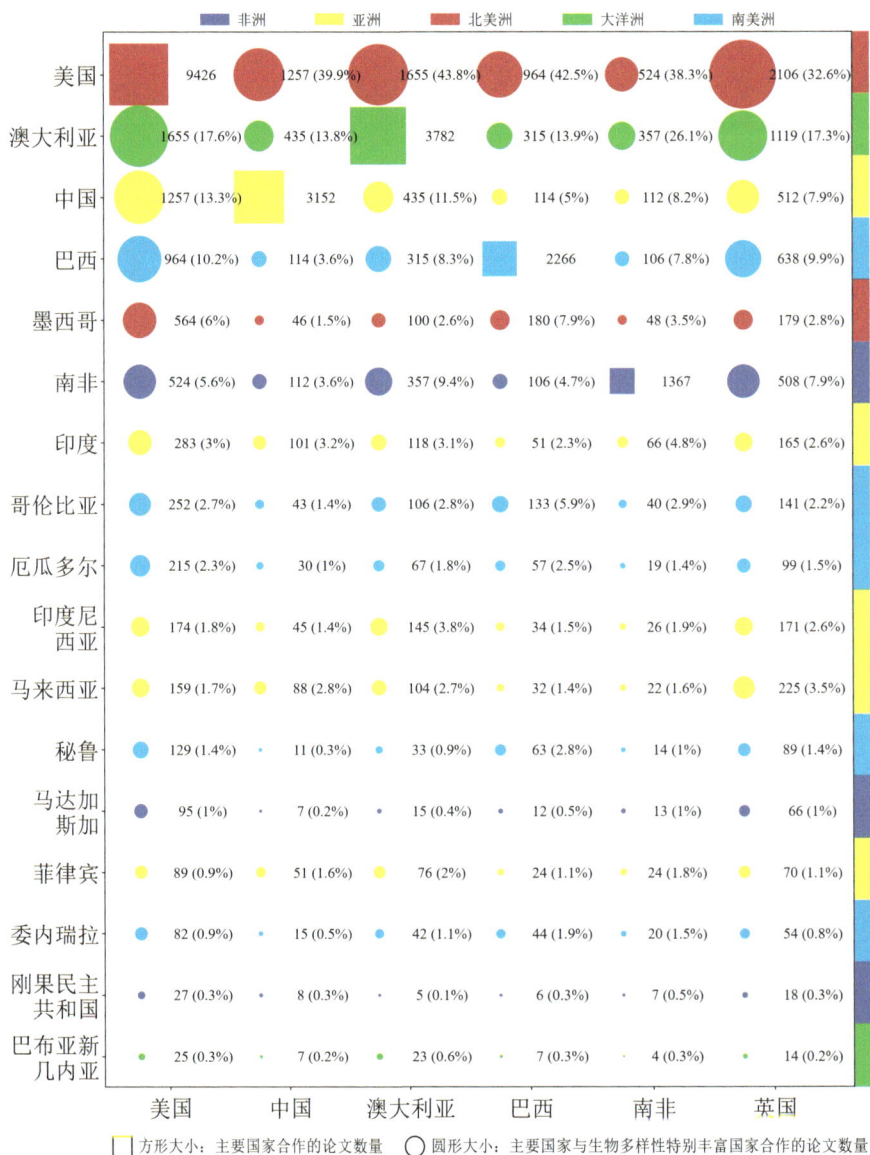

图例：非洲　亚洲　北美洲　大洋洲　南美洲

| | 美国 | 中国 | 澳大利亚 | 巴西 | 南非 | 英国 |
| --- | --- | --- | --- | --- | --- | --- |
| 美国 | 9426 | 1257 (39.9%) | 1655 (43.8%) | 964 (42.5%) | 524 (38.3%) | 2106 (32.6%) |
| 澳大利亚 | 1655 (17.6%) | 435 (13.8%) | 3782 | 315 (13.9%) | 357 (26.1%) | 1119 (17.3%) |
| 中国 | 1257 (13.3%) | 3152 | 435 (11.5%) | 114 (5%) | 112 (8.2%) | 512 (7.9%) |
| 巴西 | 964 (10.2%) | 114 (3.6%) | 315 (8.3%) | 2266 | 106 (7.8%) | 638 (9.9%) |
| 墨西哥 | 564 (6%) | 46 (1.5%) | 100 (2.6%) | 180 (7.9%) | 48 (3.5%) | 179 (2.8%) |
| 南非 | 524 (5.6%) | 112 (3.6%) | 357 (9.4%) | 106 (4.7%) | 1367 | 508 (7.9%) |
| 印度 | 283 (3%) | 101 (3.2%) | 118 (3.1%) | 51 (2.3%) | 66 (4.8%) | 165 (2.6%) |
| 哥伦比亚 | 252 (2.7%) | 43 (1.4%) | 106 (2.8%) | 133 (5.9%) | 40 (2.9%) | 141 (2.2%) |
| 厄瓜多尔 | 215 (2.3%) | 30 (1%) | 67 (1.8%) | 57 (2.5%) | 19 (1.4%) | 99 (1.5%) |
| 印度尼西亚 | 174 (1.8%) | 45 (1.4%) | 145 (3.8%) | 34 (1.5%) | 26 (1.9%) | 171 (2.6%) |
| 马来西亚 | 159 (1.7%) | 88 (2.8%) | 104 (2.7%) | 32 (1.4%) | 22 (1.6%) | 225 (3.5%) |
| 秘鲁 | 129 (1.4%) | 11 (0.3%) | 33 (0.9%) | 63 (2.8%) | 14 (1%) | 89 (1.4%) |
| 马达加斯加 | 95 (1%) | 7 (0.2%) | 15 (0.4%) | 12 (0.5%) | 13 (1%) | 66 (1%) |
| 菲律宾 | 89 (0.9%) | 51 (1.6%) | 76 (2%) | 24 (1.1%) | 24 (1.8%) | 70 (1.1%) |
| 委内瑞拉 | 82 (0.9%) | 15 (0.5%) | 42 (1.1%) | 44 (1.9%) | 20 (1.5%) | 54 (0.8%) |
| 刚果民主共和国 | 27 (0.3%) | 8 (0.3%) | 5 (0.1%) | 6 (0.3%) | 7 (0.5%) | 18 (0.3%) |
| 巴布亚新几内亚 | 25 (0.3%) | 7 (0.2%) | 23 (0.6%) | 7 (0.3%) | 4 (0.3%) | 14 (0.2%) |

□ 方形大小：主要国家合作的论文数量　　○ 圆形大小：主要国家与生物多样性特别丰富国家合作的论文数量

图 2-38　环境/生态学科学主要国家与生物多样性特别丰富国家论文合作的数量与分布

图 2-39 为环境 / 生态学主要国家与各洲合作国家或地区的分布与数量，方块大小为 6 大洲的国家或地区数，圆圈大小为各洲的国家或地区数。从图中看出，在环境 / 生态学领域，6 个主要国家与非洲、亚洲和欧洲国家或地区的科研合作较多。美国、英国和澳大利亚"科研朋友圈"更大，分别是 181、177 和 165。除了欧洲外，美国在 5 大洲的合作国家或地区数量都是最多的。

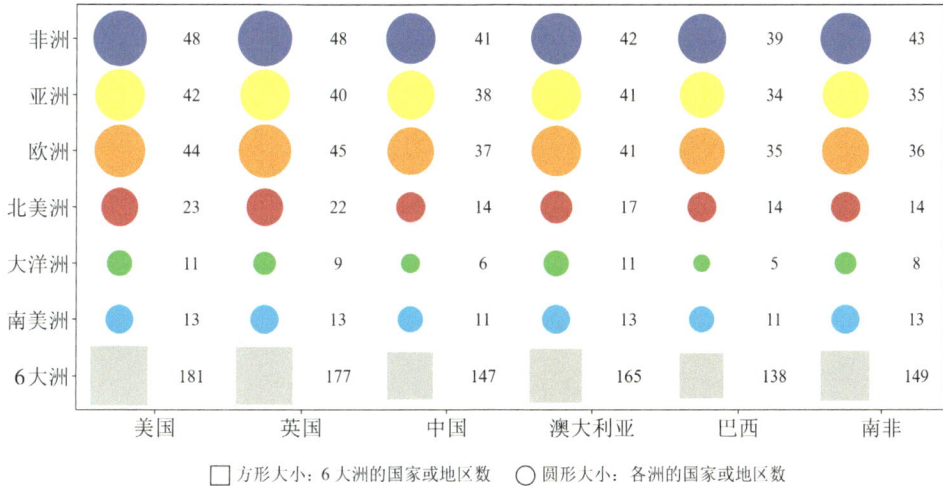

图 2-39 环境 / 生态学学科主要国家与各洲论文合作国家或地区的分布与数量

各主要国家与世界其他国家或地区合作网络见图 2-40 至图 2-45。图中国家或地区次序从上到下按照所属洲排列，即非洲、亚洲、欧洲、北美洲、大洋洲和南美洲，合作论文数量多的国家或地区排在前面。图中央方形和数字代表主要国家名称及其总的合作论文数量。与其合作的国家以圆形表示，合作次数以圆形大小和链接线条粗细表示（合作次数最多的国家饼圈中标有数据）。圆形颜色代表合作论文的 CNCI，圆形颜色与圆右下角 CNCI 色条值对应。

环境 / 生态学论文 CNCI 的最高值为 107.88。2015 年发表论文"The IPBES Conceptual Framework - connecting nature and people"的 CNCI 为 39.66，作者来自 42 个国家，其中除了本节中提到的 6 个主要国家外，还有 36 个其他国家。当这些国家与主要国家合作论文只有这一篇时，合作论文的 CNCI 就为 39.66，例如，阿塞拜疆与澳大利亚、巴西和南非只有该篇合作论文。阿塞拜疆与美国、英国和中国合作论文数量分别是 2 篇和 3 篇，这 3 个国家的全球合作网络中，阿塞拜疆合作节点的

CNCI 分别是 20.35、15.90 和 15.53。

图 2-40 中美国分别与非洲、亚洲、欧洲、北美洲、大洋洲和南美洲的 48 个、42 个、44 个、23 个、11 个和 13 个，共计 181 个国家或地区进行合作，该图具体可视化了图 2-39 中美国与各洲合作的国家或地区信息。

图 2-41 中英国分别与非洲、亚洲、欧洲、北美洲、大洋洲和南美洲的 48 个、40 个、45 个、22 个、9 个和 13 个，共计 177 个国家或地区进行合作，该图具体可视化了图 2-39 中英国与各洲合作的国家或地区信息。

图 2-42 中中国分别与非洲、亚洲、欧洲、北美洲、大洋洲和南美洲的 41 个、38 个、37 个、14 个、6 个和 11 个，共计 147 个国家或地区进行合作，该图具体可视化了图 2-39 中中国与各洲合作的国家或地区信息。

图 2-43 中澳大利亚分别与非洲、亚洲、欧洲、北美洲、大洋洲和南美洲的 42 个、41 个、41 个、17 个、11 个和 13 个，共计 165 个国家或地区进行合作，该图具体可视化了图 2-39 中澳大利亚与各洲合作的国家或地区信息。

图 2-44 中巴西分别与非洲、亚洲、欧洲、北美洲、大洋洲和南美洲的 39 个、34 个、35 个、14 个、5 个和 11 个，共计 138 个国家或地区进行合作，该图具体可视化了图 2-39 中巴西与各洲合作的国家或地区信息。

图 2-45 中南非分别与非洲、亚洲、欧洲、北美洲、大洋洲和南美洲的 43 个、35 个、36 个、14 个、8 个和 13 个，共计 149 个国家或地区进行合作，该图具体可视化了图 2-39 中南非与各洲合作的国家或地区信息。

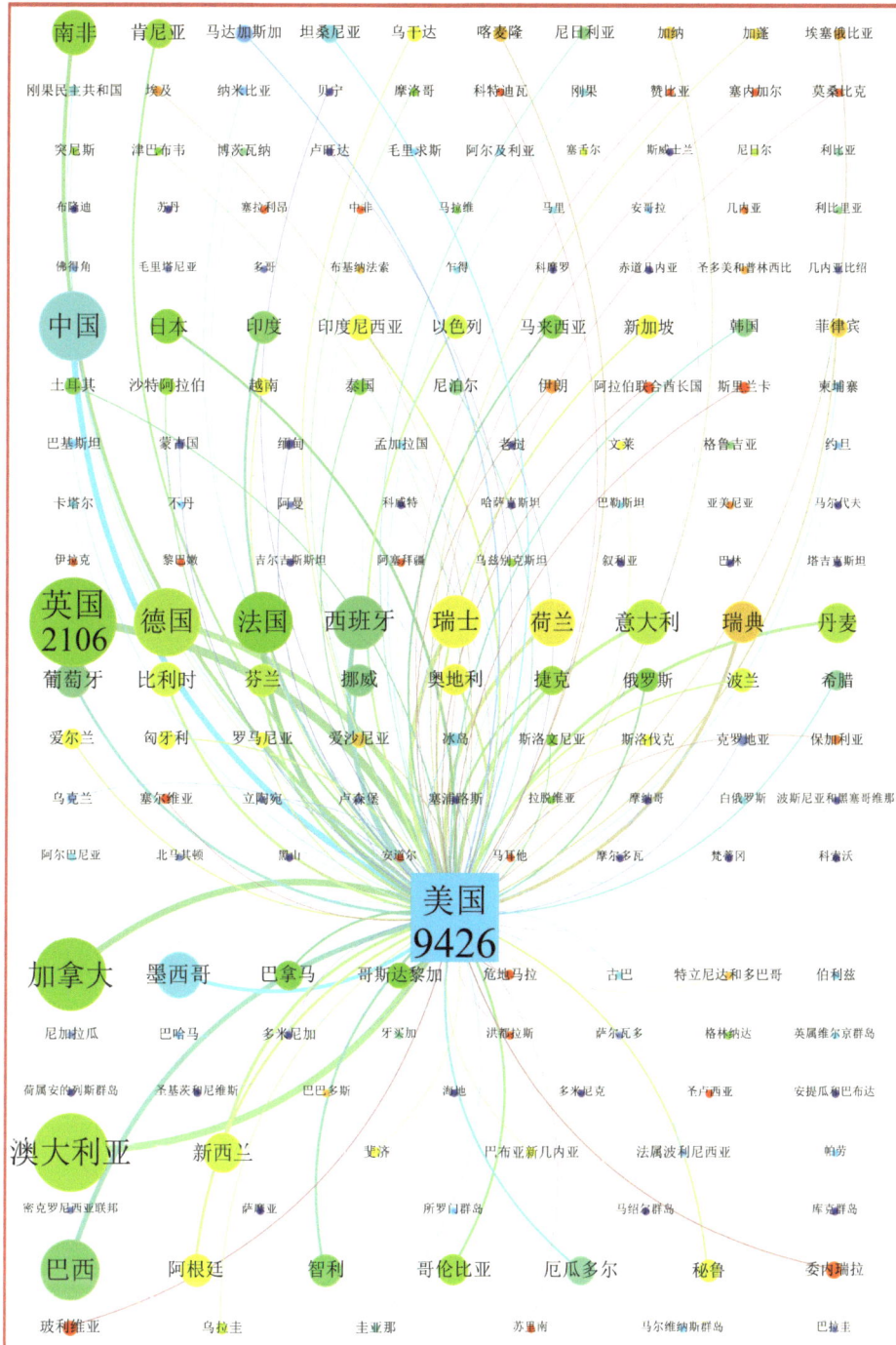

连线粗细：合作次数
节点大小：论文数量，英国最多为2106篇，最少为1篇
节点颜色：CNCI，美国为1.61，阿塞拜疆最大为20.34，库克群岛和科索沃最小为0

□ 方形大小：美国合作论文数量　○ 圆形大小：各国家或地区与美国合作的论文数量

图2-40　环境／生态学学科美国与全球各国或地区论文合作网络热图

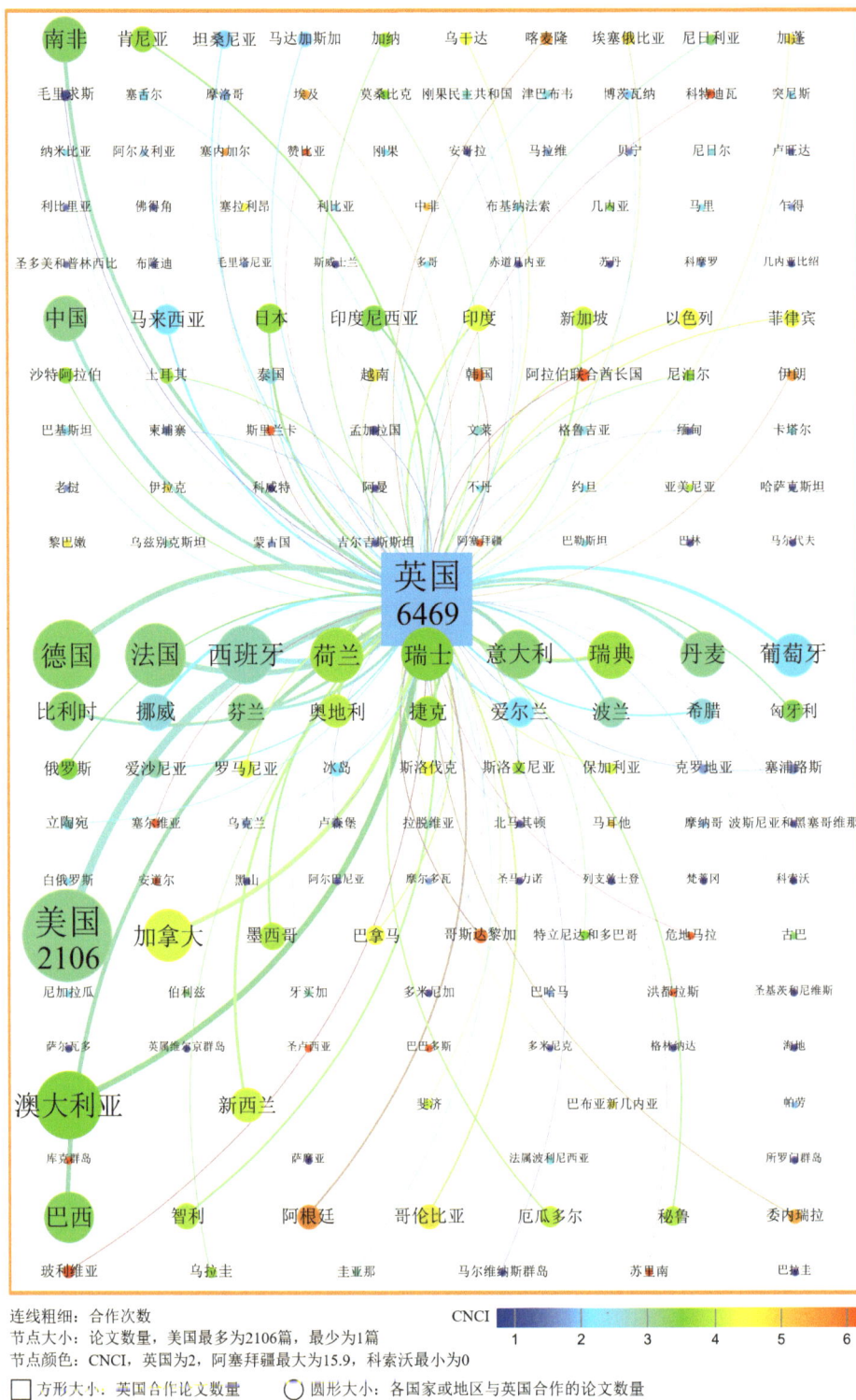

连线粗细：合作次数
节点大小：论文数量，美国最多为2106篇，最少为1篇
节点颜色：CNCI，英国为2，阿塞拜疆最大为15.9，科索沃最小为0

CNCI

1　2　3　4　5　6

□ 方形大小：英国合作论文数量　　○ 圆形大小：各国家或地区与英国合作的论文数量

图 2-41　环境/生态学学科英国与全球各国或地区论文合作网络热图

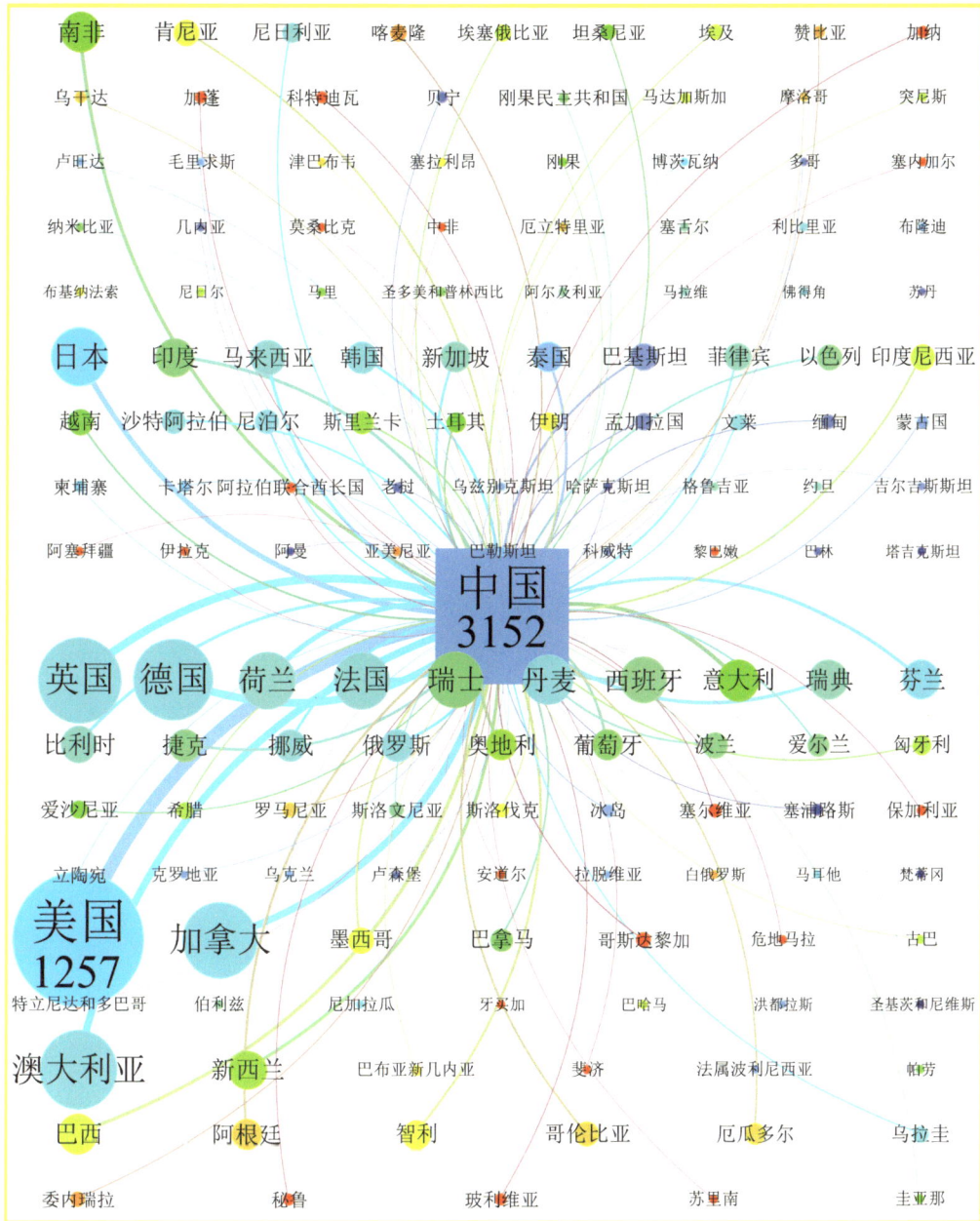

连线粗细：合作次数

节点大小：论文数量，美国排名为1257篇，最少为1篇

节点颜色：CNCI，中国为1.65，莫桑比克最大为21.93，圣基茨和尼维斯最小为0

☐ 方形大小：中国合作论文数量　　○ 圆形大小：各国家或地区与中国合作的论文数量

图2-42　环境/生态学学科中国与全球各国或地区论文合作网络热图

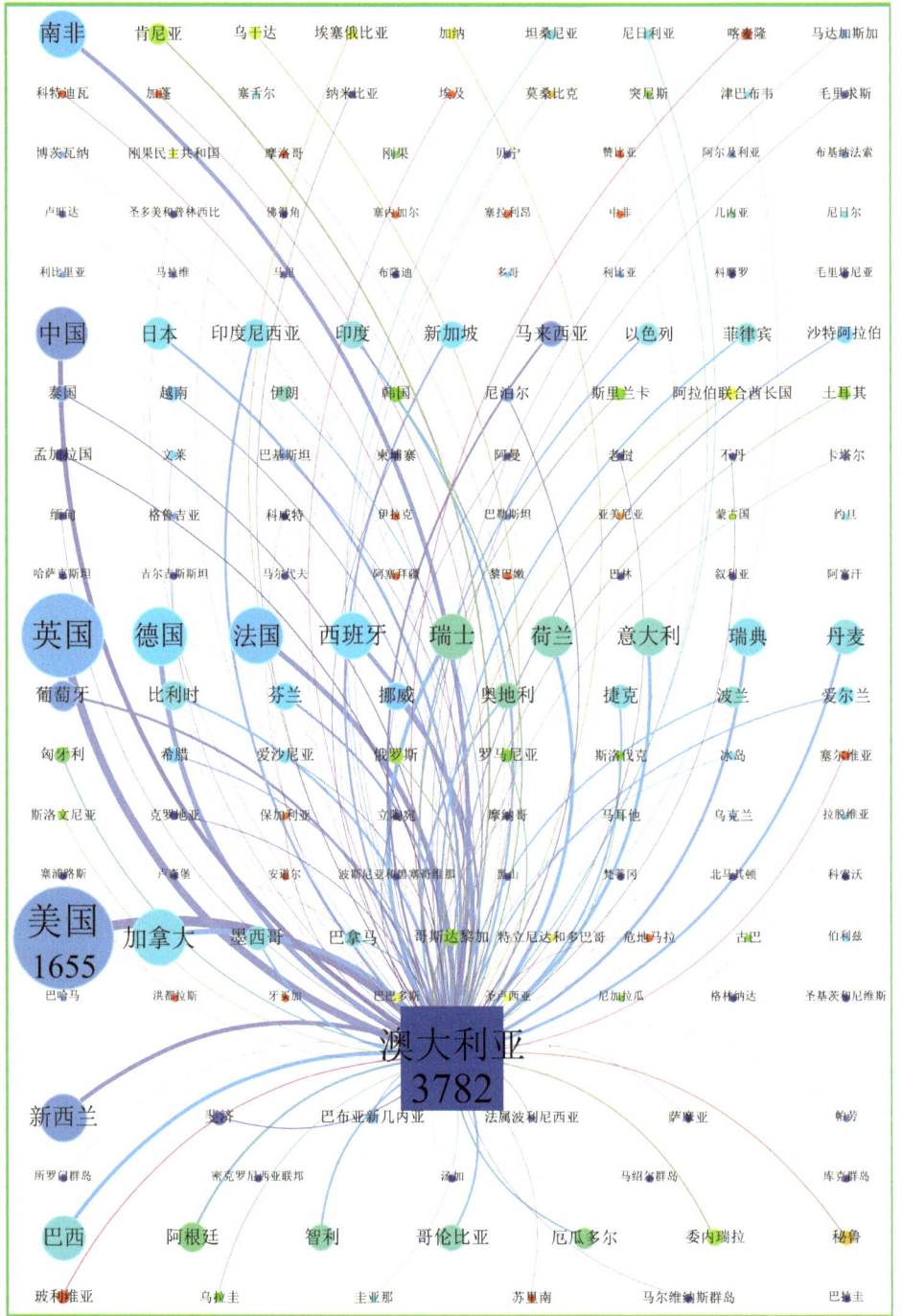

图 2-43 环境／生态学学科澳大利亚与全球各国或地区论文合作网络热图

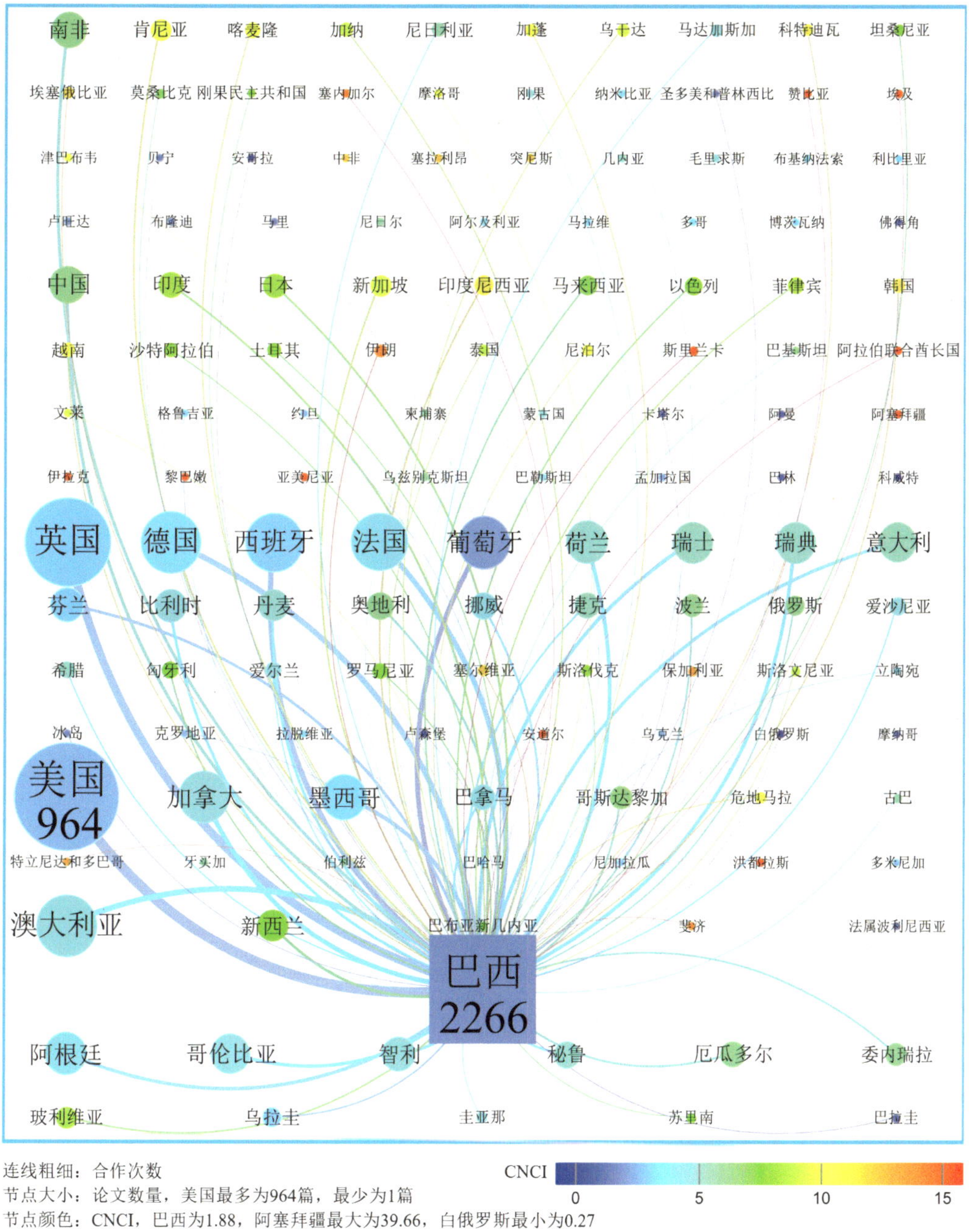

连线粗细：合作次数
节点大小：论文数量，美国最多为964篇，最少为1篇
节点颜色：CNCI，巴西为1.88，阿塞拜疆最大为39.66，白俄罗斯最小为0.27

CNCI
0    5    10    15

☐ 方形大小：巴西合作论文数量    ◯ 圆形大小：各国家或地区与巴西合作的论文数量

图2-44　环境／生态学学科巴西与全球各国或地区论文合作网络热图

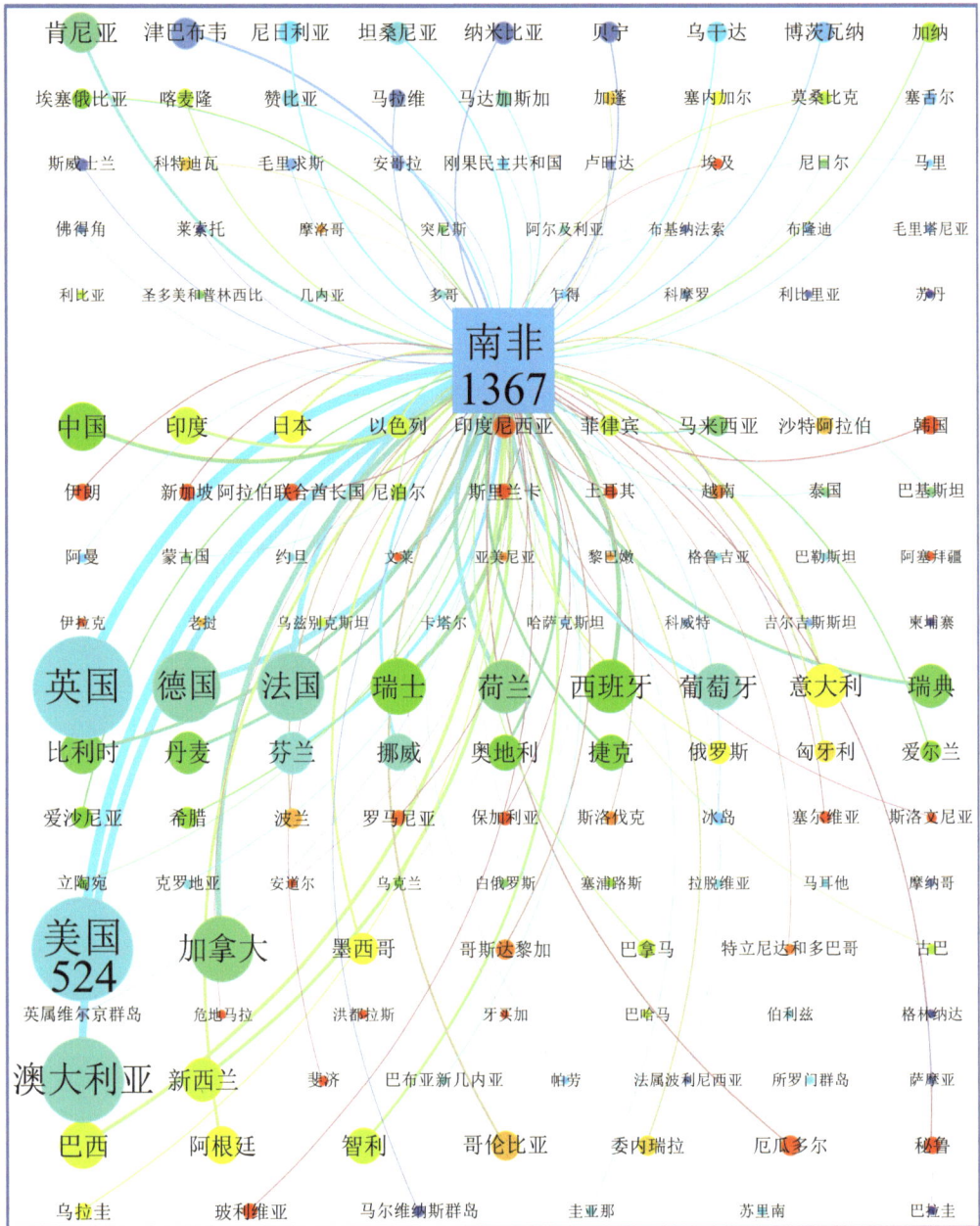

图 2-45　环境 / 生态学学科南非与全球各国或地区论文合作网络热图

连线粗细：合作次数
节点大小：论文数量，美国最多为524篇，最少为1篇
节点颜色：CNCI，南非为1.93，阿塞拜疆最大为39.66，巴拉圭最小为0.11

CNCI　0　2　4　6　8　10

□ 方形大小：南非合作论文数量　　○ 圆形大小：各国家或地区与南非合作的论文数量

# 3

# 植物学与动物学生物多样性论文及其合作研究信息可视化

## 3.1 全球植物学与动物学生物多样性论文数量及其质量信息可视化

2003—2022 年间植物学与动物学发表论文 56009 篇，来源于 6 大洲的 194 个国家或地区（图 3-1）。欧洲、亚洲、北美洲、南美洲、大洋洲和非洲 20 年间发文量分别是 24625 篇、16463 篇、15567 篇、7381 篇、4137 篇和 4032 篇。

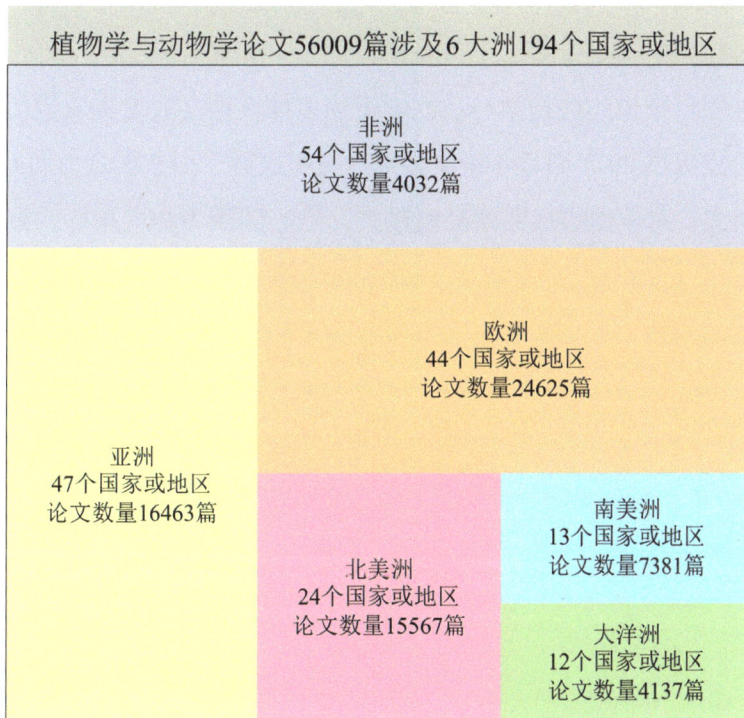

植物学与动物学论文56009篇涉及6大洲194个国家或地区

非洲
54个国家或地区
论文数量4032篇

亚洲
47个国家或地区
论文数量16463篇

欧洲
44个国家或地区
论文数量24625篇

北美洲
24个国家或地区
论文数量15567篇

南美洲
13个国家或地区
论文数量7381篇

大洋洲
12个国家或地区
论文数量4137篇

图 3-1 2003—2022 年间发表生物多样性论文的国家或地区分布

图 3-2 为植物学与动物学学科在不同时段生物多样性论文涉及的国家或地区数。5 个时段分别是 2003—2007 年、2008—2012 年、2013—2017 年和 2018—2022 年，以及 2003—2022 年总时段。从图中可以看出，随着时间推移，各洲发表论文涉及的国家或地区数量在不断增加。

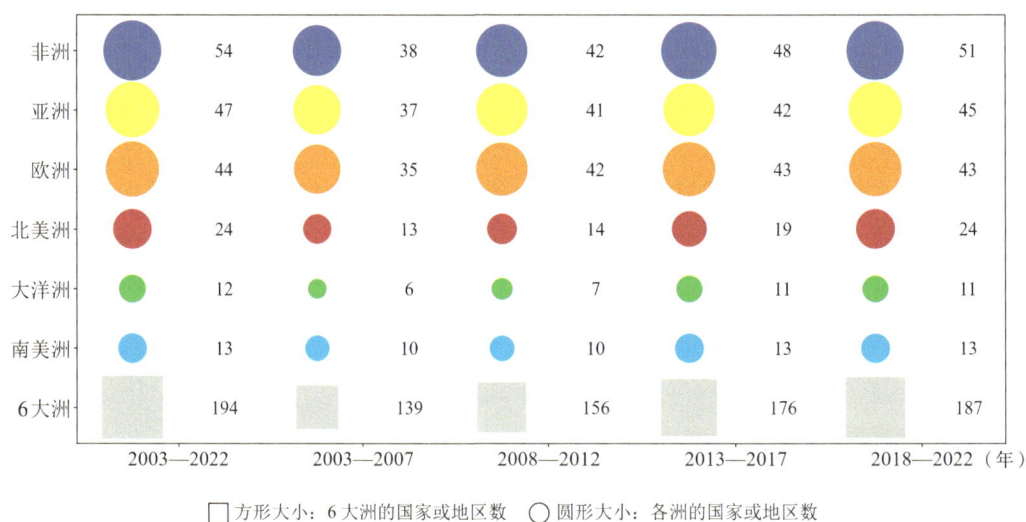

| | 2003—2022 | | 2003—2007 | | 2008—2012 | | 2013—2017 | | 2018—2022（年）|
|---|---|---|---|---|---|---|---|---|---|
| 非洲 | | 54 | | 38 | | 42 | | 48 | | 51 |
| 亚洲 | | 47 | | 37 | | 41 | | 42 | | 45 |
| 欧洲 | | 44 | | 35 | | 42 | | 43 | | 43 |
| 北美洲 | | 24 | | 13 | | 14 | | 19 | | 24 |
| 大洋洲 | | 12 | | 6 | | 7 | | 11 | | 11 |
| 南美洲 | | 13 | | 10 | | 10 | | 13 | | 13 |
| 6 大洲 | | 194 | | 139 | | 156 | | 176 | | 187 |

□ 方形大小：6 大洲的国家或地区数　　○ 圆形大小：各洲的国家或地区数

图 3-2　植物学与动物学学科在不同时段各洲发表论文的国家或地区数量

使用两种图形来描述植物学与动物学生物多样性论文数量和质量信息的年度分布。图 3-3 重点提供 20 年间逐年论文数量、被引次数、引文影响力和 CNCI 的基础数据，数值越大，对应的指标圆圈高就越大，空心圆圈为相应指标的最大值或最小值。图 3-4 呈现 4 个指标 20 年间逐年变化的趋势。从图中看出发表论文数量基本呈现逐年增加的趋势，最近 4 年论文数量在 4000 篇以上，2021 年达到最高值 5175 篇。被引次数超过 5 万次的时段出现在 2007—2016 年的 10 年间，最高值为 70986 次，出现在 2011 年，之后基本呈现逐年减少趋势。引文影响力呈现逐年减少趋势，最高值出现在 2003 年，达到 45.3 次 / 篇。CNCI 最高值 1.37 出现在 2003 年，此后基本呈现逐年缓慢降低趋势。

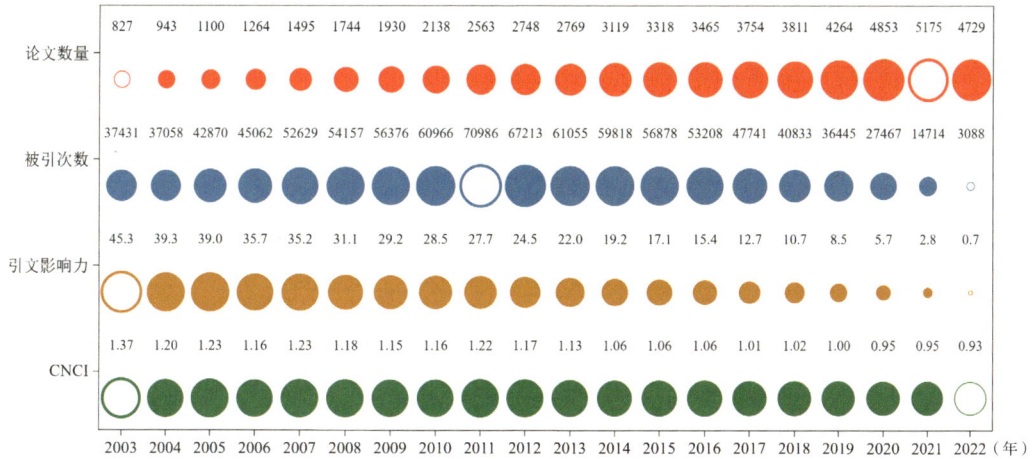

图 3-3　植物学与动物学学科生物多样性论文的数量及其影响力指标基本信息

图 3-5 为不同时段全球国家或地区、高产国家和主要国家独立与合作完成的论文数量。图中数据表明从国家层面来看，合作研究比例逐步上升。高产国家和主要国家的发文量分别占全球发文总量的 92.2% 和 51.7%。

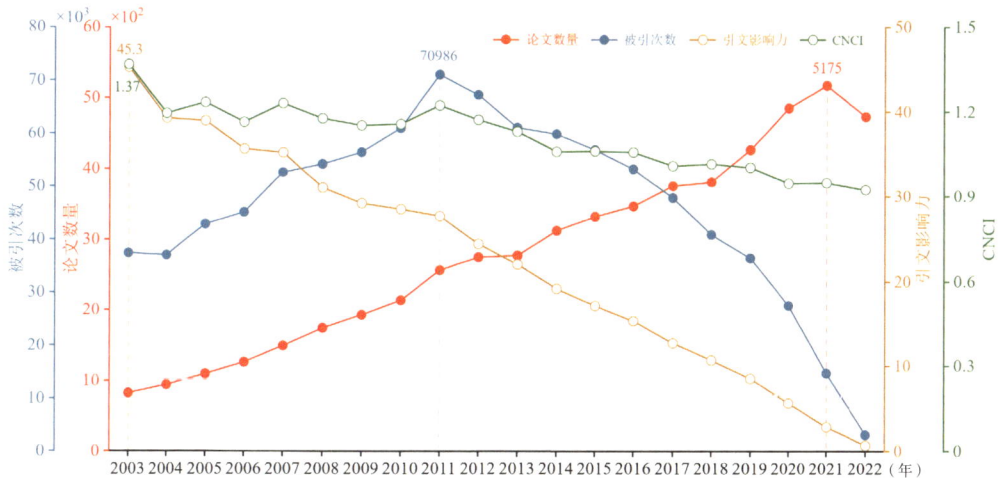

图 3-4　植物学与动物学学科生物多样性论文数量及其影响力指标的年度变化

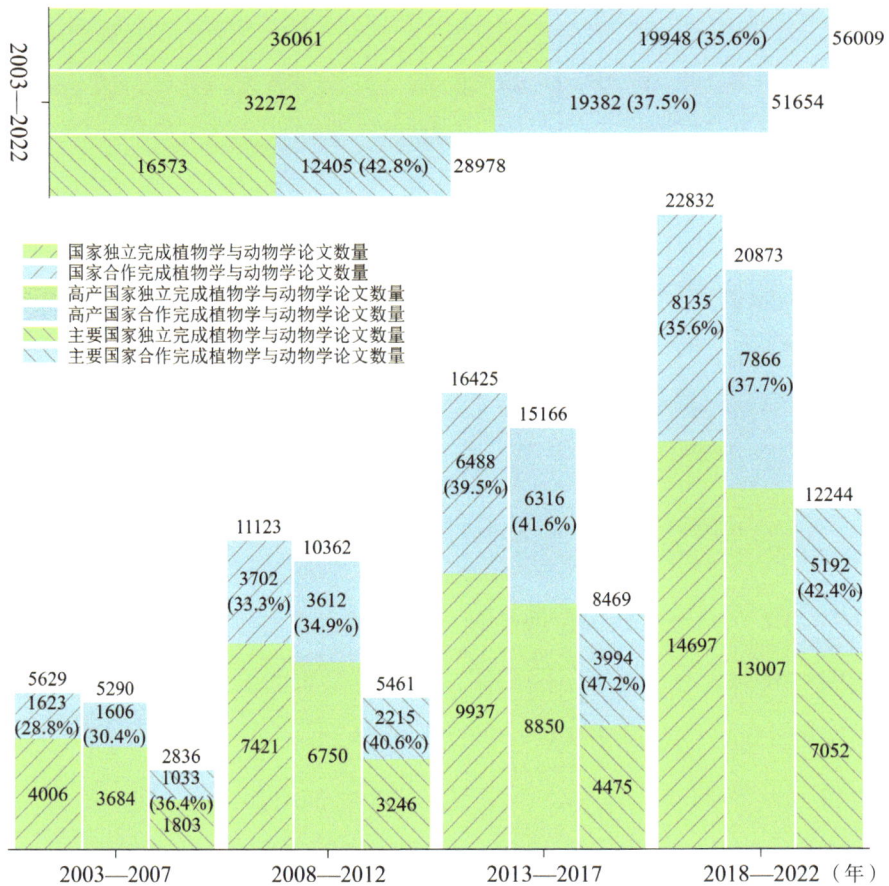

图 3-5　不同时段独立与合作论文的数量及合作论文数量百分比

图例:
- 国家独立完成植物学与动物学论文数量
- 国家合作完成植物学与动物学论文数量
- 高产国家独立完成植物学与动物学论文数量
- 高产国家合作完成植物学与动物学论文数量
- 主要国家独立完成植物学与动物学论文数量
- 主要国家合作完成植物学与动物学论文数量

## 3.2　高产国家植物学与动物学生物多样性论文数量及其质量信息可视化

图 3-6 表征了高产国家在不同时段论文数量多少的排序和 CNCI 的高低, 同时反映各国论文数量与影响力的变化趋势。图中高产国家共涉及 35 个, 其中欧洲国家 17 个, 亚洲国家 9 个, 南美洲和北美洲国家各 3 个, 大洋洲 2 个, 非洲 1 个。图中数字越小表示该国发表论文数量越多, 颜色深浅表示论文影响力 CNCI 的高低。20 年间论文数量美国排列第一位, 中国第二位, 巴西第三位; 4 个时段排前 10 位的国家基本没有变化 (除了巴西 2003—2007 年时段排列第 11 位), 但排名序列有所不同。美国始终排列第一位, 中国除了 2003—2007 年时段排列第三外, 其余时段

排列第二。CNCI 最高的国家为荷兰（图中显示为白色数字），数值超过了 2.9。后面对各时段 30 个国家信息详细分析。

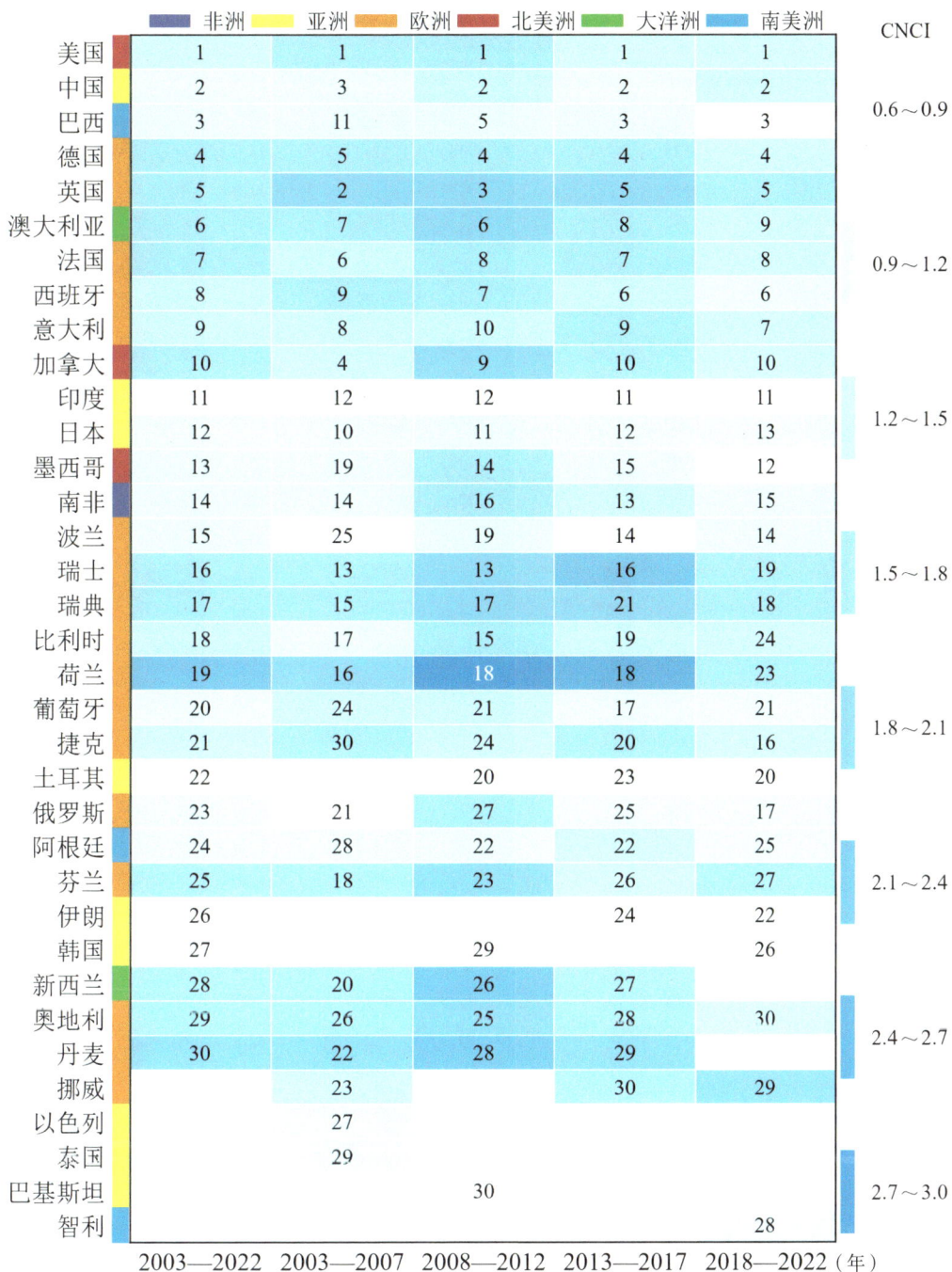

| 国家 | 非洲　亚洲　欧洲　北美洲　大洋洲　南美洲 | | | | | CNCI |
|---|---|---|---|---|---|---|
| | 2003—2022 | 2003—2007 | 2008—2012 | 2013—2017 | 2018—2022 | |
| 美国 | 1 | 1 | 1 | 1 | 1 | |
| 中国 | 2 | 3 | 2 | 2 | 2 | 0.6~0.9 |
| 巴西 | 3 | 11 | 5 | 3 | 3 | |
| 德国 | 4 | 5 | 4 | 4 | 4 | |
| 英国 | 5 | 2 | 3 | 5 | 5 | |
| 澳大利亚 | 6 | 7 | 6 | 8 | 9 | |
| 法国 | 7 | 6 | 8 | 7 | 8 | 0.9~1.2 |
| 西班牙 | 8 | 9 | 7 | 6 | 6 | |
| 意大利 | 9 | 8 | 10 | 9 | 7 | |
| 加拿大 | 10 | 4 | 9 | 10 | 10 | |
| 印度 | 11 | 12 | 12 | 11 | 11 | 1.2~1.5 |
| 日本 | 12 | 10 | 11 | 12 | 13 | |
| 墨西哥 | 13 | 19 | 14 | 15 | 12 | |
| 南非 | 14 | 14 | 16 | 13 | 15 | |
| 波兰 | 15 | 25 | 19 | 14 | 14 | |
| 瑞士 | 16 | 13 | 13 | 16 | 19 | 1.5~1.8 |
| 瑞典 | 17 | 15 | 17 | 21 | 18 | |
| 比利时 | 18 | 17 | 15 | 19 | 24 | |
| 荷兰 | 19 | 16 | 18 | 18 | 23 | |
| 葡萄牙 | 20 | 24 | 21 | 17 | 21 | 1.8~2.1 |
| 捷克 | 21 | 30 | 24 | 20 | 16 | |
| 土耳其 | 22 | | 20 | 23 | 20 | |
| 俄罗斯 | 23 | 21 | 27 | 25 | 17 | |
| 阿根廷 | 24 | 28 | 22 | 22 | 25 | |
| 芬兰 | 25 | 18 | 23 | 26 | 27 | 2.1~2.4 |
| 伊朗 | 26 | | | 24 | 22 | |
| 韩国 | 27 | | 29 | | 26 | |
| 新西兰 | 28 | 20 | 26 | 27 | | |
| 奥地利 | 29 | 26 | 25 | 28 | 30 | 2.4~2.7 |
| 丹麦 | 30 | 22 | 28 | 29 | | |
| 挪威 | | 23 | | 30 | 29 | |
| 以色列 | | 27 | | | | |
| 泰国 | | 29 | | | | |
| 巴基斯坦 | | | 30 | | | 2.7~3.0 |
| 智利 | | | | | 28 | |

图 3-6　植物学和动物学学科在不同时段高产国家论文数量位次变化及其 CNCI 热图

## 3.2.1 2003—2022 年高产国家论文数量及其质量信息可视化总览

2003—2022年间，全球共发表论文56009篇，30个高产国家共发表论文51654篇，占全球论文总数量的92.2%。该时段高产国家论文数量及其影响力信息见图3-7。

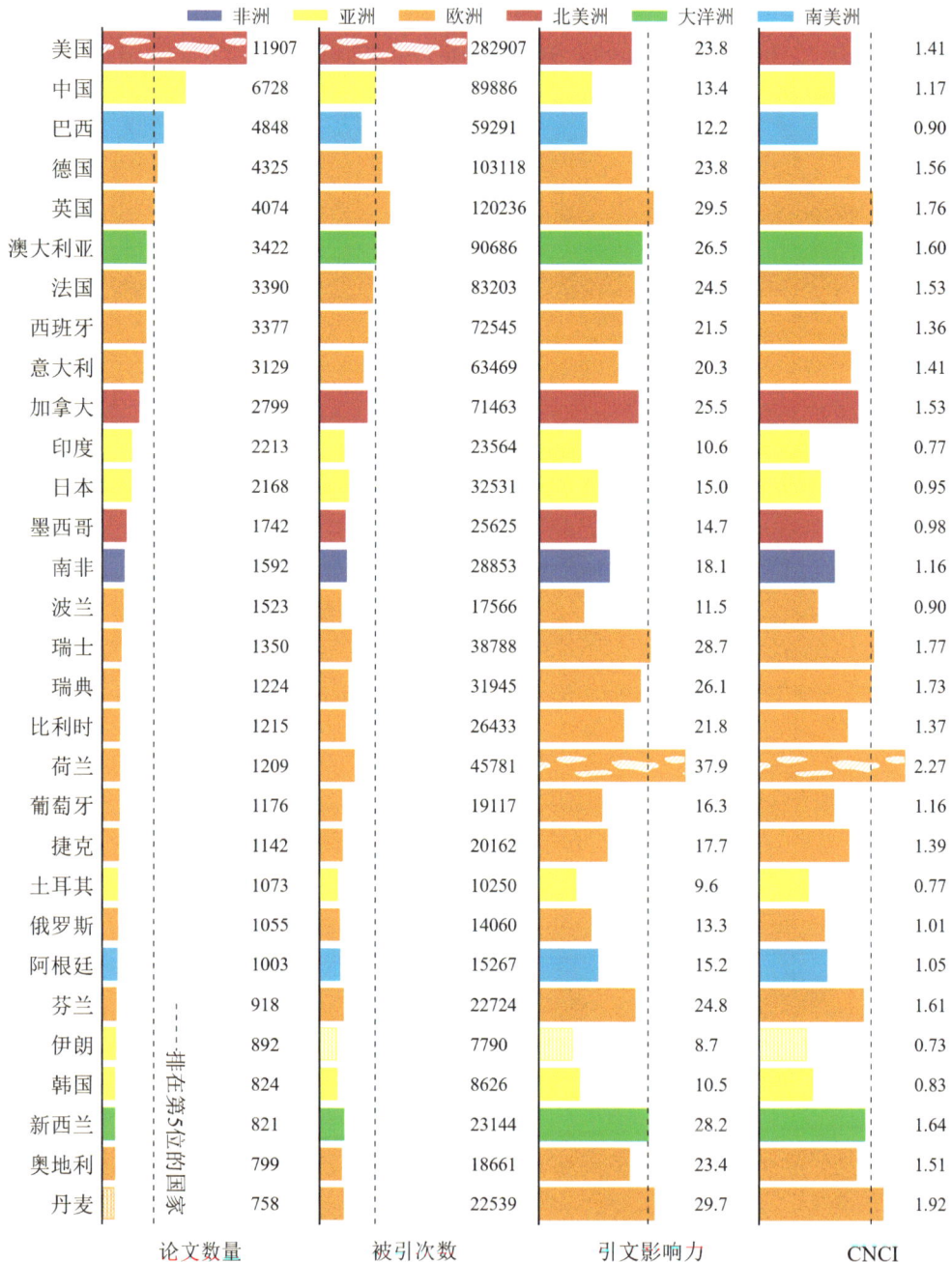

| 国家 | 非洲 / 亚洲 / 欧洲 / 北美洲 / 大洋洲 / 南美洲 论文数量 | 被引次数 | 引文影响力 | CNCI |
|---|---|---|---|---|
| 美国 | 11907 | 282907 | 23.8 | 1.41 |
| 中国 | 6728 | 89886 | 13.4 | 1.17 |
| 巴西 | 4848 | 59291 | 12.2 | 0.90 |
| 德国 | 4325 | 103118 | 23.8 | 1.56 |
| 英国 | 4074 | 120236 | 29.5 | 1.76 |
| 澳大利亚 | 3422 | 90686 | 26.5 | 1.60 |
| 法国 | 3390 | 83203 | 24.5 | 1.53 |
| 西班牙 | 3377 | 72545 | 21.5 | 1.36 |
| 意大利 | 3129 | 63469 | 20.3 | 1.41 |
| 加拿大 | 2799 | 71463 | 25.5 | 1.53 |
| 印度 | 2213 | 23564 | 10.6 | 0.77 |
| 日本 | 2168 | 32531 | 15.0 | 0.95 |
| 墨西哥 | 1742 | 25625 | 14.7 | 0.98 |
| 南非 | 1592 | 28853 | 18.1 | 1.16 |
| 波兰 | 1523 | 17566 | 11.5 | 0.90 |
| 瑞士 | 1350 | 38788 | 28.7 | 1.77 |
| 瑞典 | 1224 | 31945 | 26.1 | 1.73 |
| 比利时 | 1215 | 26433 | 21.8 | 1.37 |
| 荷兰 | 1209 | 45781 | 37.9 | 2.27 |
| 葡萄牙 | 1176 | 19117 | 16.3 | 1.16 |
| 捷克 | 1142 | 20162 | 17.7 | 1.39 |
| 土耳其 | 1073 | 10250 | 9.6 | 0.77 |
| 俄罗斯 | 1055 | 14060 | 13.3 | 1.01 |
| 阿根廷 | 1003 | 15267 | 15.2 | 1.05 |
| 芬兰 | 918 | 22724 | 24.8 | 1.61 |
| 伊朗 | 892 | 7790 | 8.7 | 0.73 |
| 韩国 | 824 | 8626 | 10.5 | 0.83 |
| 新西兰 | 821 | 23144 | 28.2 | 1.64 |
| 奥地利 | 799 | 18661 | 23.4 | 1.51 |
| 丹麦 | 758 | 22539 | 29.7 | 1.92 |

注：排在第5位的国家

图 3-7　植物学与动物学学科高产国家论文数量及其影响力指标基本信息

30 个高产论文国家包括欧洲 16 个国家，亚洲 6 个国家，北美洲 3 个，南美洲和大洋洲国家各 2 个，非洲 1 个，各洲使用不同的颜色加以区分。最大值和最小值用特殊图案进行了标注，虚线为各指标由大到小排列第 5 位的数值线，各指标排列第 5 的国家数值标签使用与洲相同的颜色标注。各国发表论文数量在 758～11907 篇之间。美国论文数量 11907 篇和被引次数 282907 次排列第一；中国论文数量 6728 篇排列第二。引文影响力排列前 5 位的是荷兰 37.9、丹麦 29.7、英国 29.5、瑞士 28.7 和新西兰 28.2。CNCI 超过 1 的国家 22 个，排在前 5 的国家是荷兰 2.27、丹麦 1.92、瑞士 1.77、英国 1.76 和瑞典 1.73。CNCI 最低的国家是伊朗 0.73。美国的引文影响力和 CNCI 分别是 23.8 和 1.41。中国的引文影响力和 CNCI 分别是 13.4 和 1.17。

图 3-8 为高产国家及其所属区域信息、论文数量、被引次数、引文影响力和 CNCI 的变化比较。横坐标从左到右，按国家的论文数量由大到小排序。同时标注了论文数量排第 2 位的国家，引文影响力和 CNCI 的最高数值用虚线与横坐标对应的国家链接。美国的论文数量和被引次数排列第一；荷兰的引文影响力和 CNCI 排列第一。

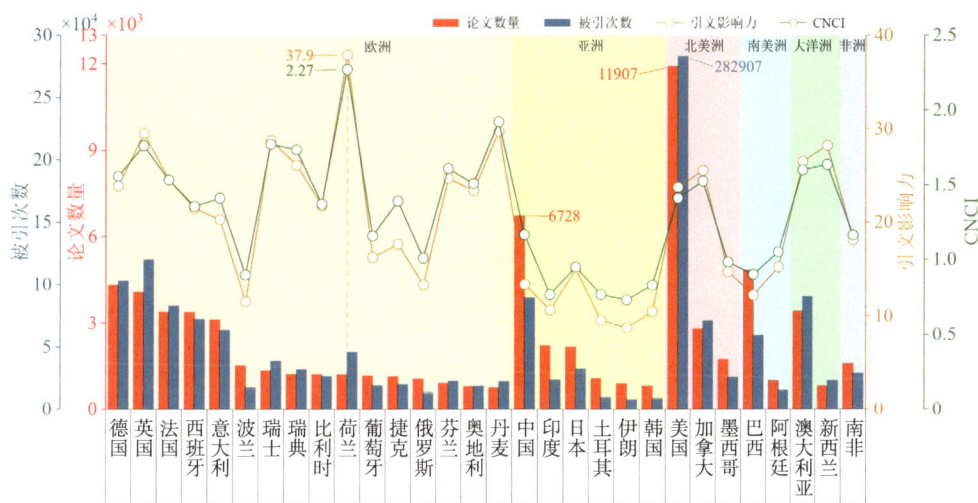

图 3-8　植物学与动物学学科高产国家的分布及其论文数量和影响力指标变化

植物学与动物学学科高产国家的论文数量、合作论文数量百分比及其 CNCI 见图 3-9。图由三部分构成，左侧显示各国独立和合作论文数量，排序按照各国合作论文数量由大到小排列。中央数字和圆圈大小代表各国合作论文数量占其总论文数量的百分比。右侧蓝色与红色字体分别代表各国独立与合作论文的 CNCI。箭头表示左右两侧数字大小的变化。中国、巴西和印度的独立论文数量明显大于合作论文数量。有 20 个国家的合作论文数量占比超过该国论文总数的 50%。合作论文数量占比最高的国家为奥地利 82.4%。印度合作论文数量最少为 24.9%。美国和中国合作论文占比分别是 52.1% 和 38.0%。各国合作论文的 CNCI 都大于独立论文的该值，除伊朗外，其他国家合作论文的 CNCI 都大于 1。有 15 个国家，独立论文的 CNCI 大于 1，英国最高为 1.61。

2003—2022 年间植物学与动物学学科生物多样性高产国家发表论文共 51654 篇，其中独立 32272 篇，合作 19382 篇，合作论文占 37.5%。高产国家论文合作网络见图 3-10。图中 30 个国家按照所属洲不同（非洲、亚洲、欧洲、北美洲、大洋洲和南美洲）顺时针排列，用 6 种不同颜色区分；同一洲内的国家再按论文数量由大到小顺时针排列，圆圈大小代表论文数量，圆圈越大代表该国论文数量越多。

美国圆圈最大，论文数量为 11907 篇，丹麦圆圈最小，论文数量为 758 篇。圆圈分红和蓝两种颜色，红色为该国合作论文数量小于独立论文数量，蓝色为该国合作论文数量大于独立论文数量。图中墨西哥、巴西、阿根廷、波兰以及亚洲的 6 个国家为红色，表明这些国家合作论文数量小于独立论文数量，其他 20 个国家的合作论文数量大于独立论文数量。连线表明两个国家间有合作关系，图中有 433 条连线，但不同国家间合作次数差异很大。合作次数不同，用不同颜色连线表征。美国和中国的合作次数最多达到 840 次，用红色。韩国和瑞士、阿根廷和芬兰，合作 1 次，用蓝色；合作次数介于两者之间的用灰色。

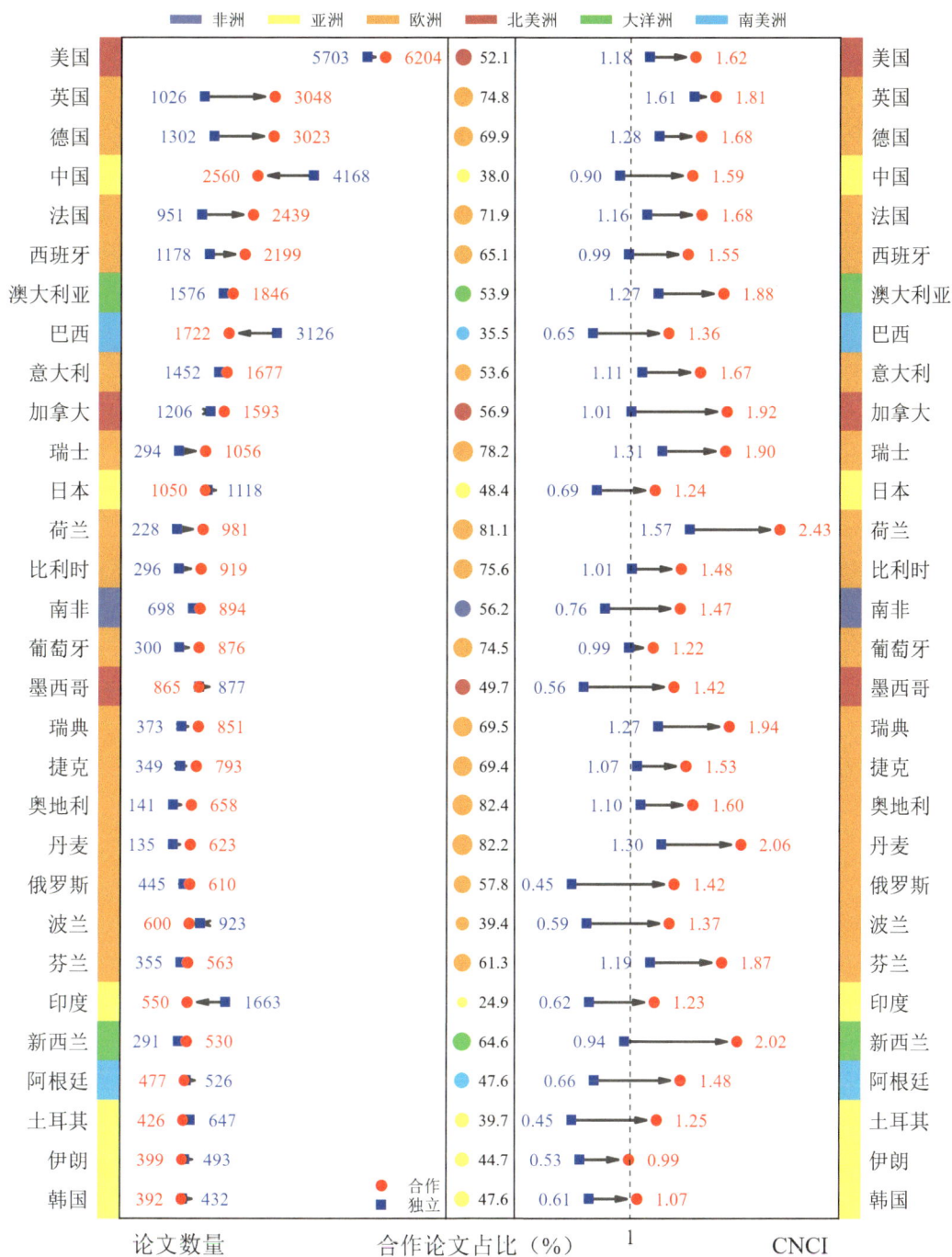

图 3-9 植物学与动物学学科高产国家的论文数量及其 CNCI 与合作论文数量百分比

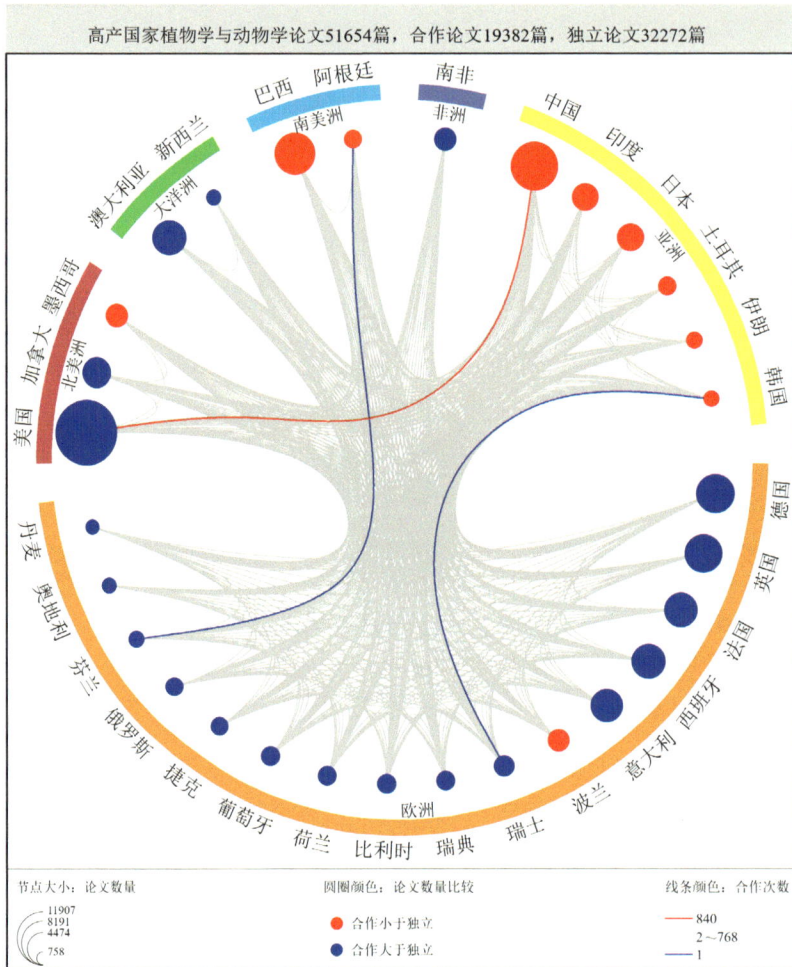

图 3-10　高产国家独立与合作论文数量比例及其合作网络

　　图 3-11 为不同时段高产国家论文数量及其相应时段占本国总论文数百分比。图 3-12 为不同时段高产国家论文数量及其占相应时段全球论文数量百分比。两图左侧一列标注了 30 个国家的名称，及其所在洲，最下行表示不同时段，图中颜色深浅代表论文数量和百分比，图 3-11 第一列为高产国家发表论文的总量，其他 4 列为不同时段论文数量以及论文数量占本国论文总量百分比。随着时间推移，各国论文数量都在增加。2018—2022 年时段的论文数量占比达到和超过 50% 的国家有 3 个，分别是中国 55.2%、伊朗 51.2% 和俄罗斯 50.3%。20 年间美国、中国和巴西论文量分别占到全球论文总量的 21.26%、12.01% 和 8.66%，位居前三位，丹麦论文量占全球论文量的 1.35%，位居第 30 位。

| | 非洲 | 亚洲 | 欧洲 | 北美洲 | 大洋洲 | 南美洲 |
| --- | --- | --- | --- | --- | --- | --- |

| | 2003—2022 | 2003—2007 | 2008—2012 | 2013—2017 | 2018—2022（年） |
| --- | --- | --- | --- | --- | --- |
| 美国 | 11907 | 1438 (12.1%) | 2563 (21.5%) | 3552 (29.8%) | 4354 (36.6%) |
| 中国 | 6728 | 410 (6.1%) | 927 (13.8%) | 1678 (24.9%) | 3713 (55.2%) |
| 巴西 | 4848 | 215 (4.4%) | 766 (15.8%) | 1569 (32.4%) | 2298 (47.4%) |
| 德国 | 4325 | 399 (9.2%) | 860 (19.9%) | 1344 (31.1%) | 1722 (39.8%) |
| 英国 | 4074 | 527 (12.9%) | 864 (21.2%) | 1223 (30.0%) | 1460 (35.9%) |
| 澳大利亚 | 3422 | 362 (10.6%) | 750 (21.9%) | 1080 (31.6%) | 1230 (35.9%) |
| 法国 | 3390 | 365 (10.8%) | 689 (20.3%) | 1087 (32.1%) | 1249 (36.8%) |
| 西班牙 | 3377 | 252 (7.5%) | 724 (21.4%) | 1098 (32.5%) | 1303 (38.6%) |
| 意大利 | 3129 | 274 (8.7%) | 617 (19.7%) | 978 (31.3%) | 1260 (40.3%) |
| 加拿大 | 2799 | 401 (14.3%) | 650 (23.2%) | 767 (27.4%) | 981 (35.1%) |
| 印度 | 2213 | 195 (8.8%) | 430 (19.4%) | 694 (31.4%) | 894 (40.4%) |
| 日本 | 2168 | 236 (10.9%) | 476 (21.9%) | 680 (31.4%) | 776 (35.8%) |
| 墨西哥 | 1742 | 114 (6.5%) | 284 (16.3%) | 526 (30.2%) | 818 (47.0%) |
| 南非 | 1592 | 142 (8.9%) | 249 (15.6%) | 533 (33.5%) | 668 (42.0%) |
| 波兰 | 1523 | 81 (5.3%) | 231 (15.2%) | 530 (34.8%) | 681 (44.7%) |
| 瑞士 | 1350 | 146 (10.8%) | 303 (22.4%) | 417 (30.9%) | 484 (35.9%) |
| 瑞典 | 1224 | 137 (11.2%) | 246 (20.1%) | 350 (28.6%) | 491 (40.1%) |
| 比利时 | 1215 | 128 (10.5%) | 258 (21.2%) | 397 (32.7%) | 432 (35.6%) |
| 荷兰 | 1209 | 131 (10.8%) | 240 (19.9%) | 403 (33.3%) | 435 (36.0%) |
| 葡萄牙 | 1176 | 82 (7.0%) | 214 (18.2%) | 409 (34.8%) | 471 (40.0%) |
| 捷克 | 1142 | 57 (5.0%) | 172 (15.1%) | 354 (31.0%) | 559 (48.9%) |
| 土耳其 | 1073 | 45 (4.2%) | 218 (20.3%) | 330 (30.8%) | 480 (44.7%) |
| 俄罗斯 | 1055 | 93 (8.8%) | 147 (13.9%) | 285 (27.0%) | 530 (50.3%) |
| 阿根廷 | 1003 | 61 (6.1%) | 186 (18.5%) | 331 (33.0%) | 425 (42.4%) |
| 芬兰 | 918 | 126 (13.7%) | 176 (19.2%) | 276 (30.1%) | 340 (37.0%) |
| 伊朗 | 892 | 26 (2.9%) | 122 (13.7%) | 287 (32.2%) | 457 (51.2%) |
| 韩国 | 824 | 49 (5.9%) | 144 (17.5%) | 223 (27.1%) | 408 (49.5%) |
| 新西兰 | 821 | 111 (13.5%) | 160 (19.5%) | 255 (31.1%) | 295 (35.9%) |
| 奥地利 | 799 | 77 (9.6%) | 162 (20.3%) | 251 (31.4%) | 309 (38.7%) |
| 丹麦 | 758 | 84 (11.1%) | 145 (19.1%) | 245 (32.3%) | 284 (37.5%) |

填充颜色：论文数量　　0～200　　200～500　　500～1000　　>1000

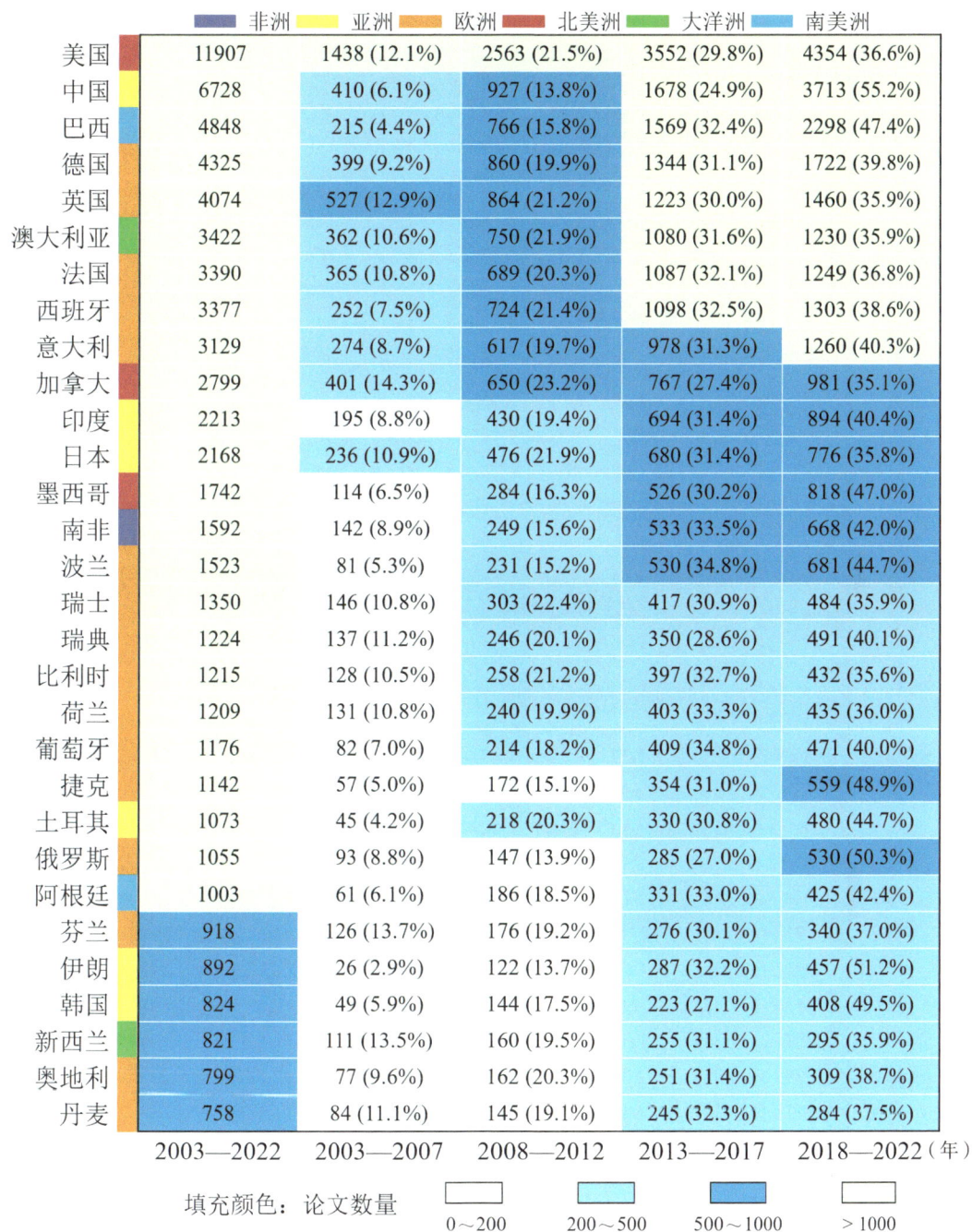

图 3-11　植物学与动物学学科在不同时段高产国家论文数量及其所占本国论文总数百分比

| | 非洲 亚洲 欧洲 北美洲 大洋洲 南美洲 | | | | |
|---|---|---|---|---|---|
| 美国 | 11907 (21.26%) | 1438 (25.55%) | 2563 (23.04%) | 3552 (21.63%) | 4354 (19.07%) |
| 中国 | 6728 (12.01%) | 410 (7.28%) | 927 (8.33%) | 1678 (10.22%) | 3713 (16.26%) |
| 巴西 | 4848 (8.66%) | 215 (3.82%) | 766 (6.89%) | 1569 (9.55%) | 2298 (10.06%) |
| 德国 | 4325 (7.72%) | 399 (7.09%) | 860 (7.73%) | 1344 (8.18%) | 1722 (7.54%) |
| 英国 | 4074 (7.27%) | 527 (9.36%) | 864 (7.77%) | 1223 (7.45%) | 1460 (6.39%) |
| 澳大利亚 | 3422 (6.11%) | 362 (6.43%) | 750 (6.74%) | 1080 (6.58%) | 1230 (5.39%) |
| 法国 | 3390 (6.05%) | 365 (6.48%) | 689 (6.19%) | 1087 (6.62%) | 1249 (5.47%) |
| 西班牙 | 3377 (6.03%) | 252 (4.48%) | 724 (6.51%) | 1098 (6.68%) | 1303 (5.71%) |
| 意大利 | 3129 (5.59%) | 274 (4.87%) | 617 (5.55%) | 978 (5.95%) | 1260 (5.52%) |
| 加拿大 | 2799 (5.00%) | 401 (7.12%) | 650 (5.84%) | 767 (4.67%) | 981 (4.3%) |
| 印度 | 2213 (3.95%) | 195 (3.46%) | 430 (3.87%) | 694 (4.23%) | 894 (3.92%) |
| 日本 | 2168 (3.87%) | 236 (4.19%) | 476 (4.28%) | 680 (4.14%) | 776 (3.40%) |
| 墨西哥 | 1742 (3.11%) | 114 (2.03%) | 284 (2.55%) | 526 (3.20%) | 818 (3.58%) |
| 南非 | 1592 (2.84%) | 142 (2.52%) | 249 (2.24%) | 533 (3.25%) | 668 (2.93%) |
| 波兰 | 1523 (2.72%) | 81 (1.44%) | 231 (2.08%) | 530 (3.23%) | 681 (2.98%) |
| 瑞士 | 1350 (2.41%) | 146 (2.59%) | 303 (2.72%) | 417 (2.54%) | 484 (2.12%) |
| 瑞典 | 1224 (2.19%) | 137 (2.43%) | 246 (2.21%) | 350 (2.13%) | 491 (2.15%) |
| 比利时 | 1215 (2.17%) | 128 (2.27%) | 258 (2.32%) | 397 (2.42%) | 432 (1.89%) |
| 荷兰 | 1209 (2.16%) | 131 (2.33%) | 240 (2.16%) | 403 (2.45%) | 435 (1.91%) |
| 葡萄牙 | 1176 (2.10%) | 82 (1.46%) | 214 (1.92%) | 409 (2.49%) | 471 (2.06%) |
| 捷克 | 1142 (2.04%) | 57 (1.01%) | 172 (1.55%) | 354 (2.16%) | 559 (2.45%) |
| 土耳其 | 1073 (1.92%) | 45 (0.80%) | 218 (1.96%) | 330 (2.01%) | 480 (2.10%) |
| 俄罗斯 | 1055 (1.88%) | 93 (1.65%) | 147 (1.32%) | 285 (1.74%) | 530 (2.32%) |
| 阿根廷 | 1003 (1.79%) | 61 (1.08%) | 186 (1.67%) | 331 (2.02%) | 425 (1.86%) |
| 芬兰 | 918 (1.64%) | 126 (2.24%) | 176 (1.58%) | 276 (1.68%) | 340 (1.49%) |
| 伊朗 | 892 (1.59%) | 26 (0.46%) | 122 (1.10%) | 287 (1.75%) | 457 (2.00%) |
| 韩国 | 824 (1.47%) | 49 (0.87%) | 144 (1.29%) | 223 (1.36%) | 408 (1.79%) |
| 新西兰 | 821 (1.47%) | 111 (1.97%) | 160 (1.44%) | 255 (1.55%) | 295 (1.29%) |
| 奥地利 | 799 (1.43%) | 77 (1.37%) | 162 (1.46%) | 251 (1.53%) | 309 (1.35%) |
| 丹麦 | 758 (1.35%) | 84 (1.49%) | 145 (1.30%) | 245 (1.49%) | 284 (1.24%) |
| 植物学与动物学 | 56009 | 5629 | 11123 | 16425 | 22832 |
| | 2003—2022 | 2003—2007 | 2008—2012 | 2013—2017 | 2018—2022 (年) |

填充颜色：论文数量占本科学的比例　　0~2%　2%~4%　4%~6%　>6%

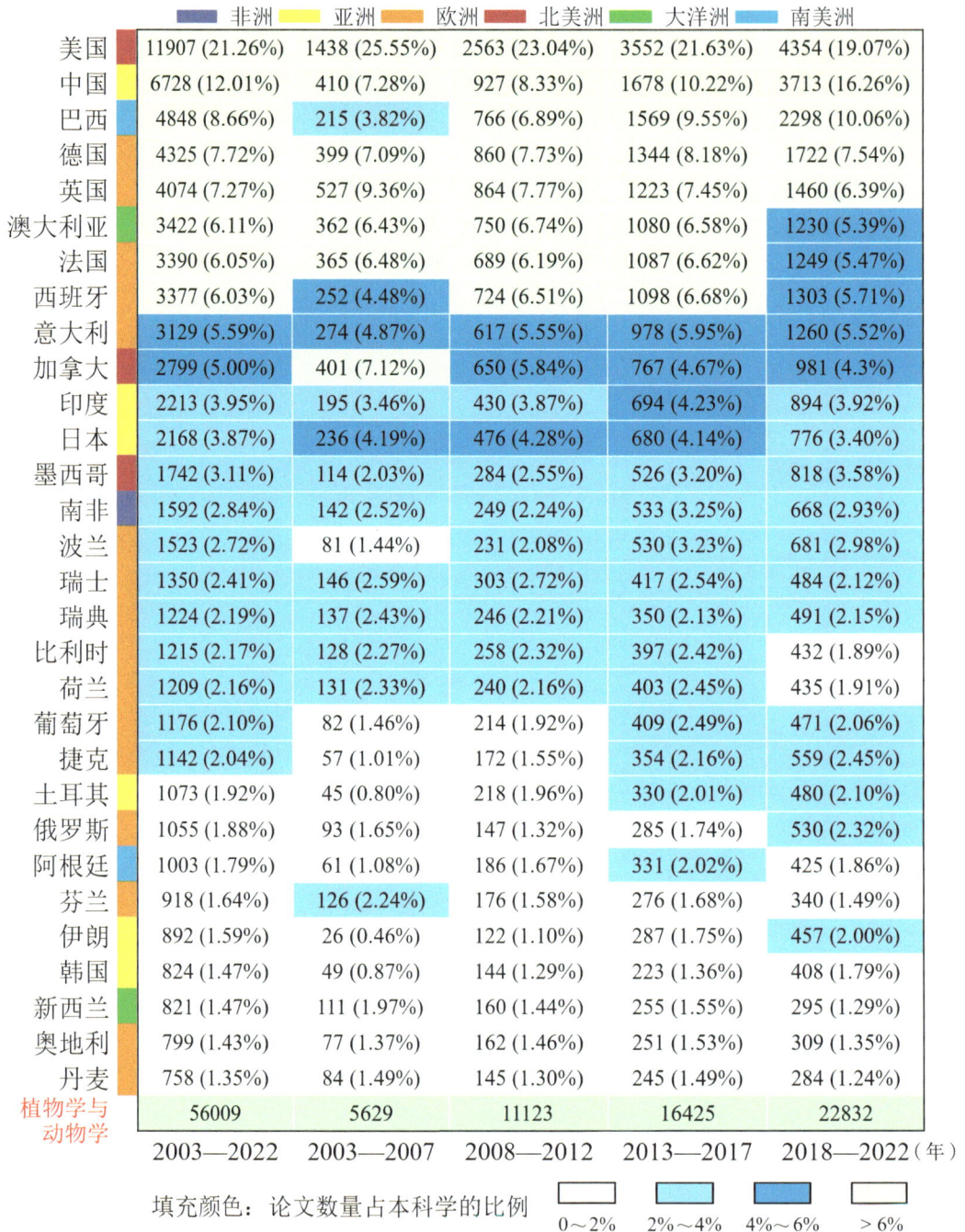

图 3-12　高产国家在不同时段论文数量及其占相应时段全球论文数量百分比

　　图 3-13 为植物学与动物学学科高产国家论文数占本国论文总数百分比（饼图）及占全球论文总数百分比（柱状图），饼图和柱状图中相同时间段使用相同颜色表征，饼图可视化图 3-11 的数据，柱状图可视化图 3-12 的数据。

　　图 3-13 饼图圈的大小显示该国 2003—2022 年间发表论文总数的多少，表示图 3-11 中第一列数据，美国的论文数量最多为 11907 篇，丹麦的论文数量最少为 758 篇，分别是图中的最大圈和最小圈。饼图中呈现的 4 种颜色，分别 4 个不同时段高产国家论文数量或占本国论文总数的百分比。4 个不同时段美国论文数量占本国论文总数的百分比分别是 12.1%、21.5%、29.8% 和 36.6%（其他国家以此类推）。中国 2018—2022 时段论文数量占本国论文总数的百分比为 55.2%，该时段论文数量占本国论文总数的百分比超过 50% 的国家还有俄罗斯和伊朗，表明这些国家论文增长速度较快。相反，加拿大该时段论文数量占本国论文总数的百分比最小，为 35.1%，表明其论文数量增长在下降。

　　图 3-13 柱状图由 5 根柱子构成，分别代表 2003—2022 总时段和其他 4 个时段占相同时段论文数量的百分比。从绝对数值来看，30 个国家中 5 个时段，美国的论文数量都最高，占比也最大，丹麦论文数量基本都最低（除了 2003—2007 年时段），占比也基本上是最小。从相对数值上比较，随着时间推移中国论文的数量不断增加，美国不断下降；论文数量不断上涨的国家还有伊朗、捷克、墨西哥和巴西，不断下降地还有加拿大，其他国家处于波动状态。

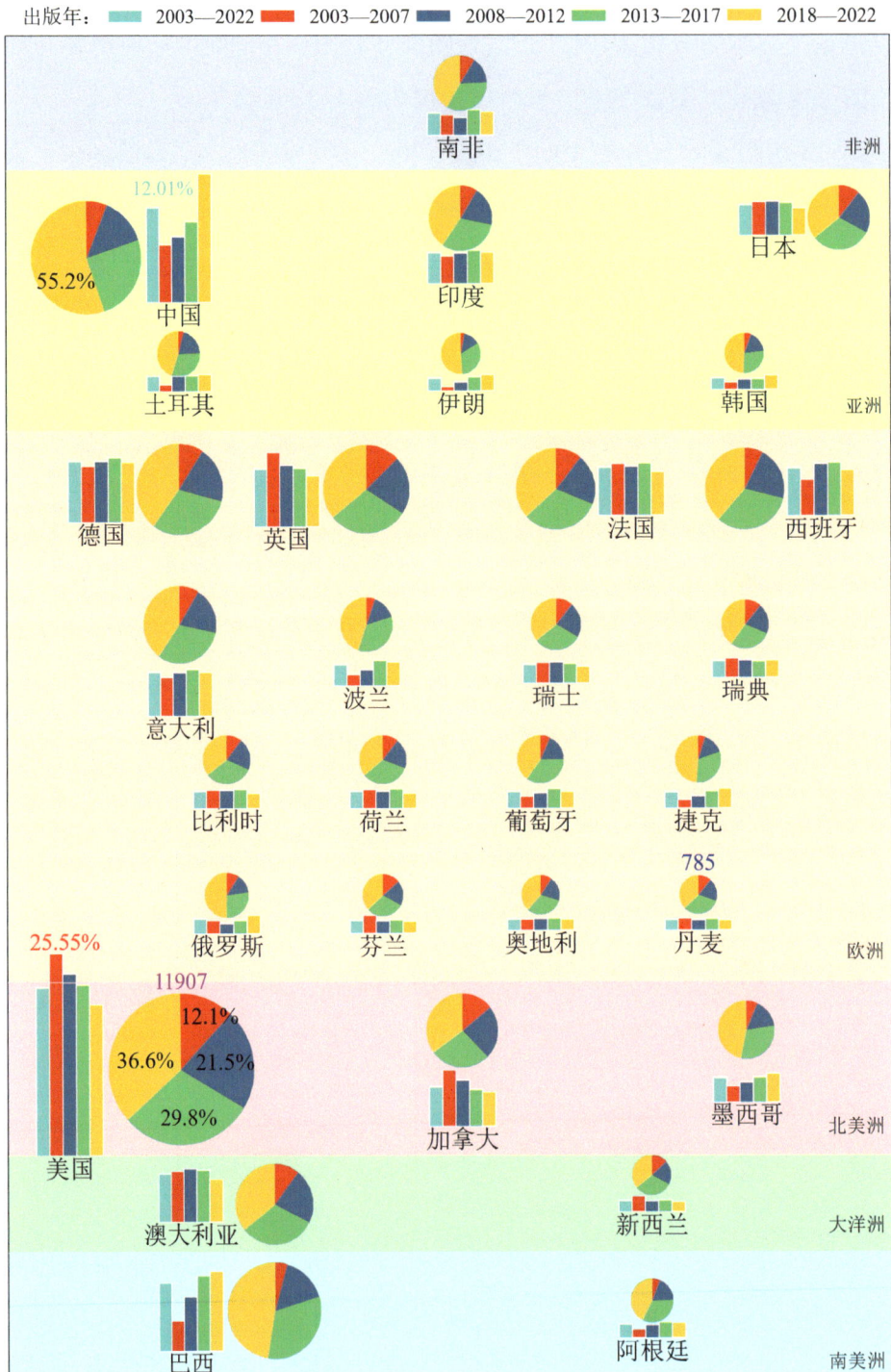

饼图大小：2003—2022年各国的论文数量；饼图中各部分：各国各时段论文数占本国总论文数百分比
柱状图：同时段各国论文数占本学科论文总数百分比

图 3-13　高产国家论文数量占本国论文数量百分比（饼图）及占全球论文数量百分比（柱状图）

### 3.2.3　不同时段高产国家论文数量及其质量信息可视化

　　二模网络以时间段和国家作为两个节点，表征了各国在不同时段成为高产论文国家的次数。圆圈不同颜色代表国家所属洲的不同，不同连线颜色代表在四个时间段出现的频率次数（图3-14）。植物学与动物学学科高产国家涉及 35 个国家，其中欧洲 17 个国家，亚洲 8 个国家，南美洲和北美洲各 3 个国家，大洋洲 2 国，非洲 1 国。20 年间论文数量始终保持在前 30 位的国家有 25 个（图3-14 左侧所列）。4 个时间段以色列、泰国、巴基斯坦和智利各出现 1 次，韩国和伊朗出现 2 次，丹麦、挪威、土耳其和新西兰出现 3 次。

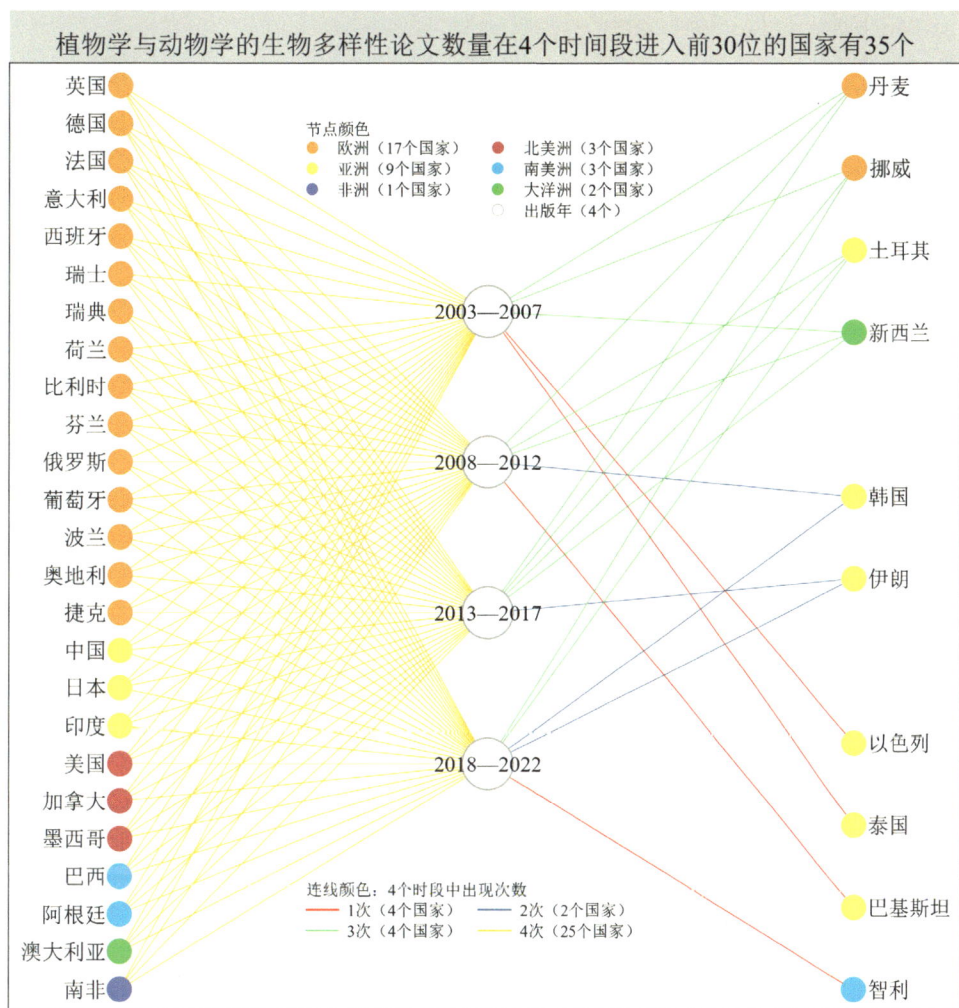

图 3-14　植物学与动物学学科在不同时段高产国家的全球分布总览

### 3.2.3.1　2003—2007 年间

2003—2007 年全球共发表论文 5629 篇，来源于 6 大洲的 139 个国家或地区。高产国家共发表论文 5290 篇，占全球论文总数量的 93.9%。该时段各国信息见图 3-15。高产国家包括欧洲 16 个，亚洲 5 个，北美洲和南美洲各 3 个，大洋洲 2 个，

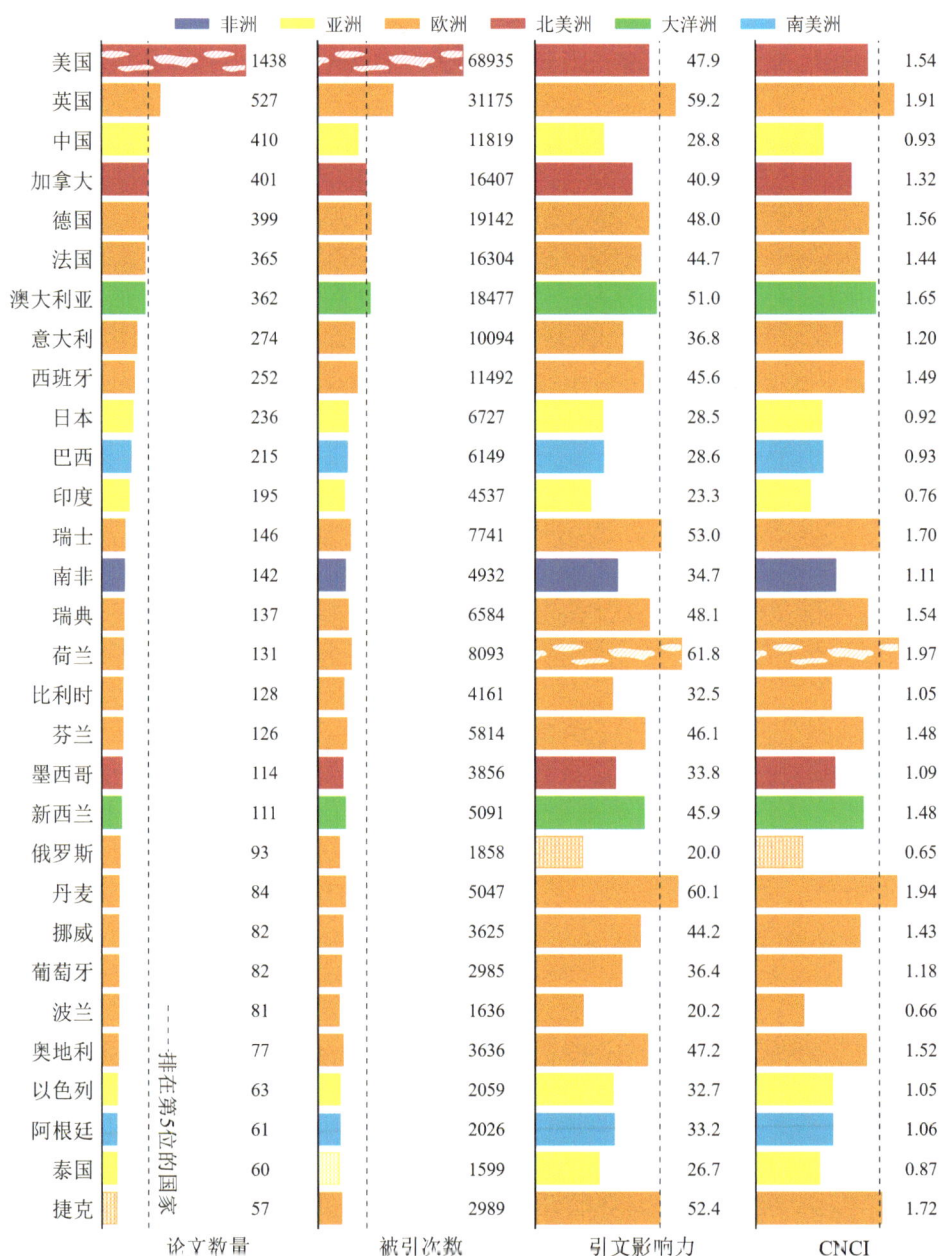

| 国家 | 非洲 亚洲 欧洲 北美洲 大洋洲 南美洲 | 论文数量 | 被引次数 | 引文影响力 | CNCI |
|---|---|---|---|---|---|
| 美国 | | 1438 | 68935 | 47.9 | 1.54 |
| 英国 | | 527 | 31175 | 59.2 | 1.91 |
| 中国 | | 410 | 11819 | 28.8 | 0.93 |
| 加拿大 | | 401 | 16407 | 40.9 | 1.32 |
| 德国 | | 399 | 19142 | 48.0 | 1.56 |
| 法国 | | 365 | 16304 | 44.7 | 1.44 |
| 澳大利亚 | | 362 | 18477 | 51.0 | 1.65 |
| 意大利 | | 274 | 10094 | 36.8 | 1.20 |
| 西班牙 | | 252 | 11492 | 45.6 | 1.49 |
| 日本 | | 236 | 6727 | 28.5 | 0.92 |
| 巴西 | | 215 | 6149 | 28.6 | 0.93 |
| 印度 | | 195 | 4537 | 23.3 | 0.76 |
| 瑞士 | | 146 | 7741 | 53.0 | 1.70 |
| 南非 | | 142 | 4932 | 34.7 | 1.11 |
| 瑞典 | | 137 | 6584 | 48.1 | 1.54 |
| 荷兰 | | 131 | 8093 | 61.8 | 1.97 |
| 比利时 | | 128 | 4161 | 32.5 | 1.05 |
| 芬兰 | | 126 | 5814 | 46.1 | 1.48 |
| 墨西哥 | | 114 | 3856 | 33.8 | 1.09 |
| 新西兰 | | 111 | 5091 | 45.9 | 1.48 |
| 俄罗斯 | | 93 | 1858 | 20.0 | 0.65 |
| 丹麦 | | 84 | 5047 | 60.1 | 1.94 |
| 挪威 | | 82 | 3625 | 44.2 | 1.43 |
| 葡萄牙 | | 82 | 2985 | 36.4 | 1.18 |
| 波兰 | | 81 | 1636 | 20.2 | 0.66 |
| 奥地利 | | 77 | 3636 | 47.2 | 1.52 |
| 以色列 | | 63 | 2059 | 32.7 | 1.05 |
| 阿根廷 | | 61 | 2026 | 33.2 | 1.06 |
| 泰国 | | 60 | 1599 | 26.7 | 0.87 |
| 捷克 | | 57 | 2989 | 52.4 | 1.72 |

图 3-15　2003—2007 年间高产国家植物学与动物学学科论文数量及其影响力指标基本信息

非洲 1 个。各国论文数量在 57～1438 篇之间，美国论文数量 1438 篇和被引次数 68935 次排列第一位；英国论文数量和被引次数排列第二位。中国论文数量排列第三位。引文影响力排列前五位的是荷兰 61.8、丹麦 60.1、英国 59.2、瑞士 53.0 和捷克 52.4，最后是俄罗斯 20.0。CNCI 超过 1 的国家 23 个，排在前 5 位的国家是荷兰 1.97、丹麦 1.94、英国 1.91、捷克 1.72 和瑞士 1.70，最低是俄罗斯 0.65。引文影响力和 CNCI 美国分别是 47.9 和 1.54，中国分别是 28.8 和 0.93。

2003—2007 年间高产国家论文数量、被引次数、引文影响力和 CNCI 的变化比较见图 3-16。与 20 年总时段相比，高产国家中少了土耳其、韩国和伊朗，增加了以色列、挪威和泰国。美国论文数量和被引次数排列第一；荷兰引文影响力和 CNCI 排列第一。

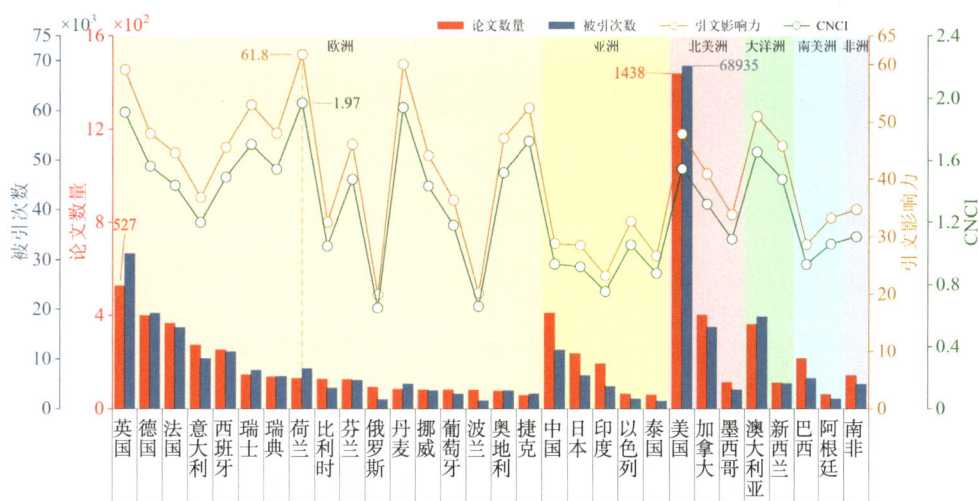

图 3-16　2003—2007 年间植物学与动物学学科高产国家的分布及其论文数量和影响力指标变化

2003—2007 年间高产国家的论文数量及其 CNCI 与合作论文数量百分比见图 3-17。14 个国家的独立论文数量大于合作论文。有 16 个国家的合作论文数量占比超过论文总量的 50%。泰国合作论文数量最高为 76.7%。美国和中国合作论文数量占比分别是 37.6% 和 35.4%。只有泰国合作论文的 CNCI 小于 1，独立论文的 CNCI 大于 1 的国家 17 个，英国独立论文的 CNCI 最高为 1.98。

| 国家 | 论文数量（合作/独立） | 合作论文占比（%） | CNCI（独立 / 合作） |
|---|---|---|---|
| 美国 | 540 / 898 | 37.6 | 1.44 / 1.71 |
| 英国 | 201 / 326 | 61.9 | 1.87 / 1.98 |
| 德国 | 171 / 228 | 57.1 | 1.31 / 1.75 |
| 法国 | 159 / 206 | 56.4 | 1.12 / 1.68 |
| 加拿大 | 160 / 241 | 39.9 | 1.07 / 1.69 |
| 澳大利亚 | 149 / 213 | 41.2 | 1.48 / 1.91 |
| 中国 | 145 / 265 | 35.4 | 0.86 / 1.08 |
| 西班牙 | 121 / 131 | 52.0 | 1.18 / 1.78 |
| 意大利 | 107 / 167 | 39.1 | 0.92 / 1.63 |
| 瑞士 | 50 / 96 | 65.8 | 1.28 / 1.92 |
| 荷兰 | 36 / 95 | 72.5 | 1.68 / 2.08 |
| 日本 | 80 / 156 | 33.9 | 0.80 / 1.14 |
| 比利时 | 55 / 73 | 57.0 | 1.02 / 1.08 |
| 墨西哥 | 46 / 68 | 59.6 | 0.70 / 1.36 |
| 南非 | 66 / 76 | 46.5 | 0.95 / 1.29 |
| 瑞典 | 66 / 71 | 48.2 | 1.35 / 1.75 |
| 巴西 | 65 / 150 | 30.2 | 0.87 / 1.08 |
| 新西兰 | 48 / 63 | 56.8 | 1.07 / 1.78 |
| 奥地利 | 19 / 58 | 75.3 | 1.20 / 1.62 |
| 丹麦 | 28 / 56 | 66.7 | 1.94 / 1.94 |
| 芬兰 | 55 / 71 | 43.7 | 1.47 / 1.48 |
| 葡萄牙 | 31 / 51 | 62.2 | 0.81 / 1.41 |
| 挪威 | 32 / 50 | 61.0 | 1.32 / 1.51 |
| 泰国 | 14 / 46 | 76.7 | 0.59 / 0.96 |
| 印度 | 40 / 155 | 20.5 | 0.65 / 1.16 |
| 俄罗斯 | 38 / 55 | 40.9 | 0.25 / 1.22 |
| 以色列 | 28 / 35 | 55.6 | 0.93 / 1.15 |
| 捷克 | 28 / 29 | 50.9 | 1.06 / 2.36 |
| 阿根廷 | 24 / 37 | 39.3 | 0.88 / 1.34 |
| 波兰 | 19 / 62 | 23.5 | 0.50 / 1.18 |

图例：非洲　亚洲　欧洲　北美洲　大洋洲　南美洲

● 合作　■ 独立

论文数量　　合作论文占比（%）　　1　　CNCI

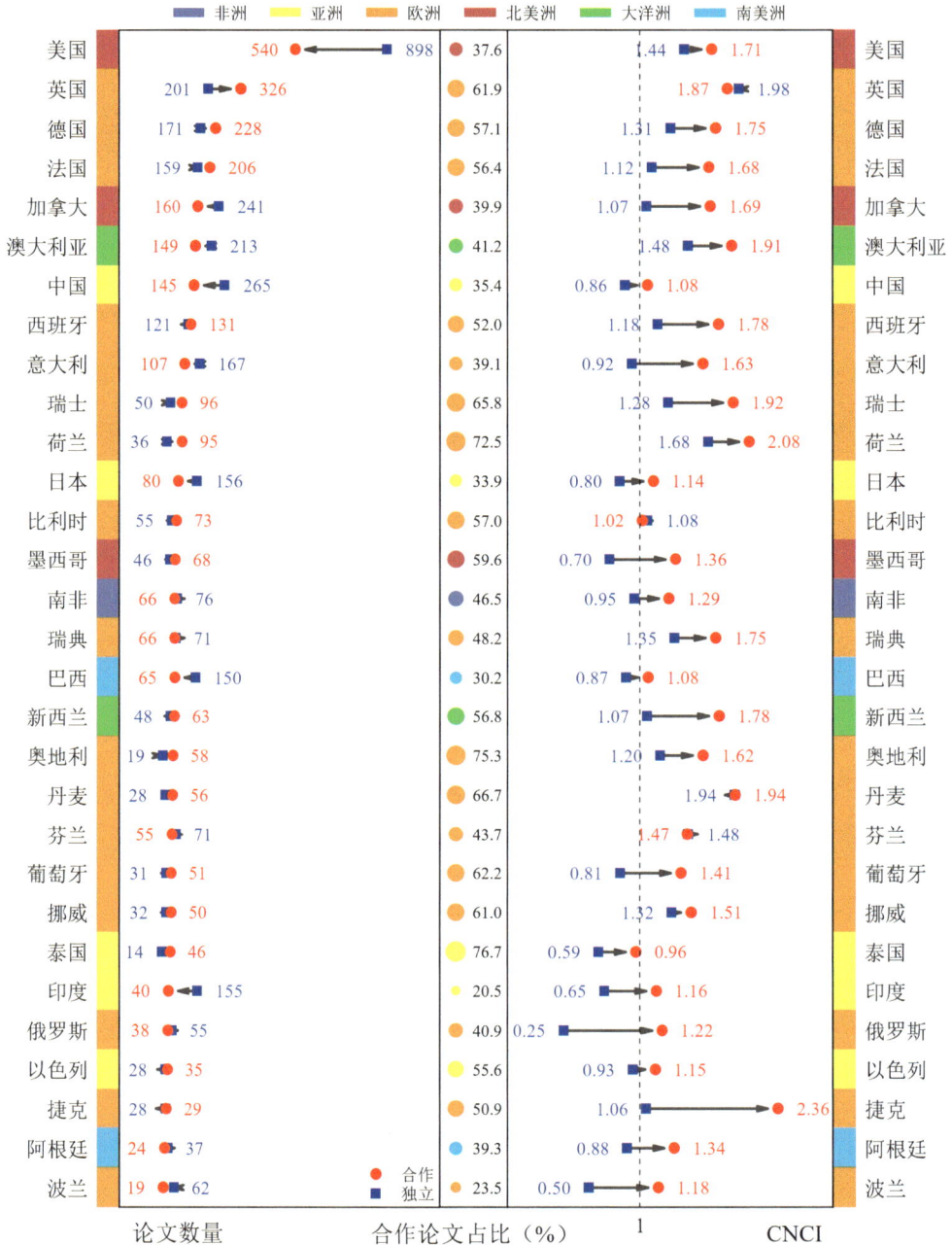

图 3-17　2003—2007 年间植物学与动物学学科高产国家的论文数量及其 CNCI 与合作论文数量百分比

2003—2007 年间高产国家论文总量 5271 篇，其中独立 3679 篇，合作 1592 篇，合作论文占比 30.2%。该时段各国独立与合作论文数量比例的饼图叠加合作网络见图 3-18。美国的饼圈最大，论文数量为 1438 篇，捷克饼圈最小，论文数量为 57 篇。

图中有 312 条连线，美国和英国合作次数最多为 72 次，用蓝色，合作次数最少 1 次，共有 64 条，用红色。

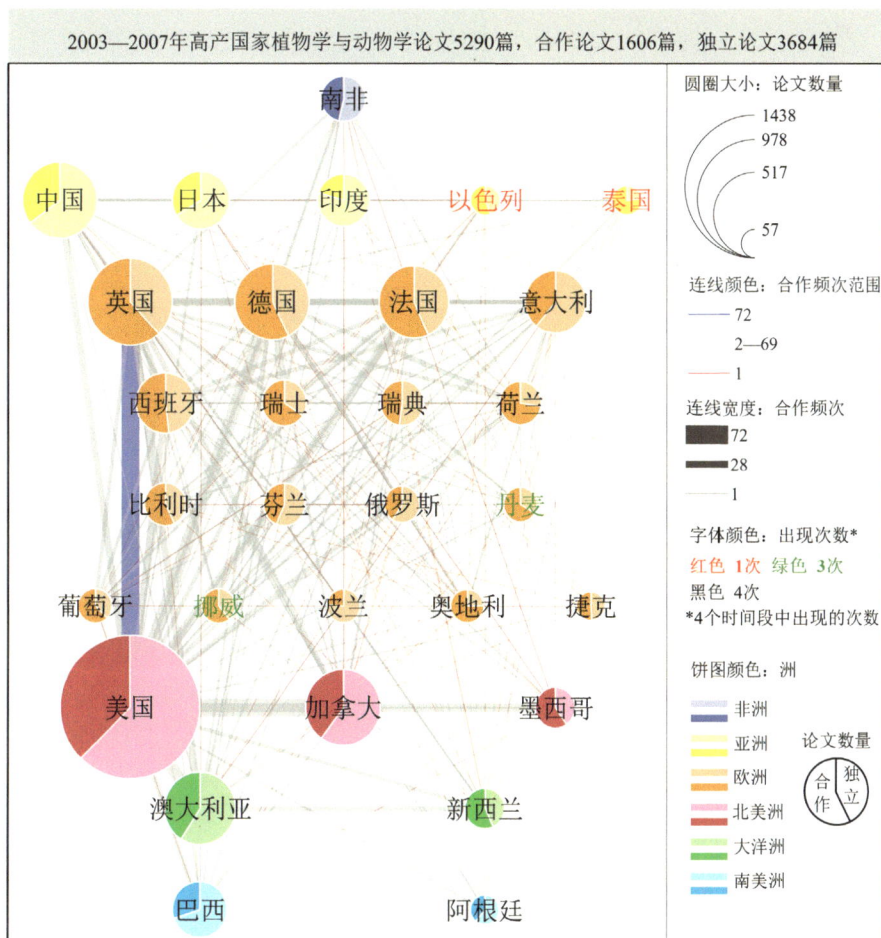

图 3-18　2003—2007 年高产国家独立与合作论文数量比例及其合作网络

### 3.2.3.2　2008—2012 年间

2008—2012 年全球共发表论文 11123 篇，来源于 6 大洲的 156 个国家或地区。高产国家共发表论文 10362 篇，占全球论文总数量的 93.1%。论文数量及其影响力信息见图 3-19。高产国家包括欧洲 16 个，亚洲 6 个，北美洲 3 个，南美洲和大洋洲各 2 个，非洲 1 个国家。各国论文数量在 132～2563 篇之间，美国论文数量 2563 篇和被引次数 101921 次排列第一；中国论文数量 927 篇，第二排列。引文影响力排列前五位的是荷兰 68.3、新西兰 56.1、丹麦 53.0、加拿大 45.4 和英国 45.1，最后是巴基斯坦 13.5。CNCI 超过 1 的国家 25 个，在前五位的是荷兰 2.97、新西兰 2.37、丹麦 2.28、加拿大 1.96 和英国 1.91，最低是土耳其 0.57。引文影响力和 CNCI 美国分别是 39.8 和 1.69，中国分别是 28.4 和 1.22。

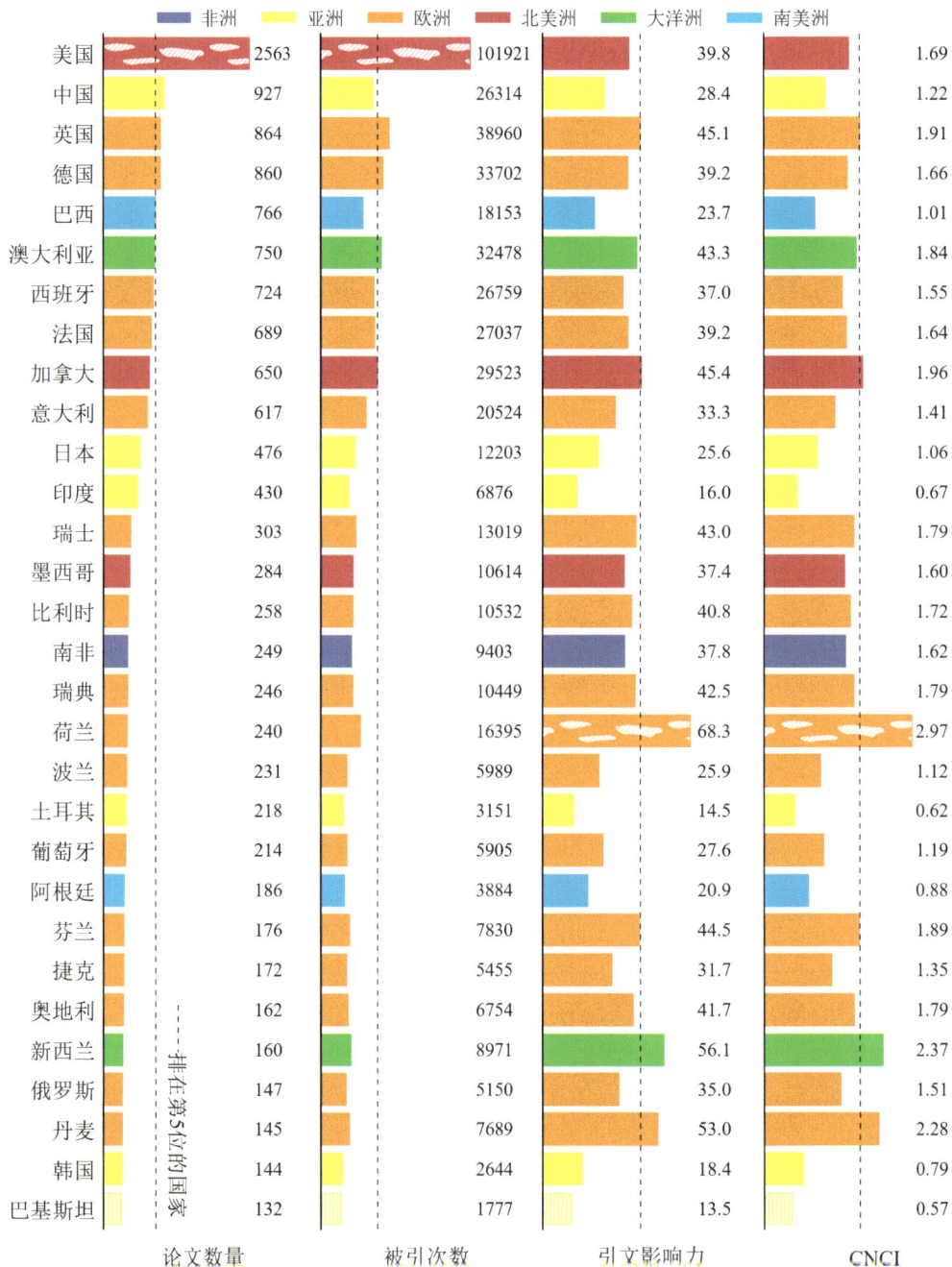

图 3-19　2008—2012 年间植物学与动物学学科高产国家论文数量和影响力指标基本信息

2008—2012 年间高产国家论文数量、被引次数、引文影响力和 CNCI 的变化比较见图 3-20。与 2003—2007 年时间段相比，30 个国家中增加了韩国。美国的论文数量和被引次数排列第一位；荷兰的引文影响力和 CNCI 排列第一位。

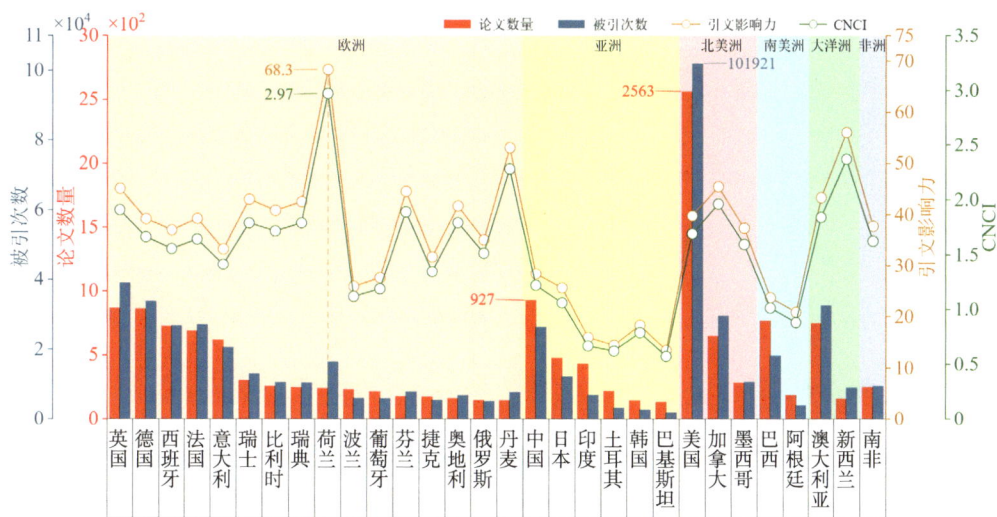

图 3-20　2008—2012 年间植物学与动物学学科论文高产国家的分布及其论文数量和影响力指标变化

2008—2012 年间高产国家的论文数量及其 CNCI 与合作论文数量百分比见图 3-21。美国、中国、澳大利亚、巴西、日本、印度、土耳其、韩国、阿根廷、波兰和巴基斯坦 11 个国家红圈在左，蓝框在右，即独立论文数量大于合作论文。有 19 个国家的合作论文数量占比超过 50%。奥地利合作论文数量最高，占比为 77.9%。美国和中国合作完成论文数量的比例分别是 48.8% 和 38.5%。30 个国家中，只有土耳其和巴基斯坦合作论文的 CNCI 小于 1，独立论文的 CNCI 大于 1 国家 14 个，瑞士独立论文的 CNCI 最大为 1.57，俄罗斯的最低为 0.28。

2008—2012 年间高产国家论文总量 10330 篇，其中独立 6714 篇，合作 3616 篇，合作论文占比 35.0%。各国独立与合作论文数量比例的饼图叠加合作网络见图 3-22。美国的饼圈最大，论文数量为 2563 篇，巴基斯坦饼圈最小，论文数量为 132 篇。图中有 388 条连线，美国和加拿大合作次数最多为 160 次，用蓝色，合作次数最少 1 次，共有 47 条，用红色连线。

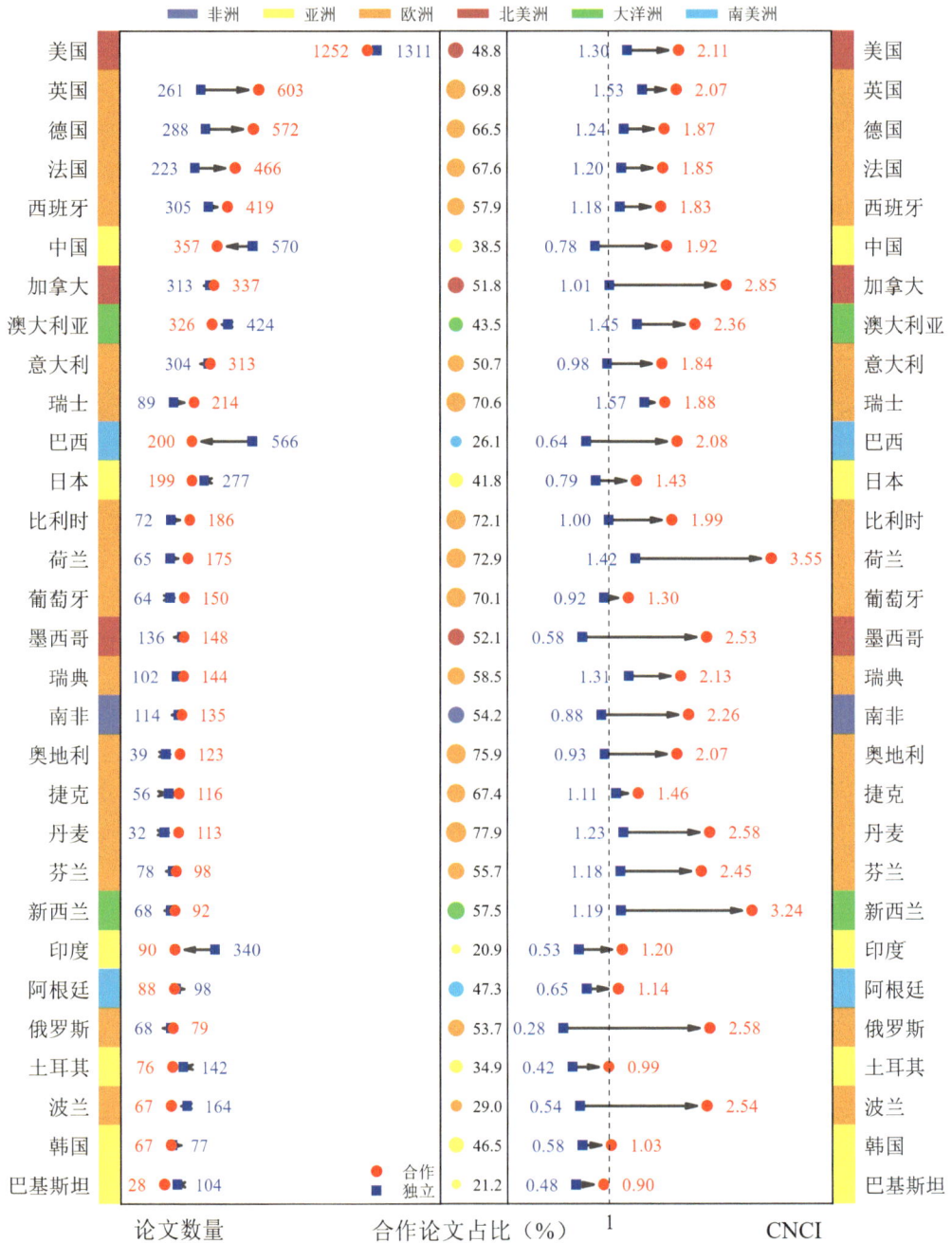

图例：■ 非洲　■ 亚洲　■ 欧洲　■ 北美洲　■ 大洋洲　■ 南美洲

| 国家 | 论文数量 | 合作论文占比（%） | CNCI |
|------|----------|-----------------|------|
| 美国 | 1252 — 1311 | 48.8 | 1.30 → 2.11 |
| 英国 | 261 → 603 | 69.8 | 1.53 → 2.07 |
| 德国 | 288 → 572 | 66.5 | 1.24 → 1.87 |
| 法国 | 223 → 466 | 67.6 | 1.20 → 1.85 |
| 西班牙 | 305 → 419 | 57.9 | 1.18 → 1.83 |
| 中国 | 357 ← 570 | 38.5 | 0.78 → 1.92 |
| 加拿大 | 313 → 337 | 51.8 | 1.01 → 2.85 |
| 澳大利亚 | 326 → 424 | 43.5 | 1.45 → 2.36 |
| 意大利 | 304 → 313 | 50.7 | 0.98 → 1.84 |
| 瑞士 | 89 → 214 | 70.6 | 1.57 → 1.88 |
| 巴西 | 200 ← 566 | 26.1 | 0.64 → 2.08 |
| 日本 | 199 → 277 | 41.8 | 0.79 → 1.43 |
| 比利时 | 72 → 186 | 72.1 | 1.00 → 1.99 |
| 荷兰 | 65 → 175 | 72.9 | 1.42 → 3.55 |
| 葡萄牙 | 64 → 150 | 70.1 | 0.92 → 1.30 |
| 墨西哥 | 136 → 148 | 52.1 | 0.58 → 2.53 |
| 瑞典 | 102 → 144 | 58.5 | 1.31 → 2.13 |
| 南非 | 114 → 135 | 54.2 | 0.88 → 2.26 |
| 奥地利 | 39 → 123 | 75.9 | 0.93 → 2.07 |
| 捷克 | 56 → 116 | 67.4 | 1.11 → 1.46 |
| 丹麦 | 32 → 113 | 77.9 | 1.23 → 2.58 |
| 芬兰 | 78 → 98 | 55.7 | 1.18 → 2.45 |
| 新西兰 | 68 → 92 | 57.5 | 1.19 → 3.24 |
| 印度 | 90 ← 340 | 20.9 | 0.53 → 1.20 |
| 阿根廷 | 88 → 98 | 47.3 | 0.65 → 1.14 |
| 俄罗斯 | 68 → 79 | 53.7 | 0.28 → 2.58 |
| 土耳其 | 76 → 142 | 34.9 | 0.42 → 0.99 |
| 波兰 | 67 → 164 | 29.0 | 0.54 → 2.54 |
| 韩国 | 67 → 77 | 46.5 | 0.58 → 1.03 |
| 巴基斯坦 | 28 → 104 | 21.2 | 0.48 → 0.90 |

● 合作　■ 独立

论文数量　　合作论文占比（%）　　1　　CNCI

图 3-21　2008—2012 年间植物学与动物学学科高产国家的论文数量及其 CNCI 与合作论文数量百分比

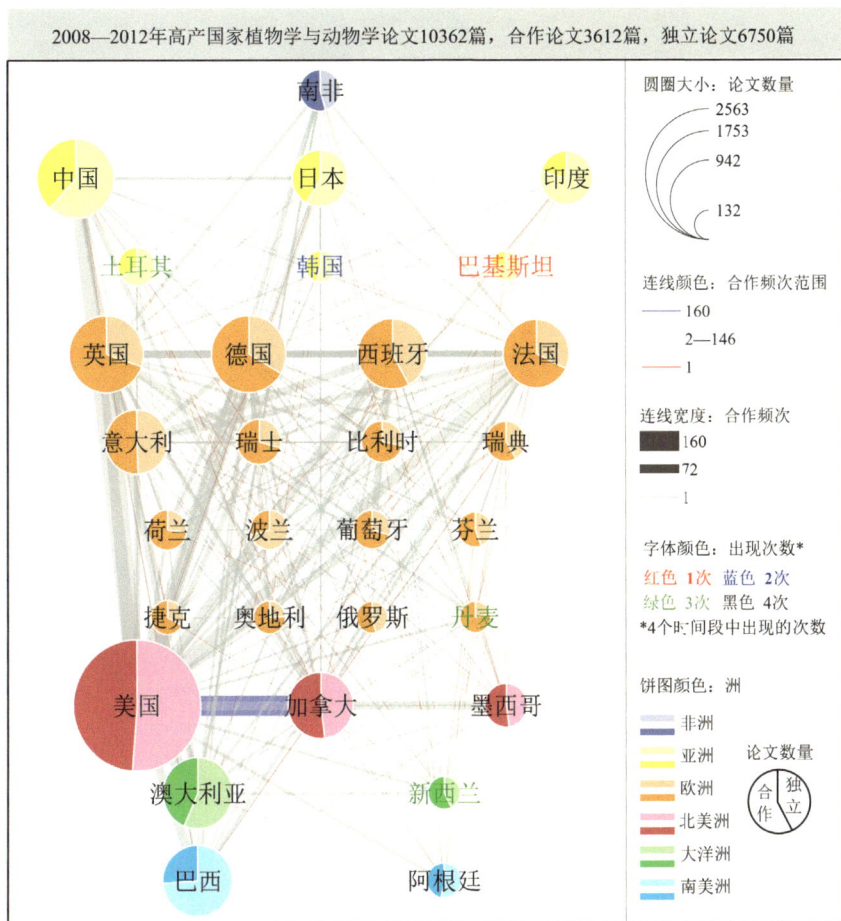

图 3-22  2008—2012 年高产国家独立与合作论文数量比例及其合作网络

### 3.2.3.3  2013—2017 年间

2013—2017 年时段全球论文 16425 篇，来源于 6 大洲的 176 个国家或地区。高产国家共发表论文 15166 篇，占全球论文总量的 92.3%。各国论文数量及其影响力见图 3-23。高产国家包括欧洲 17 个，亚洲 5 个，北美洲 3 个，南美洲和大洋洲各 2 个，非洲 1 个。各国论文数量在 234～3552 篇之间，美国 3552 篇和被引次数 81682 次排列第一，中国论文数量 1678 篇，排列第二，英国被引次数 38112 次排列第二。引文影响力排列前五位的是荷兰 42.5、瑞士 34.1、英国 31.2、瑞典 31.0 和丹麦 28.7，最低是伊朗 12.0。CNCI 数值超过 1 的国家 23 个，排在前五位的是荷兰 2.59、瑞士 2.10、瑞典 1.96、英国 1.93 和丹麦 1.79，最低是伊朗 0.77。引文影响力和 CNCI 美国分别是 23.0 和 1.42，中国分别是 18.3 和 1.17。

| | 非洲 | 亚洲 | 欧洲 | 北美洲 | 大洋洲 | 南美洲 |
|---|---|---|---|---|---|---|

| 国家 | 论文数量 | 被引次数 | 引文影响力 | CNCI |
|---|---|---|---|---|
| 美国 | 3552 | 81682 | 23.0 | 1.42 |
| 中国 | 1678 | 30711 | 18.3 | 1.17 |
| 巴西 | 1569 | 24320 | 15.5 | 0.98 |
| 德国 | 1344 | 37737 | 28.1 | 1.73 |
| 英国 | 1223 | 38112 | 31.2 | 1.93 |
| 西班牙 | 1098 | 26249 | 23.9 | 1.46 |
| 法国 | 1087 | 29996 | 27.6 | 1.69 |
| 澳大利亚 | 1080 | 30126 | 27.9 | 1.70 |
| 意大利 | 978 | 23761 | 24.3 | 1.52 |
| 加拿大 | 767 | 18632 | 24.3 | 1.50 |
| 印度 | 694 | 8625 | 12.4 | 0.77 |
| 日本 | 680 | 9658 | 14.2 | 0.91 |
| 南非 | 533 | 10825 | 20.3 | 1.28 |
| 波兰 | 530 | 6546 | 12.4 | 0.78 |
| 墨西哥 | 526 | 7416 | 14.1 | 0.88 |
| 瑞士 | 417 | 14224 | 34.1 | 2.10 |
| 葡萄牙 | 409 | 7434 | 18.2 | 1.14 |
| 荷兰 | 403 | 17142 | 42.5 | 2.59 |
| 比利时 | 397 | 8950 | 22.5 | 1.42 |
| 捷克 | 354 | 8278 | 23.4 | 1.49 |
| 瑞典 | 350 | 10853 | 31.0 | 1.96 |
| 阿根廷 | 331 | 7096 | 21.4 | 1.27 |
| 土耳其 | 330 | 4310 | 13.1 | 0.83 |
| 伊朗 | 287 | 3452 | 12.0 | 0.77 |
| 俄罗斯 | 285 | 4520 | 15.9 | 1.03 |
| 芬兰 | 276 | 6250 | 22.6 | 1.45 |
| 新西兰 | 255 | 6926 | 27.2 | 1.72 |
| 奥地利 | 251 | 6099 | 24.3 | 1.53 |
| 丹麦 | 245 | 7034 | 28.7 | 1.79 |
| 挪威 | 230 | 6142 | 26.7 | 1.64 |

------排在第5位的国家

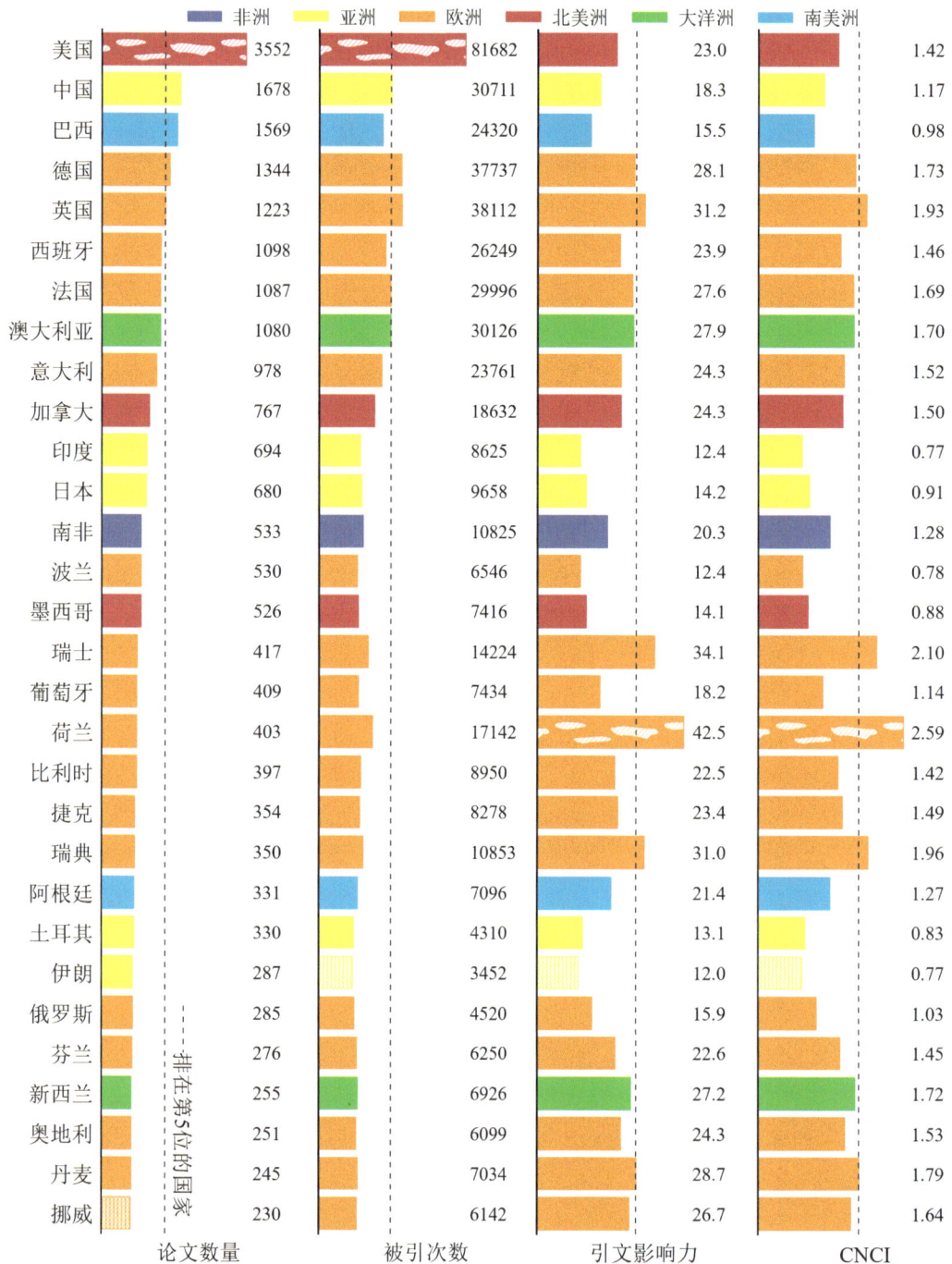

图 3-23　2013—2017 年间植物学与动物学学科高产国家论文数量及其影响力指标基本信息

2013—2017 年间各国论文数量、被引次数、引文影响力和 CNCI 的变化比较见图 3-24。美国的论文数量和被引次数排列第一位；荷兰的引文影响力和 CNCI 排列第一位。

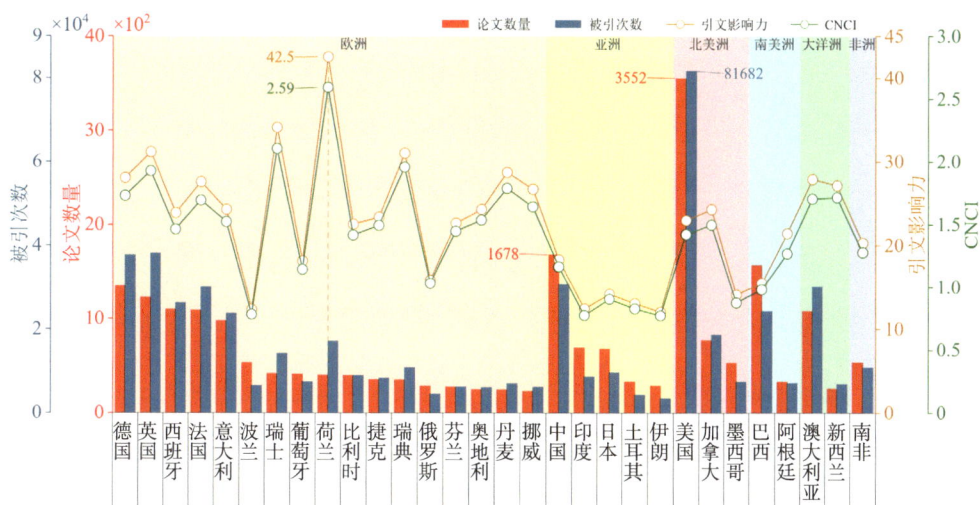

图 3-24　2013—2017 年间植物学与动物学学科高产国家的分布及其论文数量和影响力指标变化

2013—2017 年间高产国家论文数量及其 CNCI 与合作论文数量百分比见图 3-25。中国、巴西、印度、波兰、墨西哥、土耳其和伊朗 7 个国家红圈在左，蓝框在右，即独立论文数量大于合作论文。有 23 个国家的合作论文数量占比超过 50%。有 4 个国家的合作论文数量占比超过 80%。奥地利合作论文数量最高为 87.3%。美国和中国合作论文数量的比例分别是 56.2% 和 46.1%。高产国家合作论文的 CNCI 都大于 1，且都大于独立论文的 CNCI。独立论文的 CNCI 大于 1 的国家有 14 个，英国独立论文的 CNCI 最高为 1.76，土耳其最低为 0.43。

2013—2017 年间高产国家论文总量 15218 篇，其中独立论文 8895 篇，合作论文 6223 篇，合作论文占比 41.5%。各国独立与合作论文数量比例饼图叠加合作网络见图 3-26。美国的饼圈最大，论文数量为 3552 篇，挪威饼圈最小，论文数量为 230 篇。图中有 429 条连线，美国和中国的合作次数最多为 299 次，用蓝色，合作次数最少 1 次，共有 8 条，用红色。

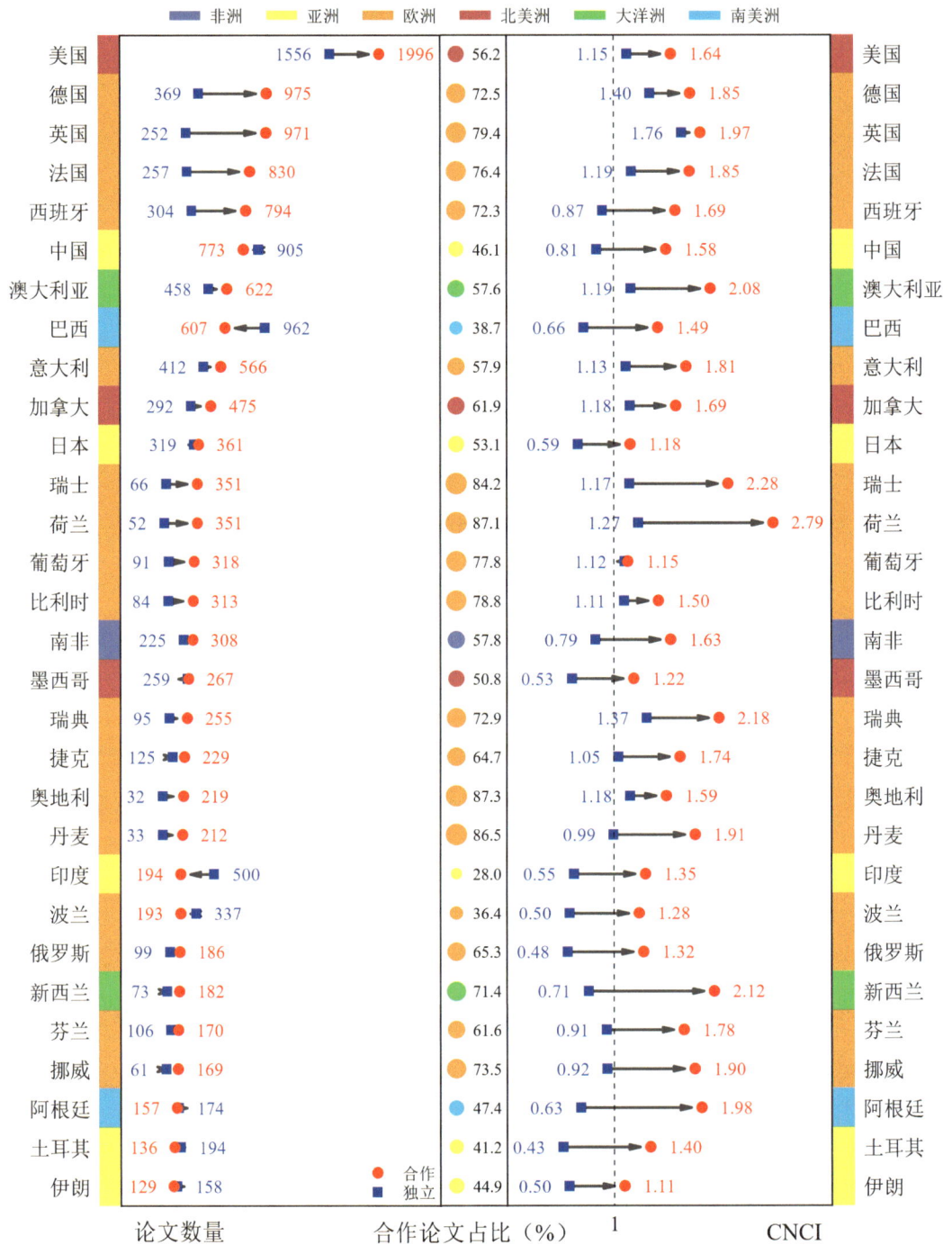

图 3-25　2013—2017 年间植物学与动物学学科高产国家的论文数量及其 CNCI 与合作论文数量百分比

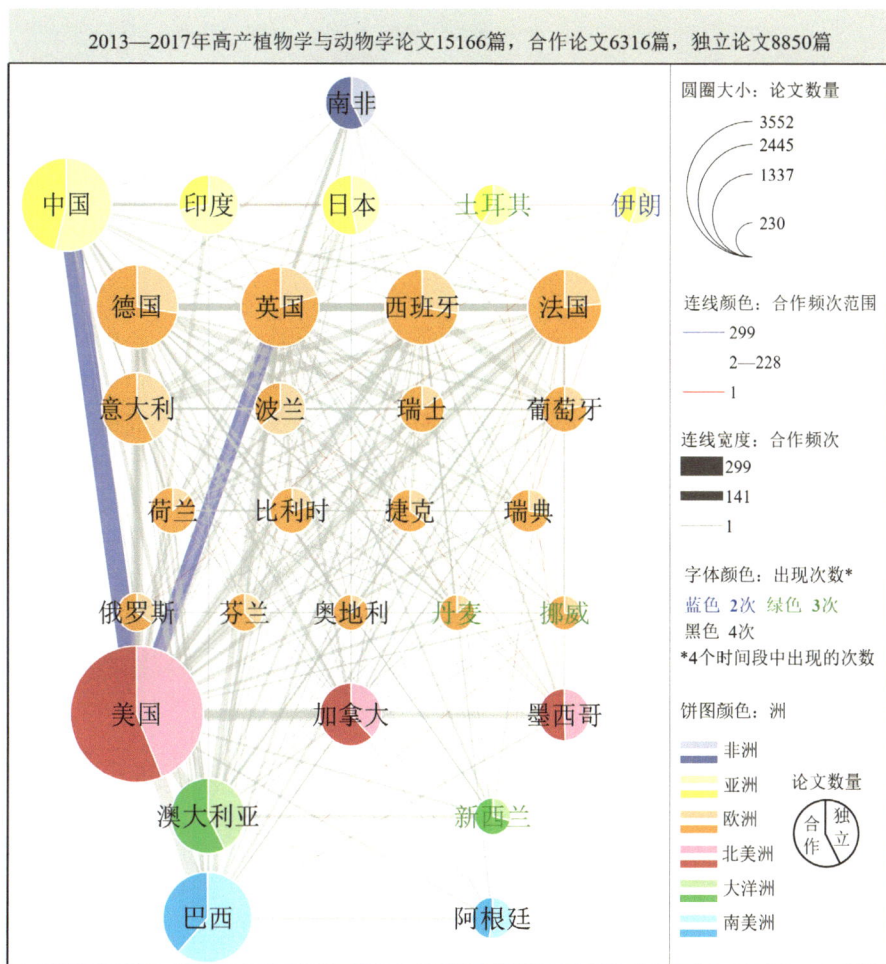

图 3-26　2013—2017 年高产国家独立与合作论文数量比例及其合作网络

### 3.2.3.4　2018—2022 年间

2018—2022 年间全球论文 22832 篇，来源于 6 大洲的 187 个国家或地区。高产国家论文数量 20873 篇，占全球论文总量的 91.4%。论文数量及其影响力信息见图 3-27。高产国家国包括欧洲 16 个，亚洲 6 个，北美洲和南美洲各 3 个，大洋洲和非洲各 1 个。美国论文数量 4354 篇和被引次数 30369 次排列第一位，中国论文数量 3713 篇和被引次数 21042 次排列第二位。引文影响力排列前五位的是荷兰 9.5、挪威 8.4、芬兰和瑞典 8.3、英国 8.2，引文影响力最低的是伊朗 3.9。CNCI 超过 1 的国家 18 个，排列前 5 位的是挪威 1.78、荷兰 1.67、芬兰 1.65、瑞典 1.60 和瑞士 1.49。美国引文影响力和 CNCI 分别是 7.0 和 1.19。中国引文影响力和 CNCI 分别是 5.7 和 1.18。

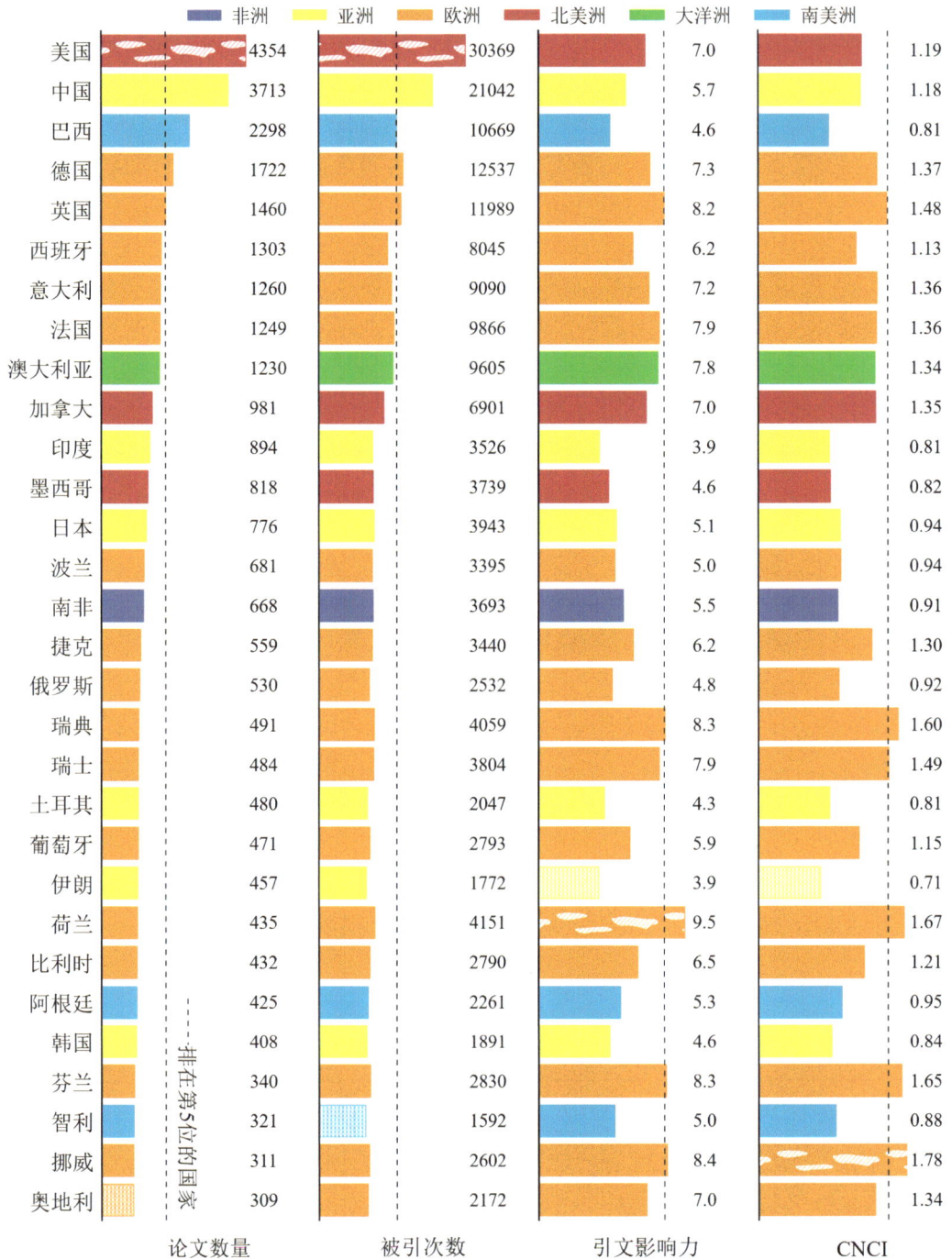

| | 非洲 | 亚洲 | 欧洲 | 北美洲 | 大洋洲 | 南美洲 | | | |
|---|---|---|---|---|---|---|---|---|---|
| | 论文数量 | | 被引次数 | | 引文影响力 | | CNCI | | |
| 美国 | 4354 | | 30369 | | 7.0 | | 1.19 | | |
| 中国 | 3713 | | 21042 | | 5.7 | | 1.18 | | |
| 巴西 | 2298 | | 10669 | | 4.6 | | 0.81 | | |
| 德国 | 1722 | | 12537 | | 7.3 | | 1.37 | | |
| 英国 | 1460 | | 11989 | | 8.2 | | 1.48 | | |
| 西班牙 | 1303 | | 8045 | | 6.2 | | 1.13 | | |
| 意大利 | 1260 | | 9090 | | 7.2 | | 1.36 | | |
| 法国 | 1249 | | 9866 | | 7.9 | | 1.36 | | |
| 澳大利亚 | 1230 | | 9605 | | 7.8 | | 1.34 | | |
| 加拿大 | 981 | | 6901 | | 7.0 | | 1.35 | | |
| 印度 | 894 | | 3526 | | 3.9 | | 0.81 | | |
| 墨西哥 | 818 | | 3739 | | 4.6 | | 0.82 | | |
| 日本 | 776 | | 3943 | | 5.1 | | 0.94 | | |
| 波兰 | 681 | | 3395 | | 5.0 | | 0.94 | | |
| 南非 | 668 | | 3693 | | 5.5 | | 0.91 | | |
| 捷克 | 559 | | 3440 | | 6.2 | | 1.30 | | |
| 俄罗斯 | 530 | | 2532 | | 4.8 | | 0.92 | | |
| 瑞典 | 491 | | 4059 | | 8.3 | | 1.60 | | |
| 瑞士 | 484 | | 3804 | | 7.9 | | 1.49 | | |
| 土耳其 | 480 | | 2047 | | 4.3 | | 0.81 | | |
| 葡萄牙 | 471 | | 2793 | | 5.9 | | 1.15 | | |
| 伊朗 | 457 | | 1772 | | 3.9 | | 0.71 | | |
| 荷兰 | 435 | | 4151 | | 9.5 | | 1.67 | | |
| 比利时 | 432 | | 2790 | | 6.5 | | 1.21 | | |
| 阿根廷 | 425 | | 2261 | | 5.3 | | 0.95 | | |
| 韩国 | 408 | | 1891 | | 4.6 | | 0.84 | | |
| 芬兰 | 340 | | 2830 | | 8.3 | | 1.65 | | |
| 智利 | 321 | | 1592 | | 5.0 | | 0.88 | | |
| 挪威 | 311 | | 2602 | | 8.4 | | 1.78 | | |
| 奥地利 | 309 | | 2172 | | 7.0 | | 1.34 | | |

----排在第5位的国家

图 3-27  2018—2022 年间植物学与动物学学科高产国家论文数量及其影响力指标基本信息

2018—2022 年间论文数量、被引次数、引文影响力和 CNCI 的变化比较见图 3-28。与 2013—2017 年间相比，30 个国家中多了智利。美国论文数量和被引次数排列第一位；荷兰引文影响力排列第一位，挪威 CNCI 排列第一位。

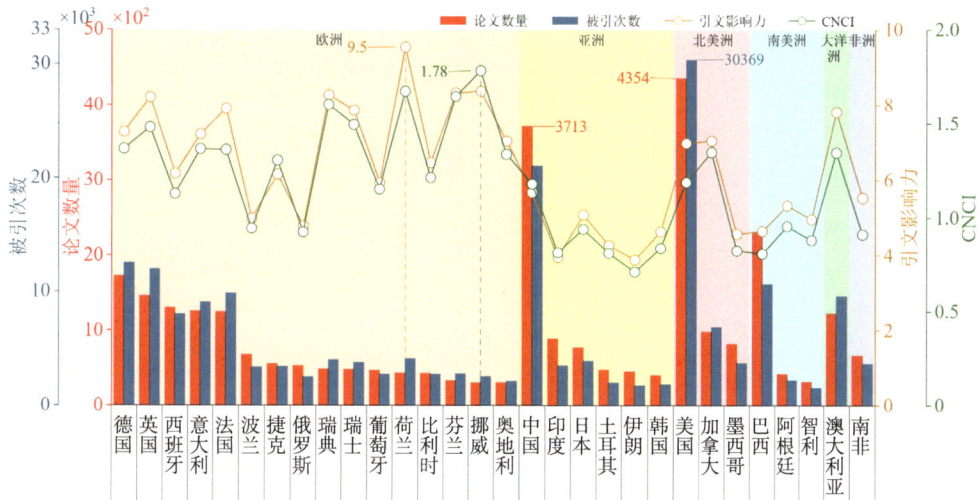

图 3-28　2018—2022 年间植物学与动物学学科论文高产国家的分布及其论文数量和影响力指标变化

2018—2022 年间高产国家论文数量及其 CNCI 与合作论文数量百分比见图 3-29。中国、巴西、墨西哥、波兰、印度、阿根廷、伊朗、土耳其和韩国的独立论文数量大于合作论文。其他 21 个国家的合作论文数量占比超过 50%。有 5 个国家的合作论文数量占比超过 80%。奥地利合作论文数量最高为 83.5%。美国和中国合作论文数量的比例分别是 55.5% 和 34.6%。30 个国家合作论文的 CNCI 大于独立论文的 CNCI。独立论文的 CNCI 大于 1 的国家 12 个，荷兰独立论文的 CNCI 最高为 1.86。

2018—2022 年间高产国家论文 20835 篇，其中独立 12984 篇，合作 7851 篇，合作论文占比 35.6%。高产国家独立与合作论文数量比例的饼图叠加合作网络见图 3-30。美国的饼圈最大，论文数量为 4354 篇，奥地利的饼圈最小，论文数量为 309 篇。图中有 431 条连线，美国和中国合作次数最多为 383 次，用蓝色，合作次数最少 1 次，共 11 条，用红色。

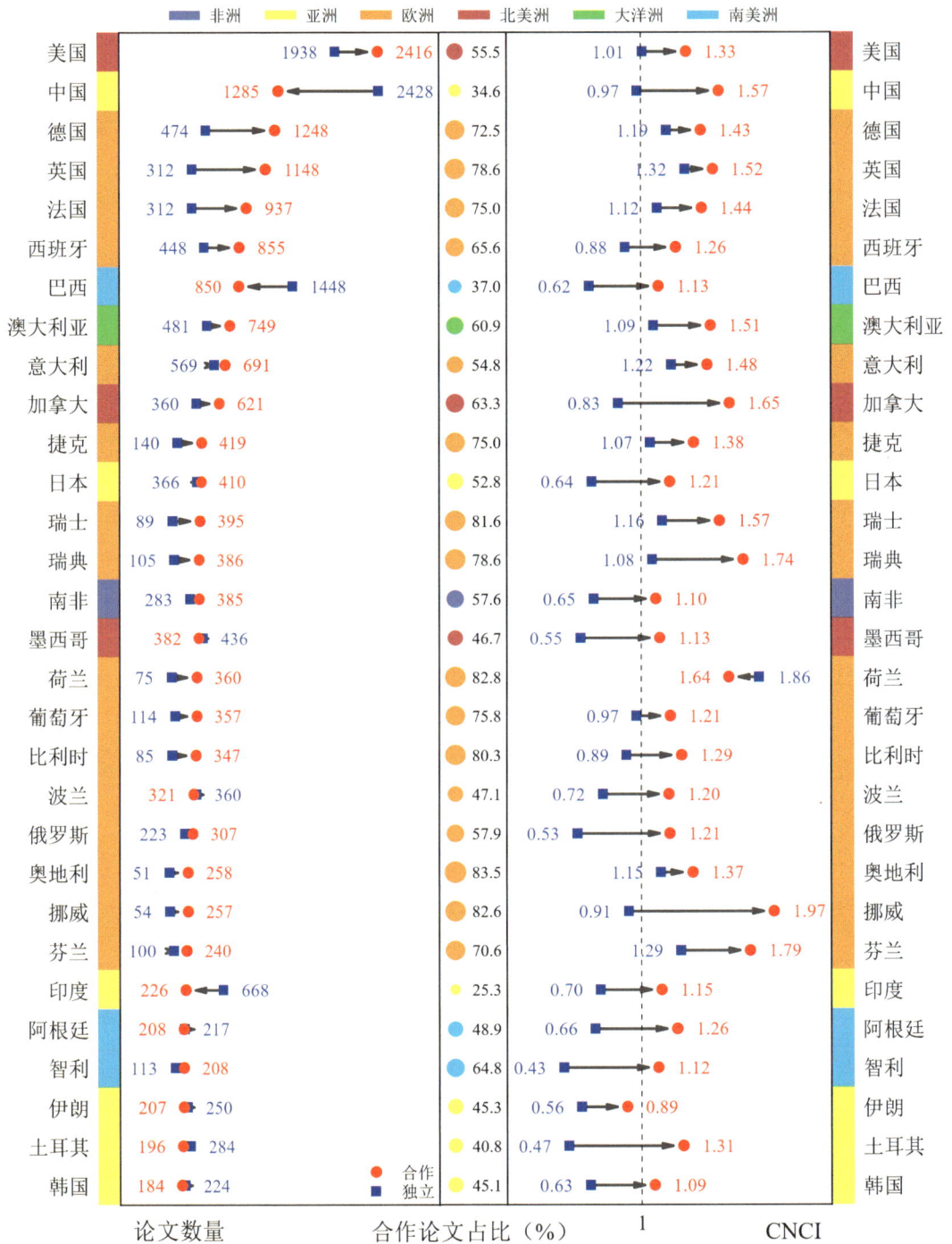

图 3-29　2018—2022 年间植物学与动物学学科高产国家的论文数量及其 CNCI 与合作论文数量百分比

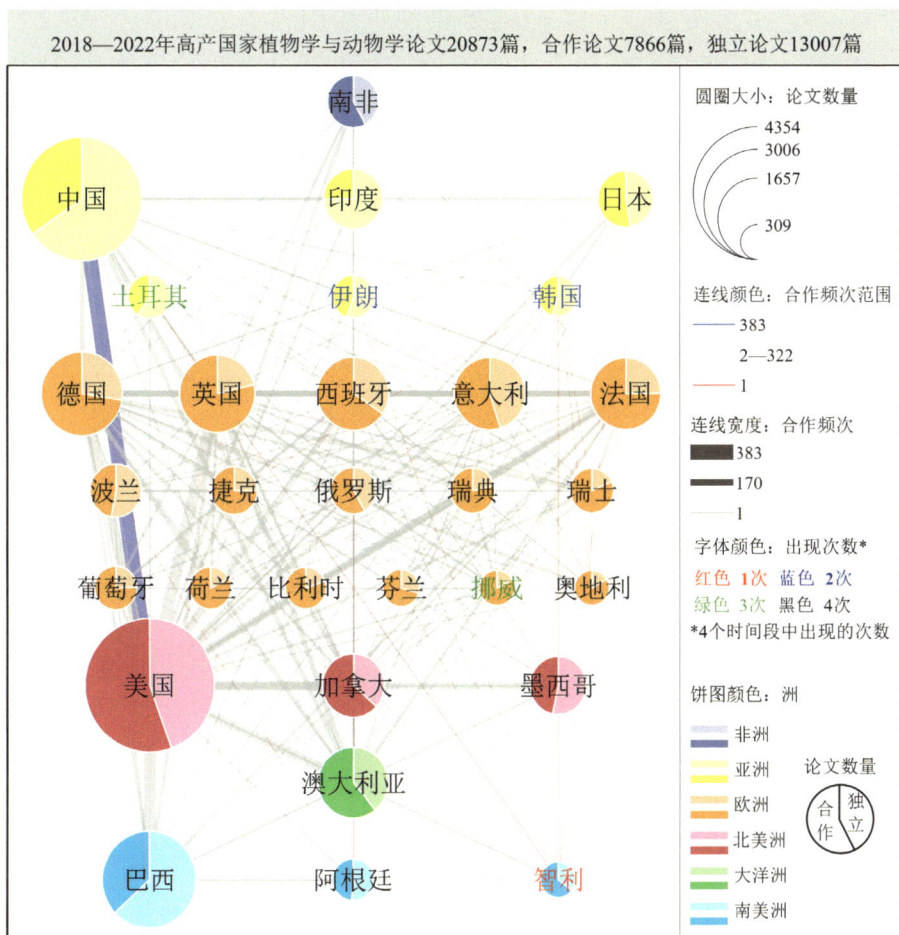

图 3-30　2018—2022 年高产国家独立与合作论文数量比例及其合作网络

## 3.4　主要国家植物学与动物学生物多样性论文与合作研究信息可视化

北美洲、亚洲、南美洲、欧洲、大洋洲和非洲 20 年间发表论文数量分别是 15567 篇、16463 篇、7381 篇、24625 篇、4137 篇和 4032 篇，占全球植物学与动物学生物多样性论文数量的百分比分别是 27.8%、29.4%、13.2%、44.0%、7.3% 和 7.2%。以各洲发表论文数量最多的国家（TOP1）为代表（主要国家），比较其发表论文的数量与质量特征，比较它们与全球国家或地区合作、与高产国家合作、与生物多样性特别丰富国家合作的数量与分布。6 个主要国家分别是美国、中国、巴西、德国、澳大利亚和南非，它们分别占到所在洲论文数量的 76.5%、40.9%、65.7%、17.6%、82.7% 和 39.5%。主要国家 20 年间共发表论文数量 28978 篇，占全球论文总数量的 51.7%，逐年发表论文数量基本呈现缓慢上升态势（图 3-31）。

图 3-31　植物学与动物学学科生物多样性论文数量逐年变化

## 3.4.1　主要国家论文数量及其质量信息的年度分布可视化

20 年间美国、中国、巴西、德国，澳大利亚和南非 6 个主要国家的论文数量、被引次数、引文影响力和 CNCI 的基础数据比较见图 3-32。从图中可以看出，美国是植物学与动物学学科绝对的科研大国，澳大利亚是论文影响力和 CNCI 排名第一的强国，中国论文数量近年来增加凶猛，但影响力需要提升。

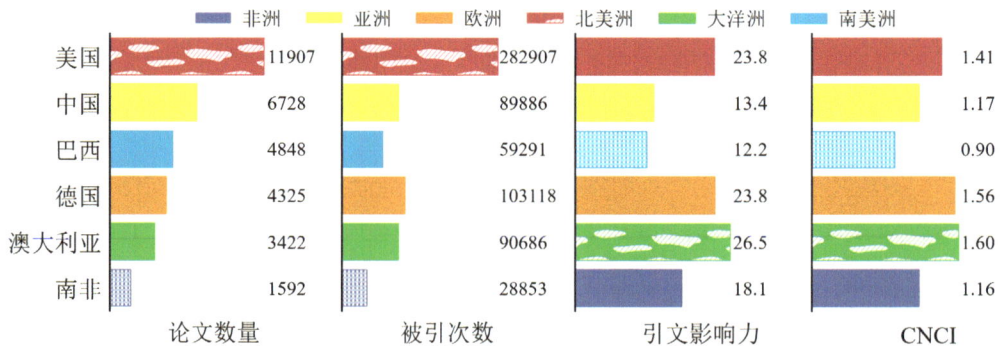

图 3-32　植物学与动物学学科主要国家论文数量和影响力指标基本信息

植物学与动物学学科各主要国家论文数量的年度变化趋势见图 3-33。图中曲线上论文数量的最大值用圆圈标出，并用虚线与对应的年份链接，图中 6 个主要国家论文数量的最大值和最小值用表格进行显示。从图中看出，20 年间的美国数量论文曲线处于图中最上方，2021 年达到高点。南非 20 年间的论文数量曲线变化缓慢。英国、澳大利亚和巴西 20 年间的论文数量曲线变化基本一致。2016 年之后，中国论文数量增长凶猛，中国论文数量最大值出现在 2022 年，并且超越美国，表明中国植物学与动物学学科的发展潜力不可小觑。

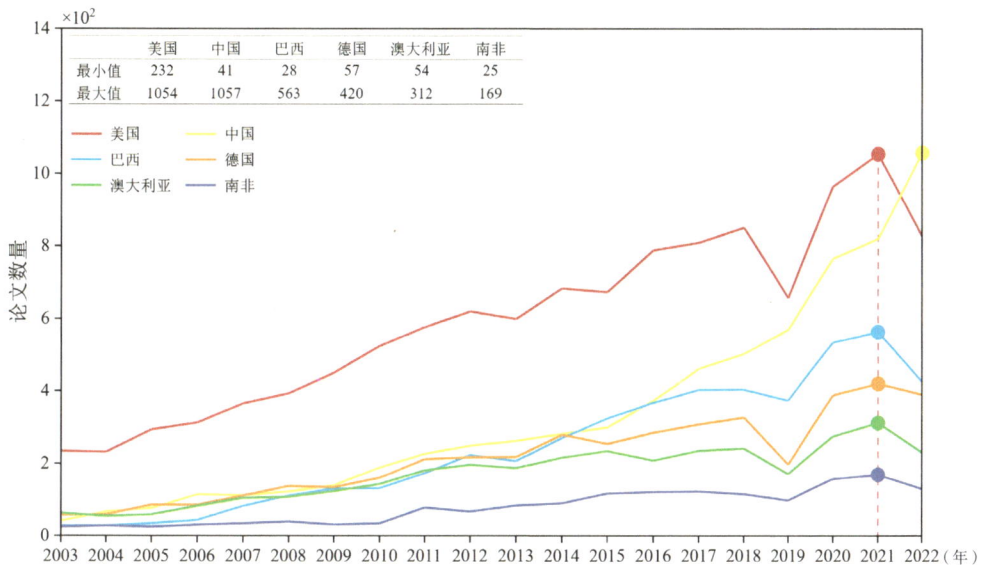

图 3-33　植物学与动物学学科主要国家论文数量年度变化

主要国家论文被引次数的年度变化趋势见图 3-34。图中曲线上论文被引次数的最大值用圆圈标出，并用虚线与对应的年份链接，图中 6 个主要国家论文被引次数的最大值和最小值用表格进行显示。从图中看出，20 年间的美国论文引文影响力曲线基本成山峰状，并且处于图中最上方，最高值出现在 2011 年。南非 20 年间的论文引文影响力曲线处于图中最下方。澳大利亚、德国、中国和巴西 20 年间的论文引文影响力曲线缠绕在一起，位于中间。2017 年之后，中国论文被引次数仅次于美国。

主要国家论文引文影响力的年度变化趋势见图 3-35。图中曲线上论文引文影响力的最大值用圆圈标出，并用虚线与对应的年份链接。图中 6 个主要国家论文引文影响力的最大值和最小值用表格进行显示。图中可以看出，20 年间中 6 个国家论文

的该指数变化随着时间的推移由高到低变化。美国和德国论文引文影响力最大值出
现在同一年（2003 年），分别是 54.4 和 54.5。中国和巴西论文引文影响力曲线 20 年
间几乎处于图中最下方。澳大利亚论文引文影响力最大值出现在 2011 年为 62.1，是
6 个主要国家中该指标的最高点。南非论文引文影响力最大值出现在 2004 年，同时
波动幅度较大，最高 55.4，最低 0.5。

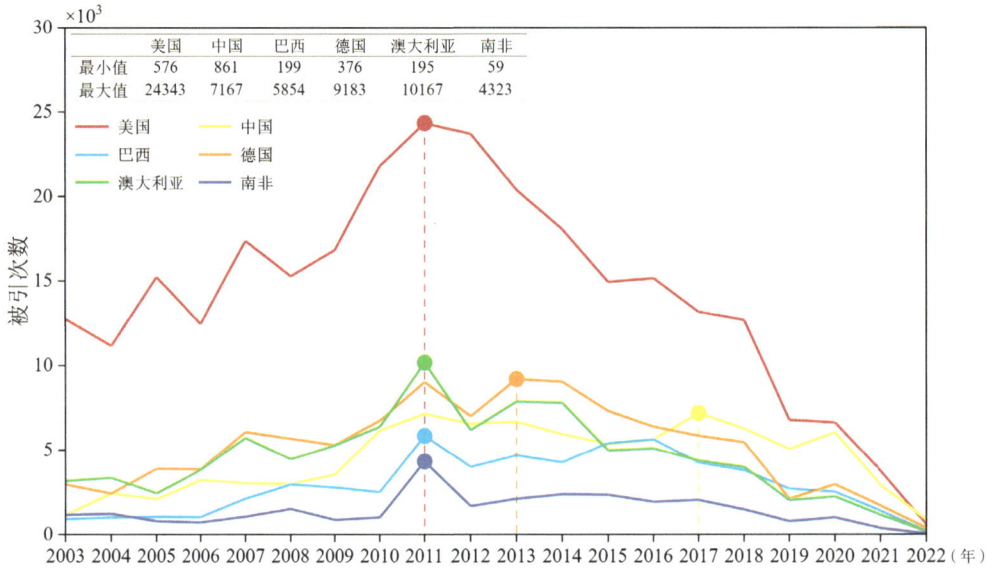

图 3-34　植物学与动物学学科主要国家论文被引次数年度变化

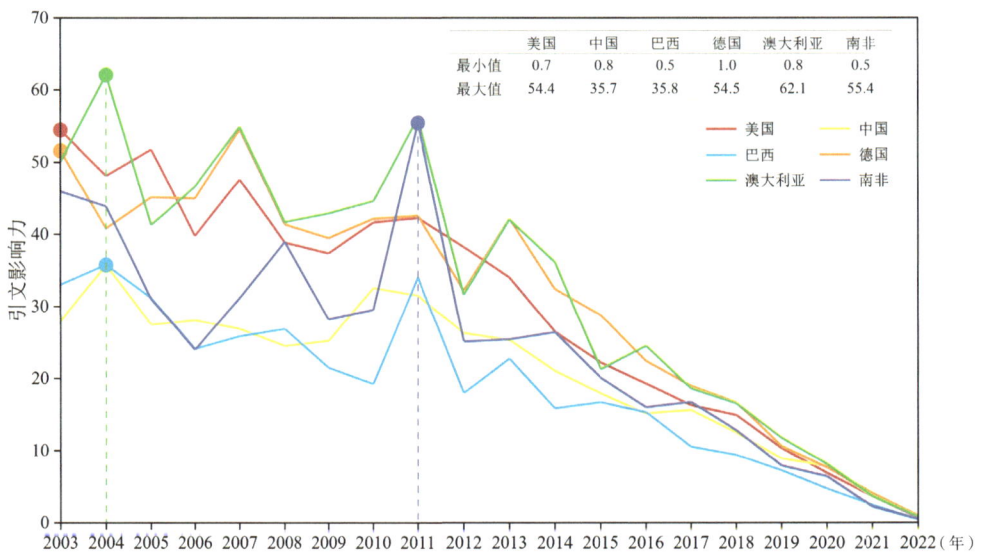

图 3-35　植物学与动物学学科主要国家论文引文影响力年度变化

主要国家论文 CNCI 的年度变化趋势见图 3-36。曲线上论文 CNCI 的最大值用圆圈标出，并用虚线与对应的年份链接，图中 6 个主要国家论文 CNCI 的最大值和最小值都用表格进行了显示。从图中看出，澳大利亚、南非、美国、巴西和中国该指标在 2011 年均达到最大值，澳大利亚的最大值为 2.48，是 6 个主要国家中该指标的最高点。德国和澳大利亚论文的 CNCI 基本大于 1。巴西和中国论文的 CNCI 变化平稳，总体相对较低，中国近 3 年来有所增加。南非论文 CNCI 波动幅度最大，最高 2.45，最低 0.65。

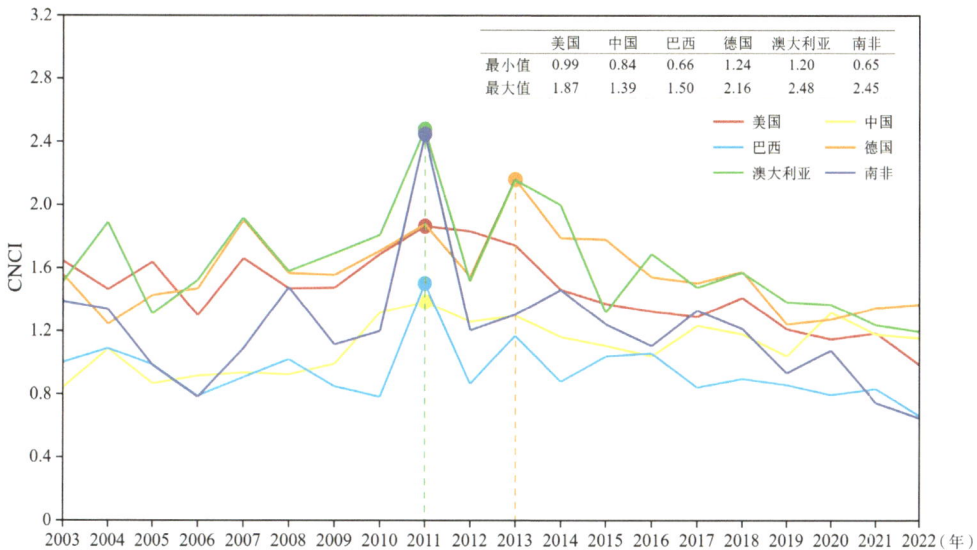

图 3-36　植物学与动物学学科主要国家论文 CNCI 年度变化

## 3.4.2　主要国家合作研究信息可视化

植物学与动物学学科主要国家与高产国家的论文合作分布与论文数量见图 3-37。图左侧国家顺序按照美国与各高产国家合作论文数占比由高到低排列，方形大小为主要国家合作的论文数量，圆形大小为相应主要国家与高产国家合作的论文数量，各洲用不同颜色进行区分。图中每组数据包括某主要国家与某高产国家合作的论文数及占比（论文数除以某主要国家合作论文总数）。从图中可以看出，

| | 非洲 | | 亚洲 | | 欧洲 | | 北美洲 | | 大洋洲 | | 南美洲 |
|---|---|---|---|---|---|---|---|---|---|---|---|
| 美国 | 6204 | | 840 (32.8%) | | 650 (37.7%) | | 658 (21.8%) | | 583 (31.6%) | | 239 (26.7%) |
| 中国 | 840 (13.5%) | | 2560 | | 48 (2.8%) | | 242 (8%) | | 228 (12.4%) | | 63 (7%) |
| 英国 | 768 (12.4%) | | 248 (9.7%) | | 227 (13.2%) | | 411 (13.6%) | | 341 (18.5%) | | 169 (18.9%) |
| 加拿大 | 690 (11.1%) | | 225 (8.8%) | | 86 (5%) | | 170 (5.6%) | | 155 (8.4%) | | 49 (5.5%) |
| 德国 | 658 (10.6%) | | 242 (9.5%) | | 160 (9.3%) | | 3023 | | 200 (10.8%) | | 119 (13.3%) |
| 巴西 | 650 (10.5%) | | 48 (1.9%) | | 1722 | | 160 (5.3%) | | 124 (6.7%) | | 36 (4%) |
| 澳大利亚 | 583 (9.4%) | | 228 (8.9%) | | 124 (7.2%) | | 200 (6.6%) | | 1846 | | 121 (13.5%) |
| 法国 | 524 (8.4%) | | 144 (5.6%) | | 180 (10.5%) | | 336 (11.1%) | | 181 (9.8%) | | 110 (12.3%) |
| 西班牙 | 436 (7%) | | 84 (3.3%) | | 133 (7.7%) | | 263 (8.7%) | | 134 (7.3%) | | 52 (5.8%) |
| 墨西哥 | 391 (6.3%) | | 36 (1.4%) | | 92 (5.3%) | | 71 (2.3%) | | 43 (2.3%) | | 15 (1.7%) |
| 意大利 | 292 (4.7%) | | 80 (3.1%) | | 68 (3.9%) | | 268 (8.9%) | | 84 (4.6%) | | 41 (4.6%) |
| 南非 | 239 (3.9%) | | 63 (2.5%) | | 36 (2.1%) | | 119 (3.9%) | | 121 (6.6%) | | 894 |
| 日本 | 228 (3.7%) | | 252 (9.8%) | | 29 (1.7%) | | 83 (2.7%) | | 88 (4.8%) | | 18 (2%) |
| 瑞士 | 227 (3.7%) | | 89 (3.5%) | | 80 (4.6%) | | 334 (11%) | | 78 (4.2%) | | 41 (4.6%) |
| 荷兰 | 209 (3.4%) | | 107 (4.2%) | | 71 (4.1%) | | 231 (7.6%) | | 93 (5%) | | 77 (8.6%) |
| 瑞典 | 192 (3.1%) | | 62 (2.4%) | | 40 (2.3%) | | 173 (5.7%) | | 57 (3.1%) | | 30 (3.4%) |
| 印度 | 177 (2.9%) | | 99 (3.9%) | | 29 (1.7%) | | 59 (2%) | | 55 (3%) | | 18 (2%) |
| 比利时 | 169 (2.7%) | | 51 (2%) | | 60 (3.5%) | | 165 (5.5%) | | 56 (3%) | | 45 (5%) |
| 葡萄牙 | 163 (2.6%) | | 26 (1%) | | 105 (6.1%) | | 120 (4%) | | 43 (2.3%) | | 58 (6.5%) |
| 俄罗斯 | 159 (2.6%) | | 72 (2.8%) | | 15 (0.9%) | | 137 (4.5%) | | 23 (1.2%) | | 18 (2%) |
| 丹麦 | 158 (2.5%) | | 68 (2.7%) | | 34 (2%) | | 118 (3.9%) | | 61 (3.3%) | | 29 (3.2%) |
| 阿根廷 | 151 (2.4%) | | 26 (1%) | | 124 (7.2%) | | 48 (1.6%) | | 27 (1.5%) | | 18 (2%) |
| 新西兰 | 142 (2.3%) | | 49 (1.9%) | | 25 (1.5%) | | 51 (1.7%) | | 163 (8.8%) | | 33 (3.7%) |
| 捷克 | 139 (2.2%) | | 50 (2%) | | 28 (1.6%) | | 183 (6.1%) | | 54 (2.9%) | | 34 (3.8%) |
| 韩国 | 110 (1.8%) | | 88 (3.4%) | | 2 (0.1%) | | 16 (0.5%) | | 29 (1.6%) | | 2 (0.2%) |
| 土耳其 | 96 (1.5%) | | 22 (0.9%) | | 15 (0.9%) | | 63 (2.1%) | | 17 (0.9%) | | 8 (0.9%) |
| 奥地利 | 86 (1.4%) | | 42 (1.6%) | | 22 (1.3%) | | 212 (7%) | | 36 (2%) | | 28 (3.1%) |
| 芬兰 | 85 (1.4%) | | 44 (1.7%) | | 20 (1.2%) | | 104 (3.4%) | | 24 (1.3%) | | 9 (1%) |
| 波兰 | 82 (1.3%) | | 37 (1.4%) | | 9 (0.5%) | | 129 (4.3%) | | 20 (1.1%) | | 11 (1.2%) |
| 伊朗 | 74 (1.2%) | | 37 (1.4%) | | 9 (0.5%) | | 72 (2.4%) | | 22 (1.2%) | | 7 (0.8%) |

美国　　　中国　　　巴西　　　德国　　澳大利亚　　南非

☐ 方形大小：主要国家合作的论文数量　　○ 圆形大小：主要国家与高产国家合作的论文数量

图 3-37　植物学与动物学学科主要国家与高产国家论文合作数量与分布

巴西与美国的合作论文数量占比达到巴西合作论文总数的 37.7% 为最高，中国与韩国的合作论文数量占比为中国合作论文总数的 0.1% 为最低。6 个主要国家与图中位于前 8 个国家的合作论文数量占比基本在 5% 以上（除了中国与巴西的合作、南非与巴西的合作）；6 个主要国家与美国、英国、加拿大、澳大利亚、德国和法国的合作论文数量占比在 5% 以上（除了中国与法国的合作论文数量占比为 7.2% 外）；其次，合作次数较高的国家之间表现出一定的区域性，澳大利亚与新西兰的合作论文数量占澳大利亚合作论文总数的 8.8%，中国与日本合作论文数量占中国合作论文总数的 9.8%。另外，巴西与葡萄牙的合作论文数量占巴西合作论文总数的 6.1%。南非与葡萄牙、荷兰的合作论文数量分别占南非合作论文总数的 6.5% 和 8.6%。

生物多样性特别丰富的国家 17 个。主要国家与生物多样性特别丰富国家的合作分布与论文数量见图 3-38。既是高产国家又是生物多样性特别丰富国家分别是美国、澳大利亚、中国、巴西、墨西哥、南非和印度 7 国。6 主要国家与 7 个国家合作论文占比都在 1.7% 以上。6 个主要国家间的合作研究更为突出。美国和德国与生物多样性特别丰富的国家都有合作。中国、巴西和南非与巴布亚新几内亚没有合作。各主要国家与哥伦比亚、菲律宾、印度尼西亚、马来西亚合作相对也比较密切。

图 3-39 为植物学和动物学学科主要国家与各洲合作的国家或地区分布与数量，方形大小为 6 大洲参与研究的国家或地区数，圆形大小为各洲的国家或地区数。从图中可以看出，在植物学和动物学学科领域，6 个主要国家与非洲、亚洲和欧洲国家或地区科研合作较多。美国和英国"科研朋友圈"更大，分别是 167 和 162。英国与非洲、亚洲和欧洲国家或地区科研合作数量较多。除了非洲外，美国在 5 大洲的合作国家或地区数量最多。

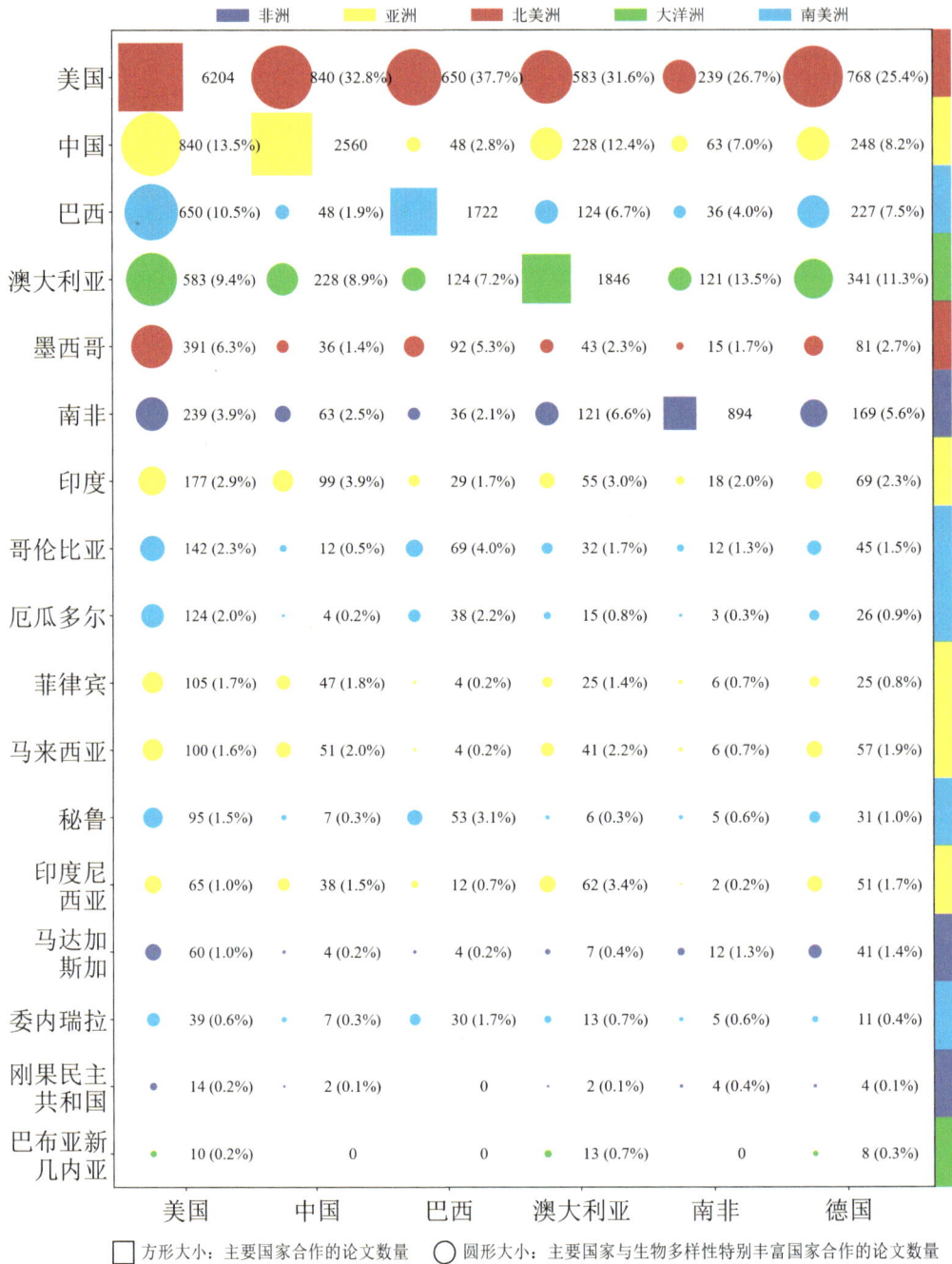

图 3-38　植物学与动物学学科主要国家与生物多样性特别丰富国家论文合作的数量与分布

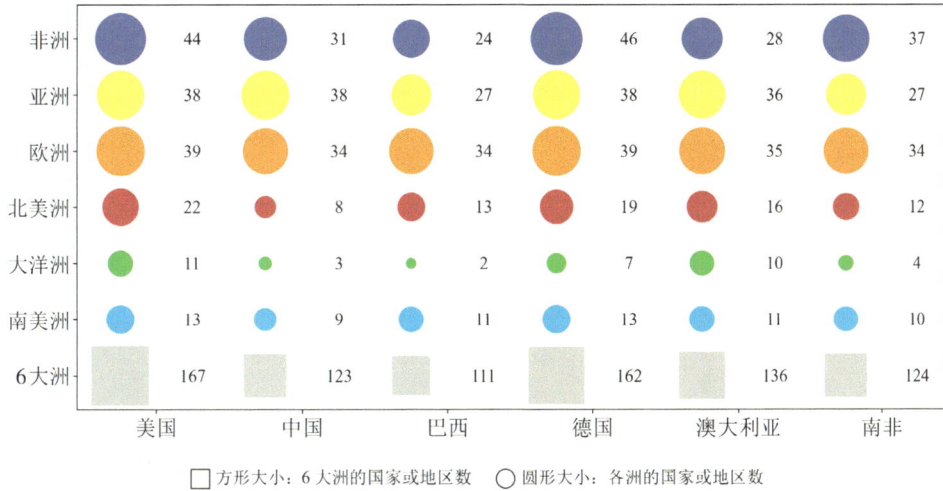

图 3-39　植物学与动物学学科主要国家与各洲论文合作国家或地区的分布与数量

各主要国家与世界其他国家或地区论文合作网络见图 3-40 至图 3-45。图中国家次序从上到下按照所属洲排列，即非洲、亚洲、欧洲、北美洲、大洋洲和南美洲，合作论文数量多的国家排在前面。图中央方块和数字代表主要国家及其合作论文数量。与其合作的国家以圆圈表示，合作次数以圆圈大小和链接线条粗细表示（合作次数最多的国家圆圈中标有数据）。圆圈颜色代表合作论文的 CNCI。

植物学与动物学学科 CNCI 最高为 147.2。2011 年发表的论文"Animal biodiversity: An outline of higher-level classification and taxonomic richness" CNCI 为 97.29，作者来自 26 个国家，其中除了本节中提到的 6 个主要国家外，还有 20 个其他国家。当这些国家与主要国家合作论文只有这一篇论文时，合作论文的 CNCI 就为 97.29。例如，黑山与澳大利亚、中国和南非只有这一篇合作论文。黑山与美国、英国和巴西合作论文数量分别是 3 篇、3 篇和 2 篇，在这 3 个国家的全球合作网络中，黑山合作节点 CNCI 分别是 33.63、33.49 和 51.18。

图 3-40 中美国分别与非洲、亚洲、欧洲、北美洲、大洋洲和南美洲的 44 个、38 个、39 个、22 个、11 个和 13 个，共计 167 个国家或地区进行合作，该图具体可视化了图 3-39 中美国与各洲合作国家或地区信息。

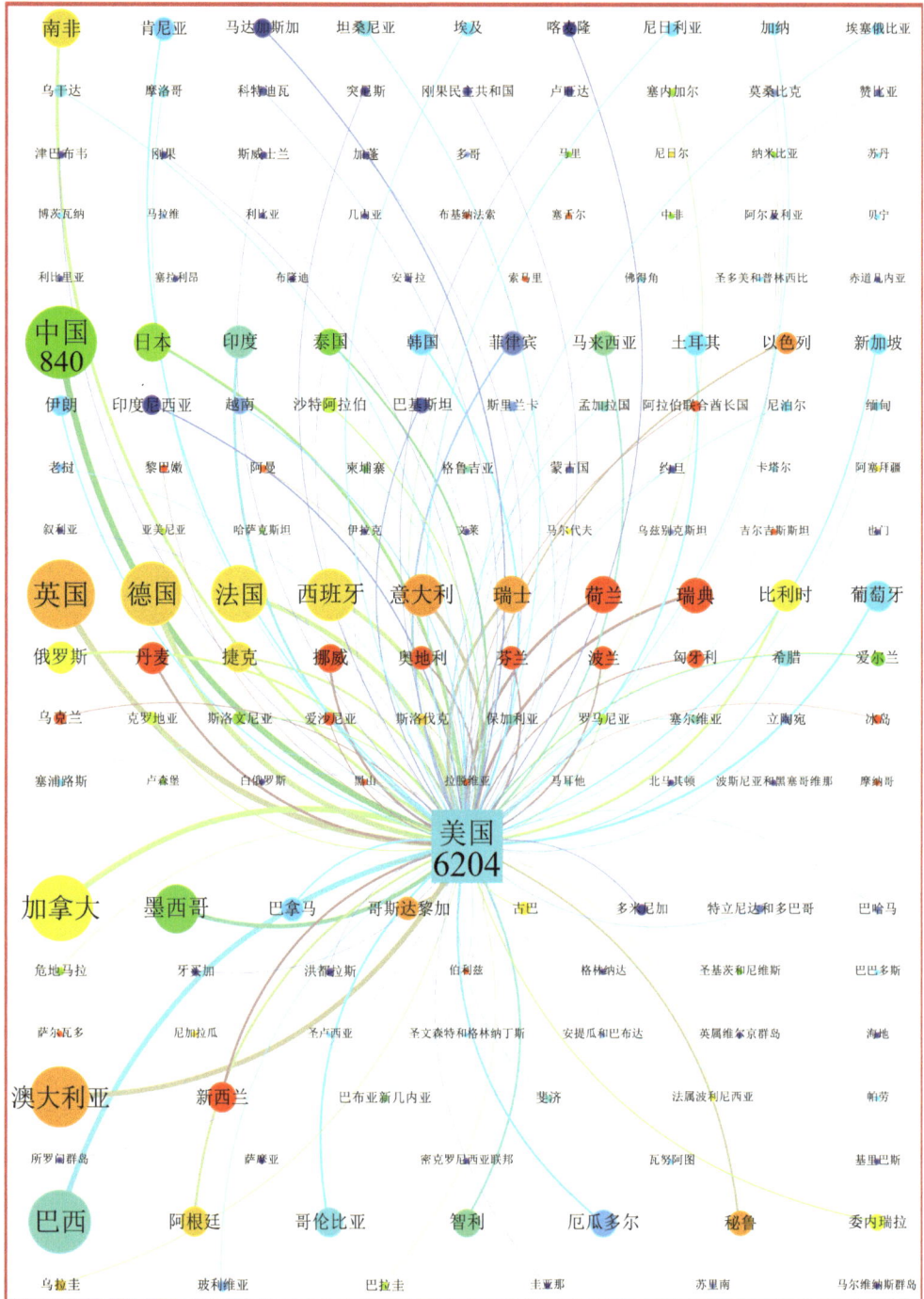

连线粗细：合作次数
节点大小：论文数量，中国最多为840篇，最少为1篇
节点颜色：CNCI，美国为1.62，黑山最大为33.63，马尔维纳斯群岛、赤道几内亚、也门和基里巴斯最小为0

CNCI
1.0　1.5　2.0　2.5　3.0

□ 方形大小：美国合作论文数量　　○ 圆形大小：各国家或地区与美国合作的论文数量

图 3-40　植物学与动物学学科美国与全球各国或地区论文合作网络热图

图 3-41 中中国分别与非洲、亚洲、欧洲、北美洲、大洋洲和南美洲的 31 个、38 个、34 个、8 个、3 个和 9 个，共计 123 个国家或地区进行合作，该图具体可视化了图 3-40 中中国与各洲合作国家或地区信息。

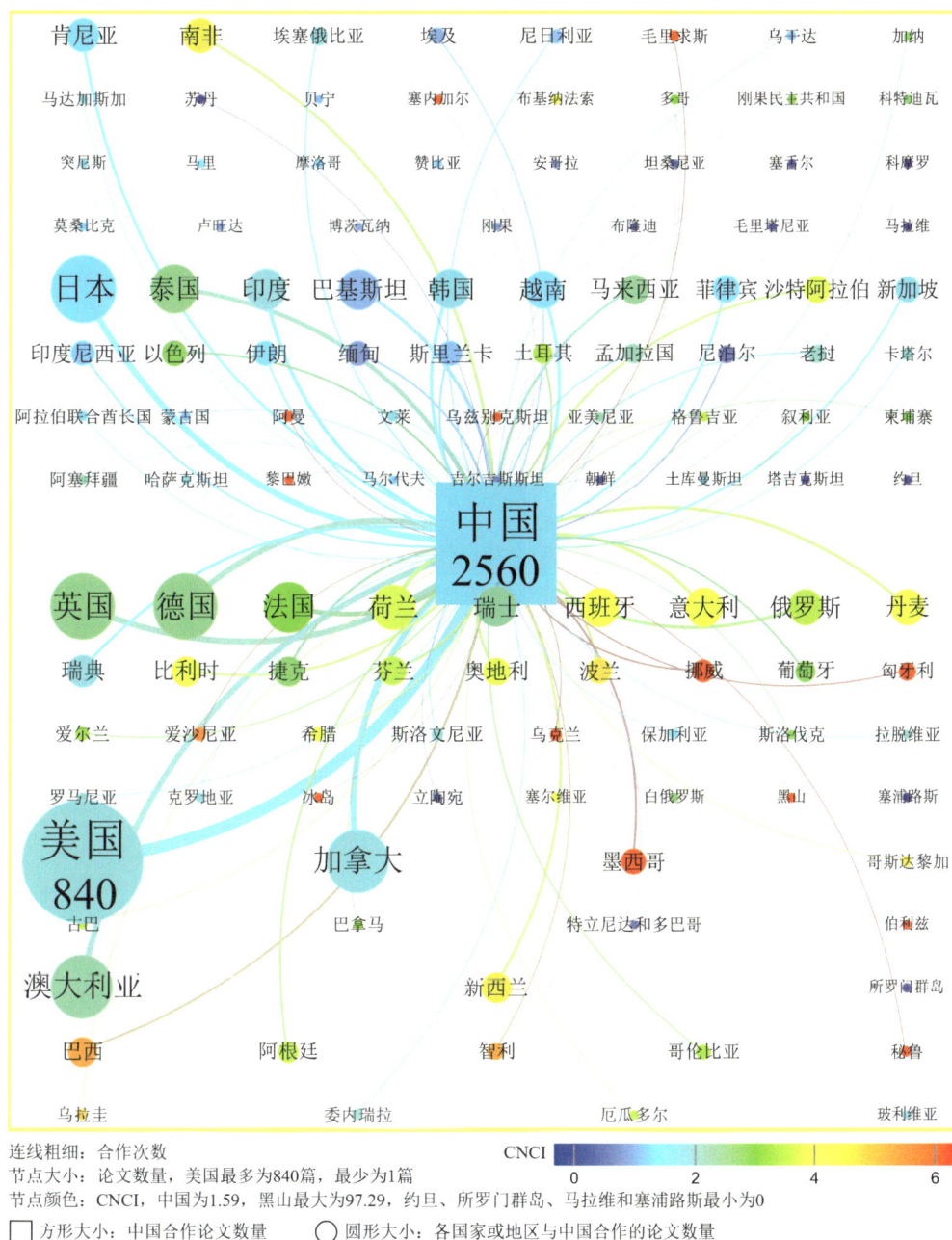

图 3-41　植物学与动物学学科中国与全球各国或地区论文合作网络热图

图 3-42 中巴西分别与非洲、亚洲、欧洲、北美洲、大洋洲和南美洲的 24 个、27 个、34 个、13 个、2 个和 11 个，共计 111 个国家或地区进行合作，该图具体可视化了图 3-39 中巴西与各洲合作的国家或地区信息。

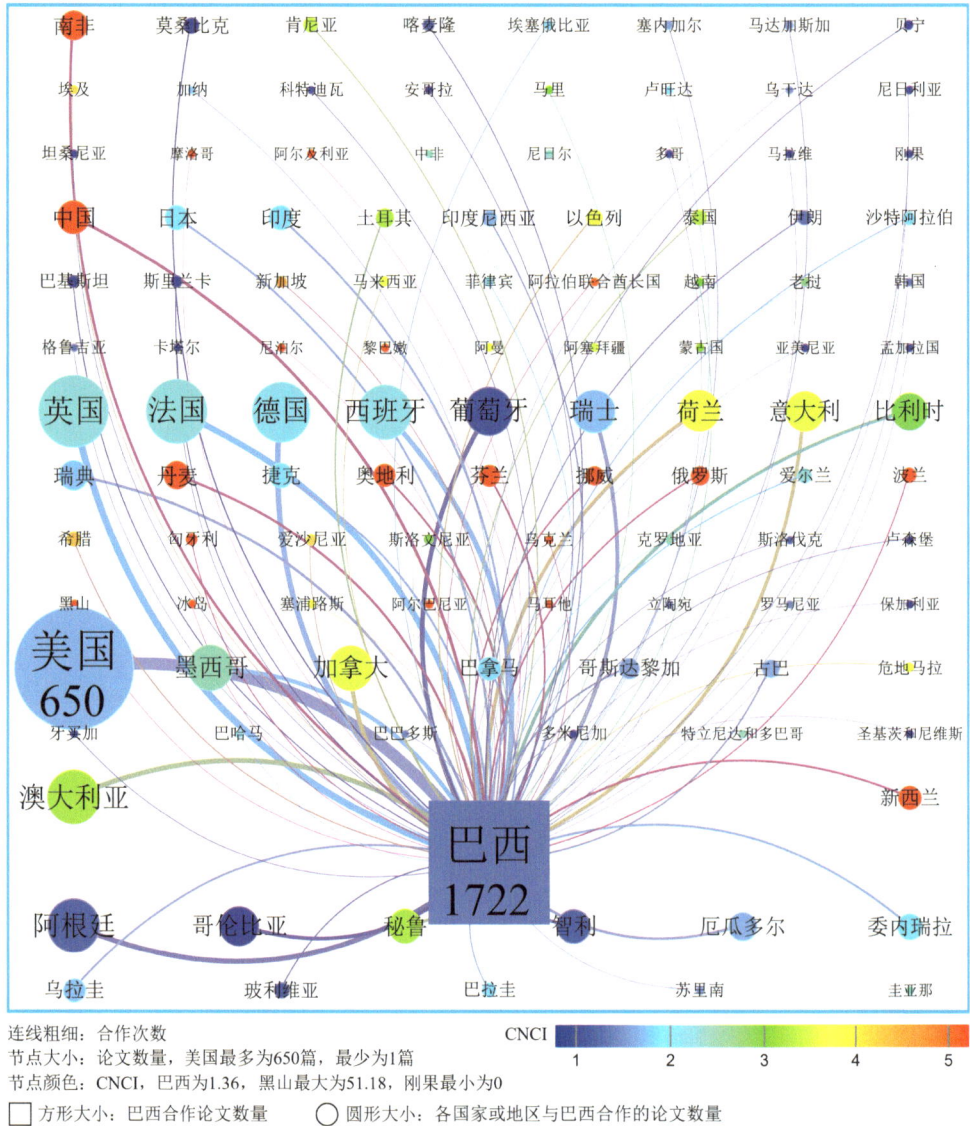

连线粗细：合作次数
节点大小：论文数量，美国最多为650篇，最少为1篇
节点颜色：CNCI，巴西为1.36，黑山最大为51.18，刚果最小为0
□ 方形大小：巴西合作论文数量　○ 圆形大小：各国家或地区与巴西合作的论文数量

图 3-42　植物学与动物学学科巴西与全球各国或地区论文合作网络热图

图 3-43 中德国分别与非洲、亚洲、欧洲、北美洲、大洋洲和南美洲的 46 个、38 个、39 个、19 个、7 个和 13 个，共计 162 个国家或地区进行合作，该图具体可

视化了图 3-39 中德国与各洲合作的国家或地区信息。

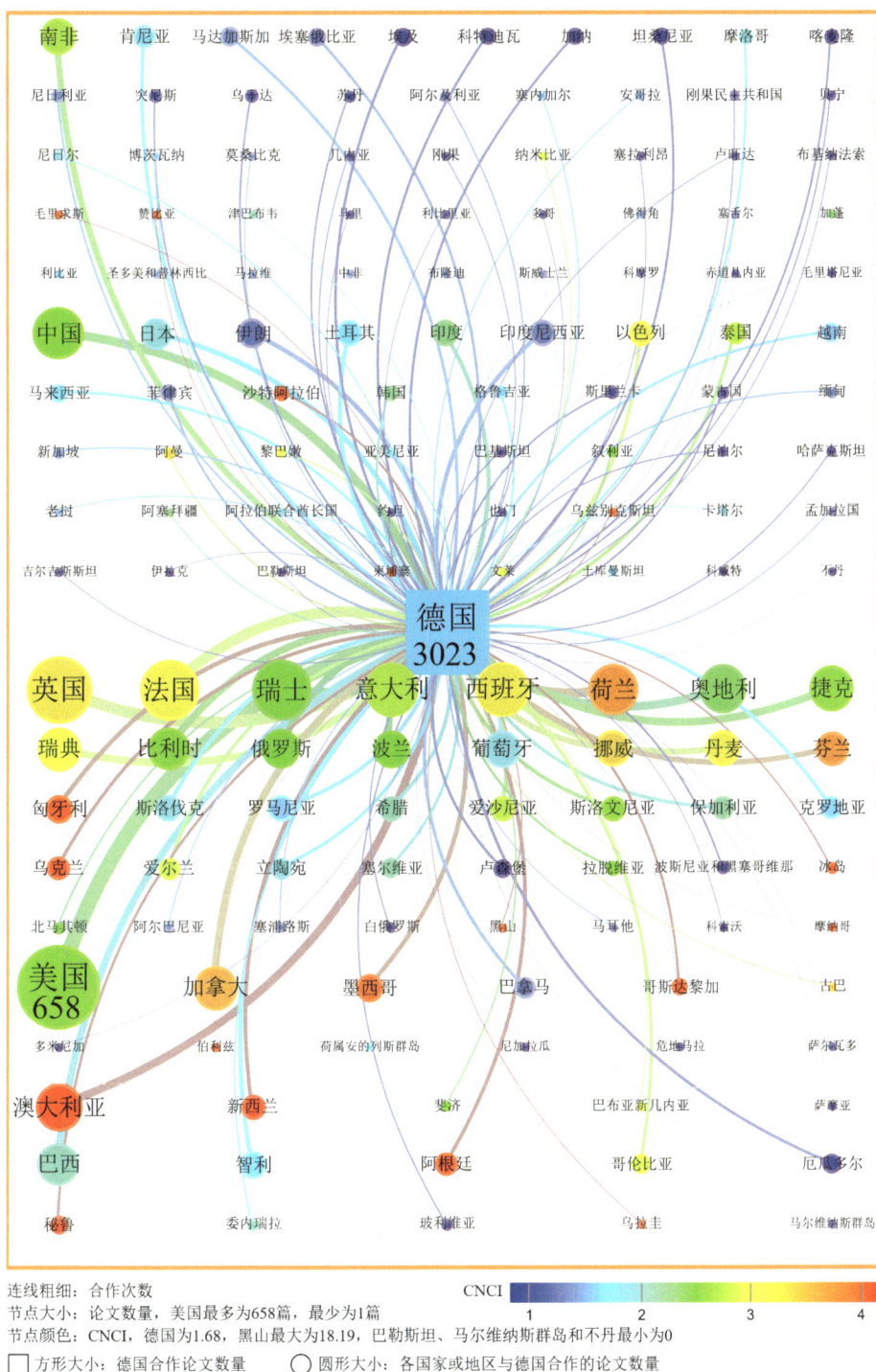

连线粗细: 合作次数
节点大小: 论文数量, 美国最多为658篇, 最少为1篇
节点颜色: CNCI, 德国为1.68, 黑山最大为18.19, 巴勒斯坦、马尔维纳斯群岛和不丹最小为0
□ 方形大小: 德国合作论文数量　○ 圆形大小: 各国家或地区与德国合作的论文数量

图 3-43　植物学与动物学学科德国与全球各国或地区论文合作网络热图

图 3-44 中澳大利亚分别与非洲、亚洲、欧洲、北美洲、大洋洲和南美洲的 28 个、36 个、35 个、16 个、10 个和 11 个，共计 136 个国家或地区进行合作，该图具体可视化了图 3-39 中澳大利亚与各洲合作的国家或地区信息。

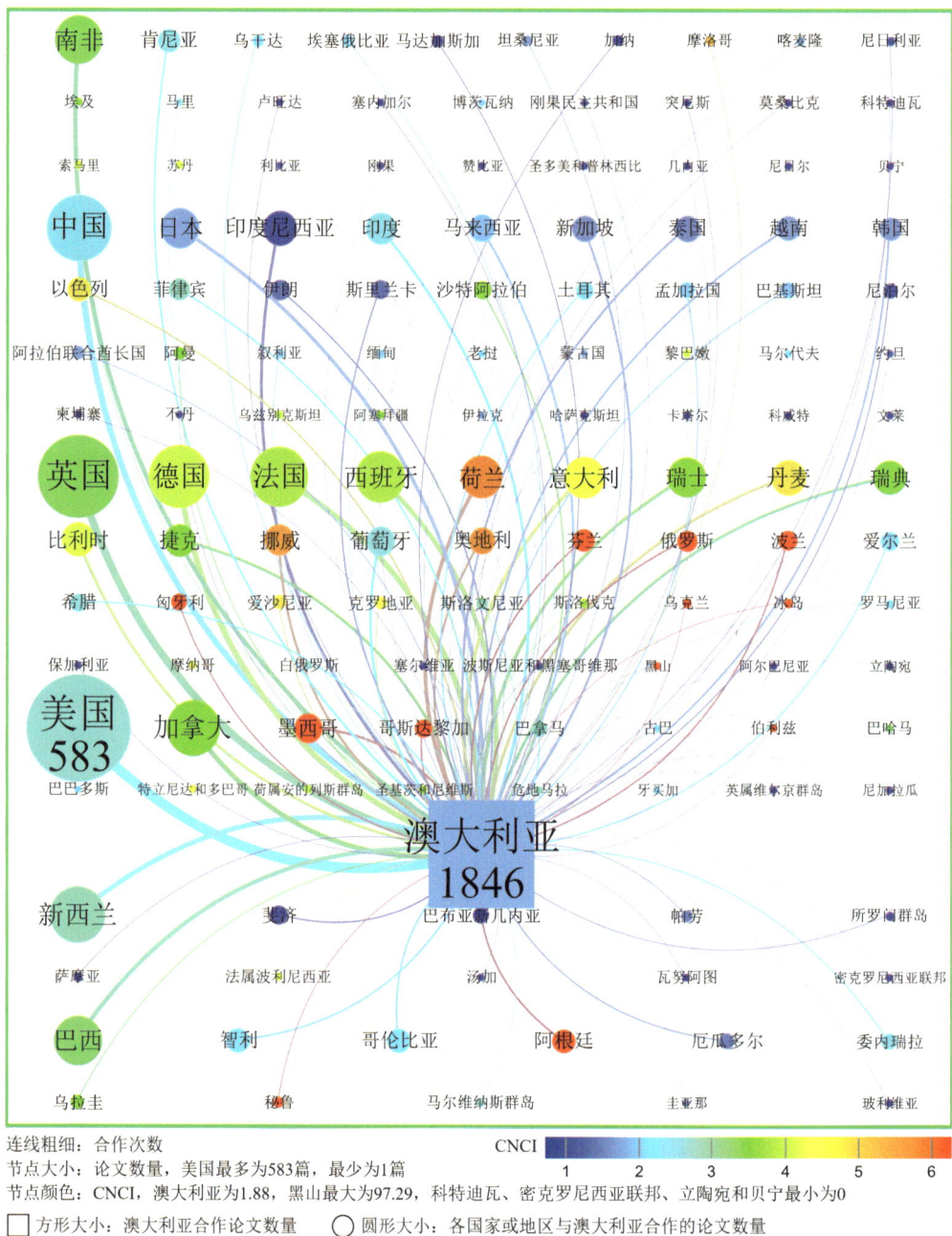

图 3-44　植物学与动物学学科澳大利亚与全球各国或地区论文合作网络热图

图 3-45 中南非分别与非洲、亚洲、欧洲、北美洲、大洋洲和南美洲的 37 个、27 个、34 个、12 个 4 个和 10 个，共计 124 个国家或地区进行合作，该图具体可视化了图 3-39 中南非与各洲合作的国家或地区信息。

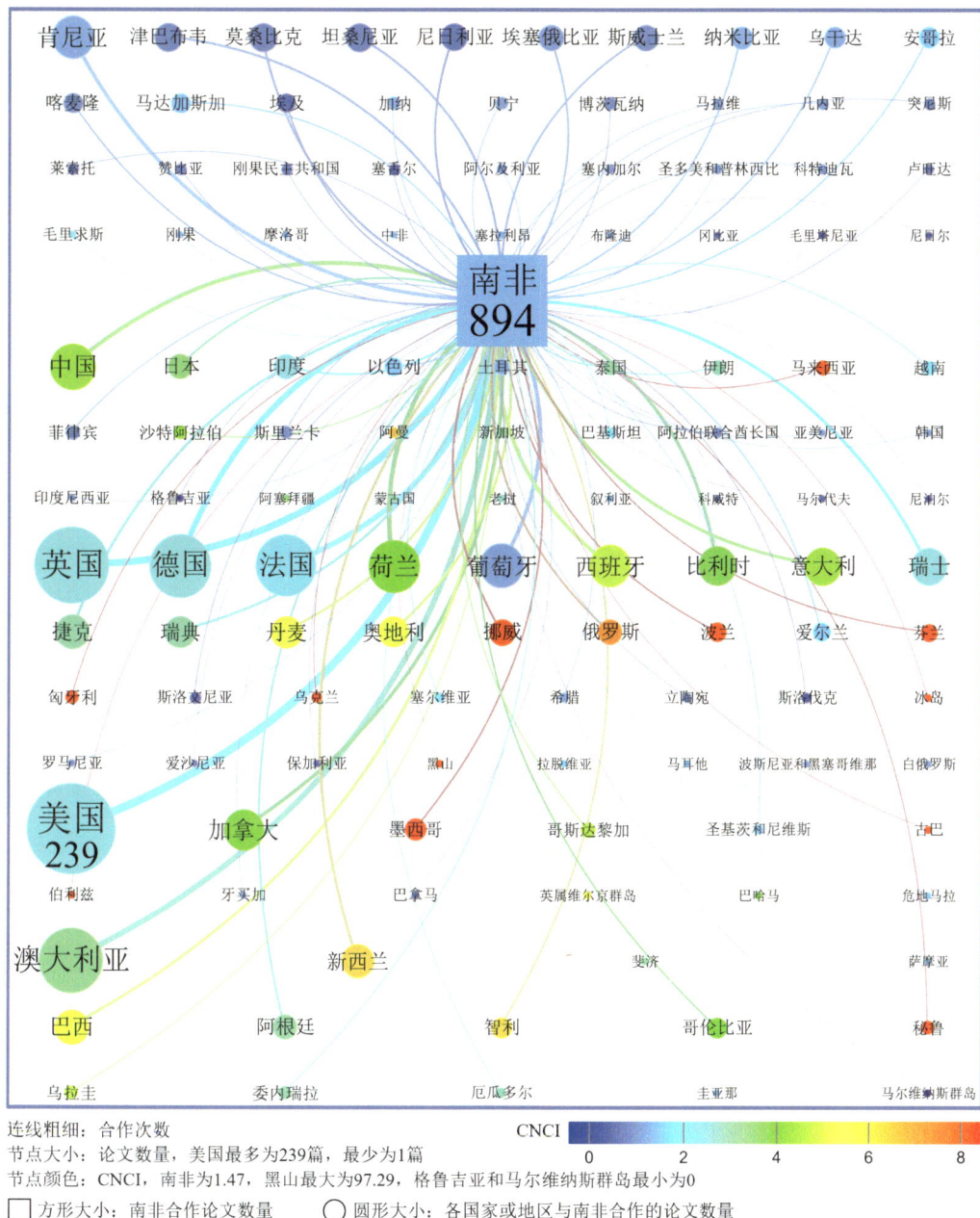

图 3-45　植物学与动物学学科南非与全球各国或地区论文合作网络热图

# 4

# 农业科学生物多样性论文及其
# 合作研究信息可视化

## 4.1 全球农业科学生物多样性论文数量及其质量信息可视化

2003—2022 年间农业学科发表论文 14240 篇，来源于 6 大洲的 167 个国家或地区（图 4-1）。欧洲、亚洲、北美洲、南美洲、非洲和大洋洲 20 年间发文量分别是5839 篇、5423 篇、2753 篇、1787 篇、1278 篇和 672 篇。

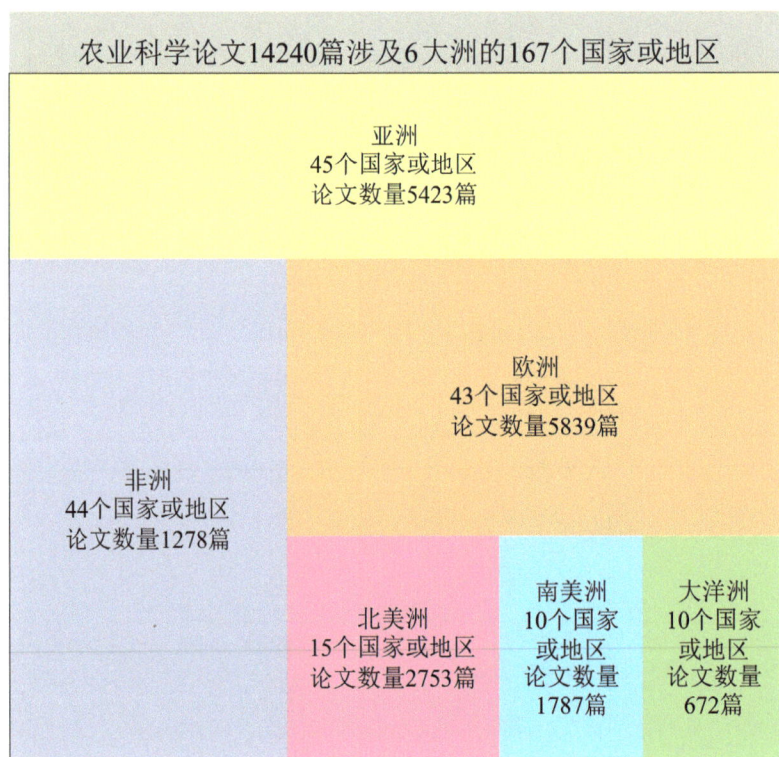

图 4-1　2003—2022 年间发表农业学科生物多样性论文的国家或地区分布

图 4-2 为农业学科在不同时段生物多样性论文涉及的国家或地区数量。5 个时段分别是 2003—2007 年、2008—2012 年、2013—2017 年和 2018—2022 年，以及 2003—2022 年总时段。从图中可以看出，随着时间的推移各洲发表论文涉及的国家数基本都在增加。

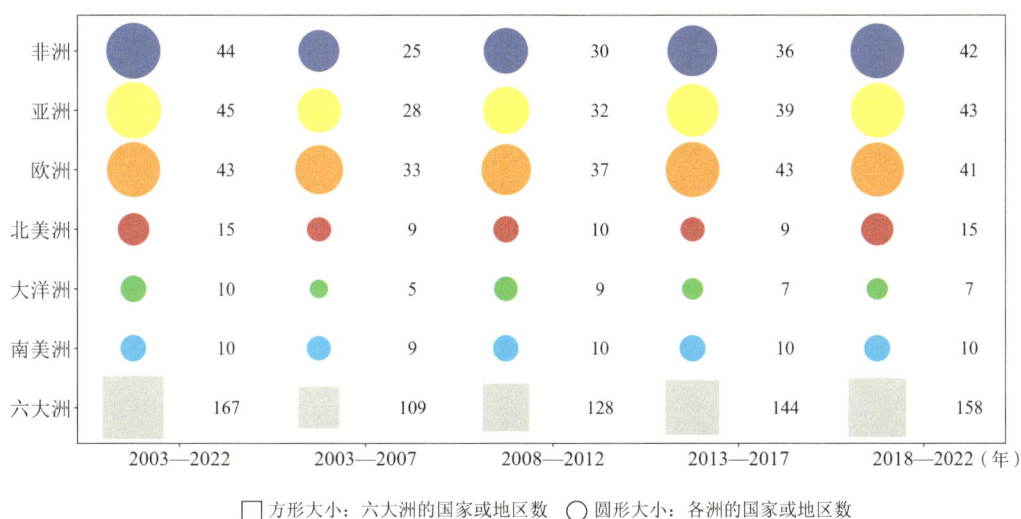

方形大小：六大洲的国家或地区数　　○ 圆形大小：各洲的国家或地区数

图 4-2　农业学科不同时段各洲发表论文的国家或地区数量

使用两种图形来描述农业学科生物多样性论文数量和质量信息的年度分布。图 4-3 重点提供 20 年逐年论文数量、被引次数、引文影响力和 CNCI 的基础数据，数值越大，对应的指标圆圈就越大，空心圆圈为相应指标的最大值或最小值。图 4-4 点线图呈现 4 个指标 20 年间逐年变化的趋势。从图中可以看出发表论文数量基本呈现逐年增加的趋势，2021 年达到最高值，1268 篇。被引次数超过 1.4 万次时段出现在 2009—2012 年间，最高值为 15718 次，出现在 2009 年。引文影响力基本呈现逐年减少趋势，最高值出现在 2003 年，达到 42.0 次 / 篇。CNCI 最高值出现在 2003 年，此后呈现逐年缓慢降低趋势。

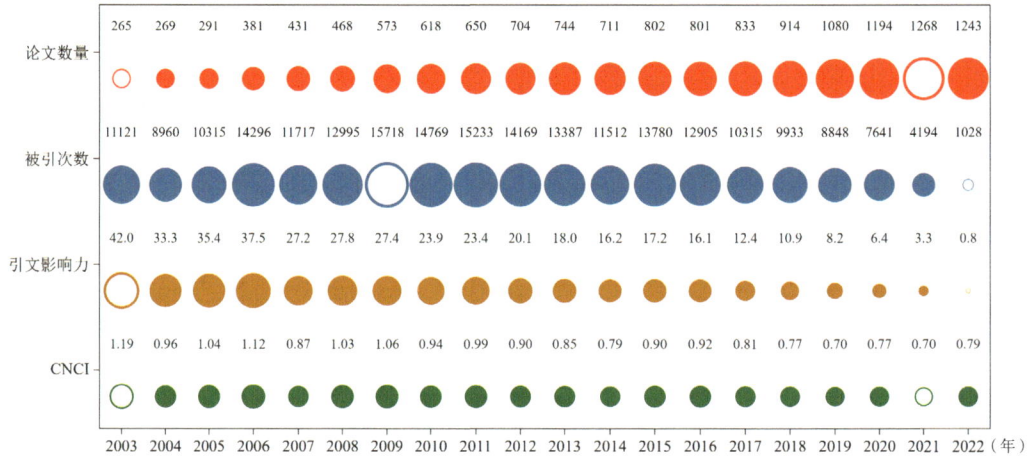

图 4-3　农业学科生物多样性论文的数量及其影响力指标基本信息

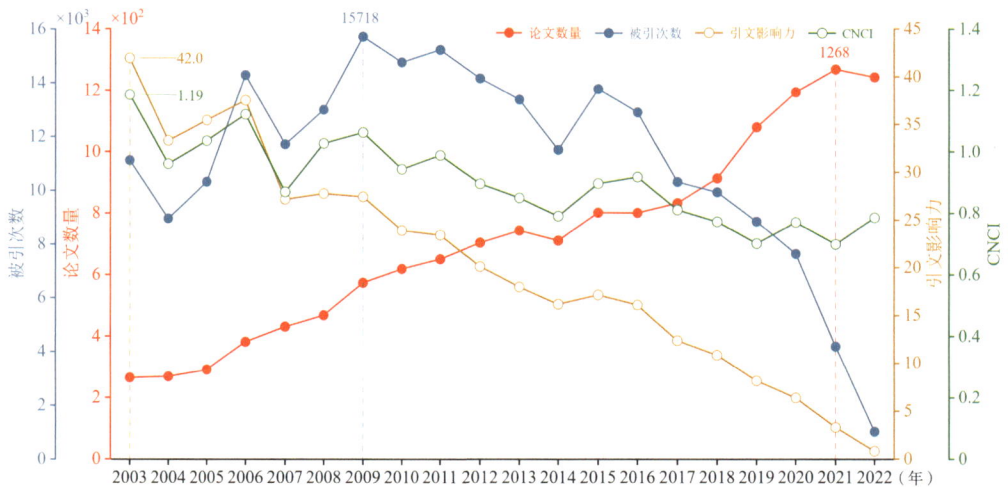

图 4-4　农业学科生物多样性论文数量及其影响力指标的年度变化

　　图 4-5 为不同时段全球国家或地区、高产国家和主要国家独立完成与合作完成的论文数量。图中数据表明从国家层面来看，合作研究比例逐步上升。高产国家和主要国家的发文量占全球发文总量的 90.8% 和 45.6%。

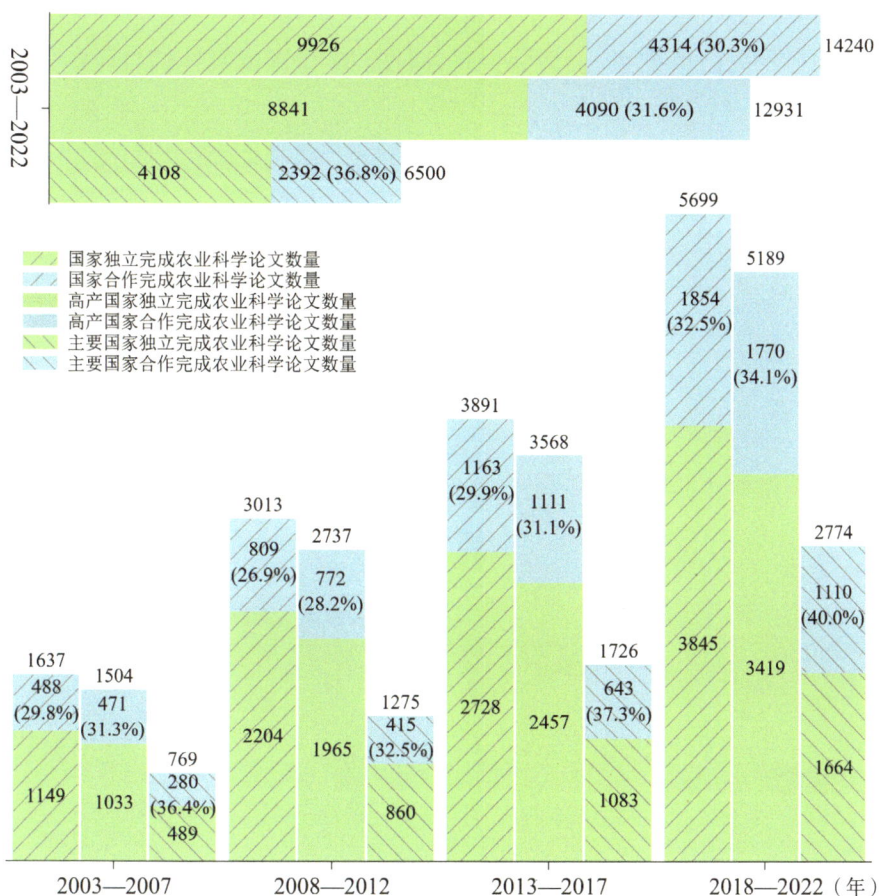

图 4-5　农业学科在不同时段独立与合作论文的数量及合作论文数量百分比

## 4.2　高产国家农业学科生物多样性论文数量及其质量信息可视化

　　图 4-6 表征了高产国家在不同时段发表论文数量多少的排序和 CNCI 的高低，同时反映各个国家论文数量与影响力的变化趋势。图中高产国家共涉及 38 个，其中欧洲国家 18 个，亚洲 7 个，非洲 5 个，北美洲和南美洲各 3 个，大洋洲 2 个。图中数字表示论文数量高低排序，颜色深浅表示所产论文影响力 CNCI 的高低。

　　20 年间论文数量美国排列第一位，中国排列第二位，印度排列第三位。4 个时段排前 10 位的国家基本没有变化（除了澳大利亚 2003—2007 年、2008—2012 年排列第 11 位），但排名序列有所不同。2018—2022 年，中国排列第一。印度除了

2003—2007 年外，其他 4 个时间段都排列第三。荷兰和加拿大的 CNCI 最高都超过了 2.4（图中显示为白色数字）。后面会对各时段 30 个国家具体信息详细分析。

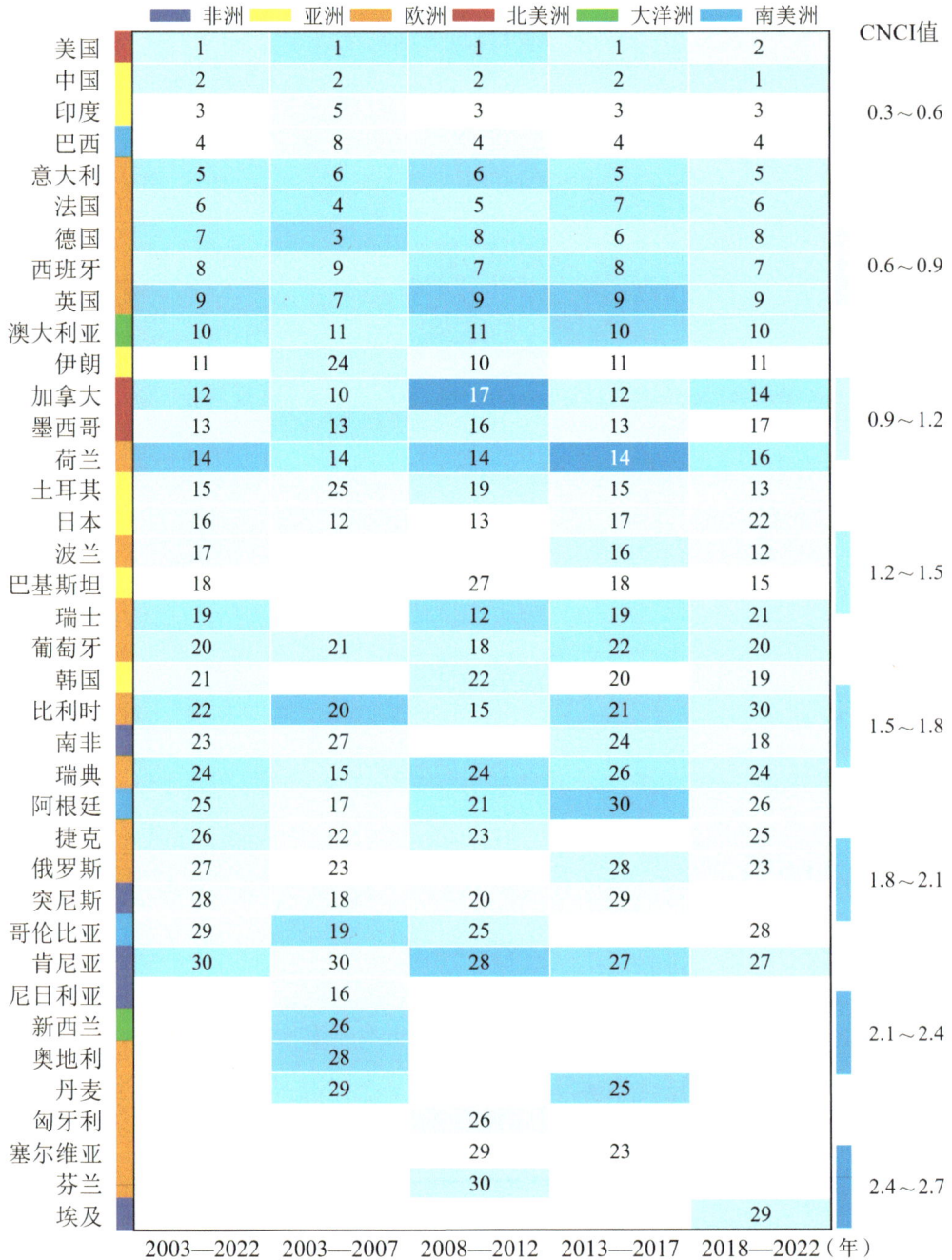

| 国家 | 2003—2022 | 2003—2007 | 2008—2012 | 2013—2017 | 2018—2022 |
|---|---|---|---|---|---|
| 美国 | 1 | 1 | 1 | 1 | 2 |
| 中国 | 2 | 2 | 2 | 2 | 1 |
| 印度 | 3 | 5 | 3 | 3 | 3 |
| 巴西 | 4 | 8 | 4 | 4 | 4 |
| 意大利 | 5 | 6 | 6 | 5 | 5 |
| 法国 | 6 | 4 | 5 | 7 | 6 |
| 德国 | 7 | 3 | 8 | 6 | 8 |
| 西班牙 | 8 | 9 | 7 | 8 | 7 |
| 英国 | 9 | 7 | 9 | 9 | 9 |
| 澳大利亚 | 10 | 11 | 11 | 10 | 10 |
| 伊朗 | 11 | 24 | 10 | 11 | 11 |
| 加拿大 | 12 | 10 | 17 | 12 | 14 |
| 墨西哥 | 13 | 13 | 16 | 13 | 17 |
| 荷兰 | 14 | 14 | 14 | 14 | 16 |
| 土耳其 | 15 | 25 | 19 | 15 | 13 |
| 日本 | 16 | 12 | 13 | 17 | 22 |
| 波兰 | 17 | | | 16 | 12 |
| 巴基斯坦 | 18 | | 27 | 18 | 15 |
| 瑞士 | 19 | | 12 | 19 | 21 |
| 葡萄牙 | 20 | 21 | 18 | 22 | 20 |
| 韩国 | 21 | | 22 | 20 | 19 |
| 比利时 | 22 | 20 | 15 | 21 | 30 |
| 南非 | 23 | 27 | | 24 | 18 |
| 瑞典 | 24 | 15 | 24 | 26 | 24 |
| 阿根廷 | 25 | 17 | 21 | 30 | 26 |
| 捷克 | 26 | 22 | 23 | | 25 |
| 俄罗斯 | 27 | 23 | | 28 | 23 |
| 突尼斯 | 28 | 18 | 20 | 29 | |
| 哥伦比亚 | 29 | 19 | 25 | | 28 |
| 肯尼亚 | 30 | 30 | 28 | 27 | 27 |
| 尼日利亚 | | 16 | | | |
| 新西兰 | | 26 | | | |
| 奥地利 | | 28 | | | |
| 丹麦 | | 29 | | 25 | |
| 匈牙利 | | | 26 | | |
| 塞尔维亚 | | | 29 | 23 | |
| 芬兰 | | | 30 | | |
| 埃及 | | | | | 29 |

图例：非洲　亚洲　欧洲　北美洲　大洋洲　南美洲

CNCI 值：0.3～0.6　0.6～0.9　0.9～1.2　1.2～1.5　1.5～1.8　1.8～2.1　2.1～2.4　2.4～2.7

图 4-6　农业学科在不同时段高产国家论文数量位次变化及其 CNCI 热图

## 4.2.1　2003—2022 年高产国家论文数量及其质量信息可视化

　　20 年间 30 个高产国家共发表论文 12931 篇，占全球论文总数量的 90.8%。该时段农业学科高产国家论文数量及其和影响力指标基本信息图 4-7。30 个高产国家包

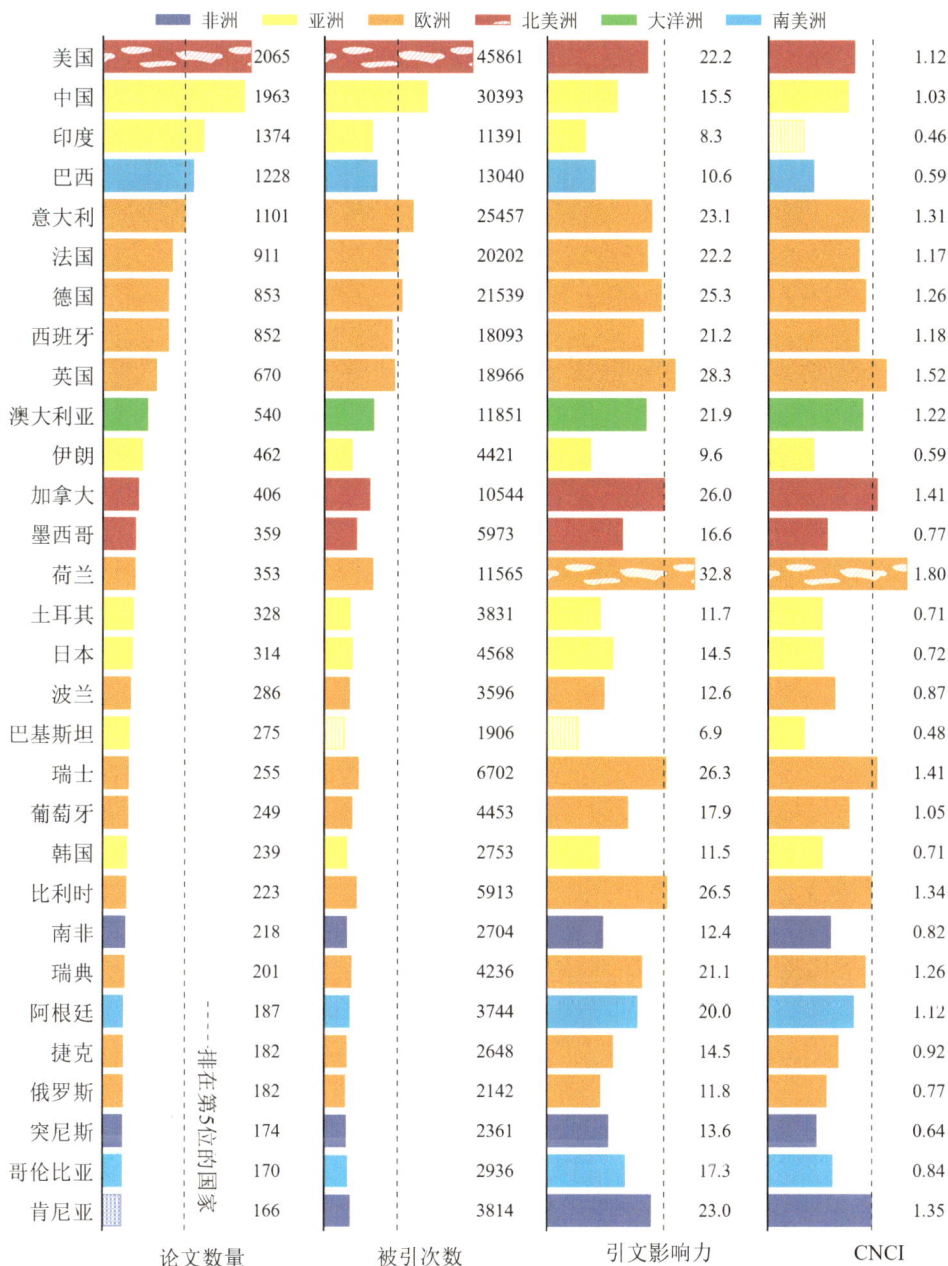

| 国家 | 论文数量 | 被引次数 | 引文影响力 | CNCI |
|---|---|---|---|---|
| 美国 | 2065 | 45861 | 22.2 | 1.12 |
| 中国 | 1963 | 30393 | 15.5 | 1.03 |
| 印度 | 1374 | 11391 | 8.3 | 0.46 |
| 巴西 | 1228 | 13040 | 10.6 | 0.59 |
| 意大利 | 1101 | 25457 | 23.1 | 1.31 |
| 法国 | 911 | 20202 | 22.2 | 1.17 |
| 德国 | 853 | 21539 | 25.3 | 1.26 |
| 西班牙 | 852 | 18093 | 21.2 | 1.18 |
| 英国 | 670 | 18966 | 28.3 | 1.52 |
| 澳大利亚 | 540 | 11851 | 21.9 | 1.22 |
| 伊朗 | 462 | 4421 | 9.6 | 0.59 |
| 加拿大 | 406 | 10544 | 26.0 | 1.41 |
| 墨西哥 | 359 | 5973 | 16.6 | 0.77 |
| 荷兰 | 353 | 11565 | 32.8 | 1.80 |
| 土耳其 | 328 | 3831 | 11.7 | 0.71 |
| 日本 | 314 | 4568 | 14.5 | 0.72 |
| 波兰 | 286 | 3596 | 12.6 | 0.87 |
| 巴基斯坦 | 275 | 1906 | 6.9 | 0.48 |
| 瑞士 | 255 | 6702 | 26.3 | 1.41 |
| 葡萄牙 | 249 | 4453 | 17.9 | 1.05 |
| 韩国 | 239 | 2753 | 11.5 | 0.71 |
| 比利时 | 223 | 5913 | 26.5 | 1.34 |
| 南非 | 218 | 2704 | 12.4 | 0.82 |
| 瑞典 | 201 | 4236 | 21.1 | 1.26 |
| 阿根廷 | 187 | 3744 | 20.0 | 1.12 |
| 捷克 | 182 | 2648 | 14.5 | 0.92 |
| 俄罗斯 | 182 | 2142 | 11.8 | 0.77 |
| 突尼斯 | 174 | 2361 | 13.6 | 0.64 |
| 哥伦比亚 | 170 | 2936 | 17.3 | 0.84 |
| 肯尼亚 | 166 | 3814 | 23.0 | 1.35 |

图 4-7　农业学科高产国家论文数量及其和影响力指标基本信息

括欧洲国家 13 个，亚洲 7 个，北美洲、南美洲和非洲各 3 个，大洋洲 1 个，各洲使用不同的颜色进行区分。最大值和最小值用特殊图案进行了标注，虚线为各指标由大到小排列第 5 的数值线，4 个指标排列第 5 的标签使用与洲相同的颜色进行标注。各国发表论文数量在 166~2065 篇之间。美国论文数量 2065 篇和被引次数 45861 次排列第一，中国排列第二。引文影响力排列前 5 位的是荷兰 32.8、英国 28.3、比利时 26.5、瑞士 26.3 和加拿大 26.0。引文影响力最低的国家是巴基斯坦 6.9。CNCI 超过 1 的国家 16 个，排在前 5 国家包括荷兰 1.80、英国 1.52、瑞士和加拿大 1.41、肯尼亚 1.35。CNCI 最低的国家是印度 0.48。美国的引文影响力和 CNCI 分别是 22.2 和 1.12。中国的引文影响力和 CNCI 分别是 15.5 和 1.03。

图 4-8 为 2003—2022 年间 30 个高产国家及其所属区域信息、论文数量、被引次数、引文影响力和 CNCI 的变化比较。横坐标从左到右，按国家的论文数量由大到小排序。同时标注了论文数量排第 2 位的国家，引文影响力和 CNCI 的最高数值用虚线与横坐标对应的国家链接。美国的论文数量和被引次数排列第一；荷兰的引文影响力和 CNCI 排列第一。

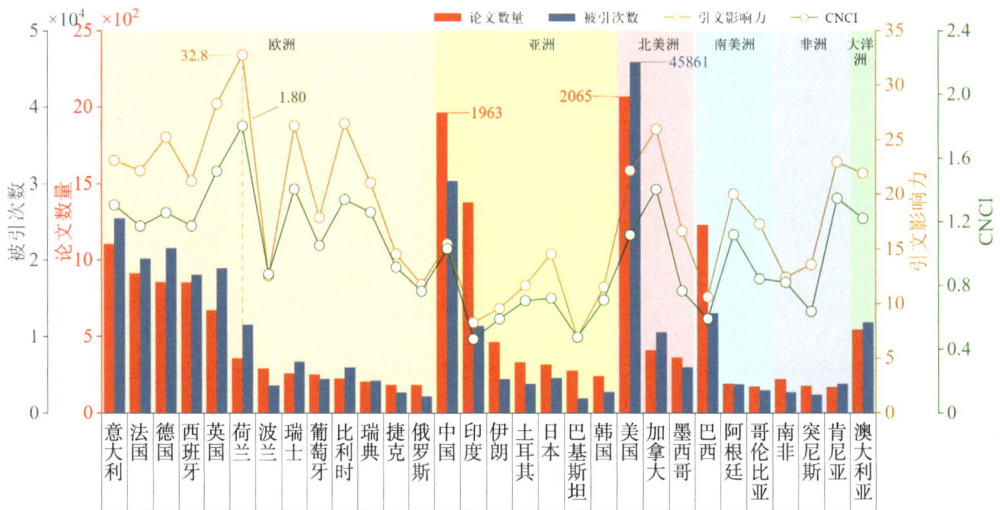

图 4-8　农业学科高产国家的分布及其论文数量和影响力指标变化

高产国家的论文数量、合作论文数量百分比及其 CNCI 见图 4-9。图由三部分构成，左侧显示各国独立和合作论文数量，排序按照各国合作论文数量由大到小排列。中央数字和圆圈大小代表各国合作论文数量占其总论文数量的百分比。右侧蓝色与红色字体分别代表独立与合作论文的 CNCI。有 19 个国家的合作论文数量占比超过 50%。肯尼亚合作论文数量最多，占比为 89.8%。印度合作论文数量占比最少为 13.3%。美国和中国合作论文数量占比分别是 52.8% 和 33.2%。各国合作论文的 CNCI 都大于独立论文的该值，合作论文的 CNCI 大于 1 的国家 22 个。独立论文的 CNCI 大于 1 的国家 10 个，包括比利时、葡萄牙、瑞典、加拿大、荷兰、澳大利亚、西班牙、英国、意大利和德国，比利时独立论文的 CNCI 最高为 1.28。

2003—2022 年间农业学科生物多样性论文 12931 篇，其中独立 8841 篇，合作 4090 篇，合作论文占比 31.6%。高产国家独立与合作论文数量比例及其合作网络见图 4-10。图中 30 个国家按照所属洲不同顺时针排列，用 6 种不同颜色区分；同一洲内的国家再按论文数量由大到小顺时针排列，圆圈大小代表论文数量，圆圈越大代表该国发表论文数量越多。

美国圆圈最大，论文数量为 2065 篇，肯尼亚饼的圆圈最小，论文数量为 166 篇。红色圆圈为该国合作论文数量小于独立论文数量，蓝色为该国合作论文数量大于独立论文数量。图中 19 个国家的合作论文数量大于独立论文数量。连线表明两个国家间有合作关系，图中有 399 条连线，但不同国家间合作次数差异很大。合作次数不同，用不同颜色表征。美国和中国的连线合作次数多达 205 次，用红色连线。合作次数最少为 1 次，用蓝色连线，共有 38 条。合作次数介于两者之间的用灰色连线。

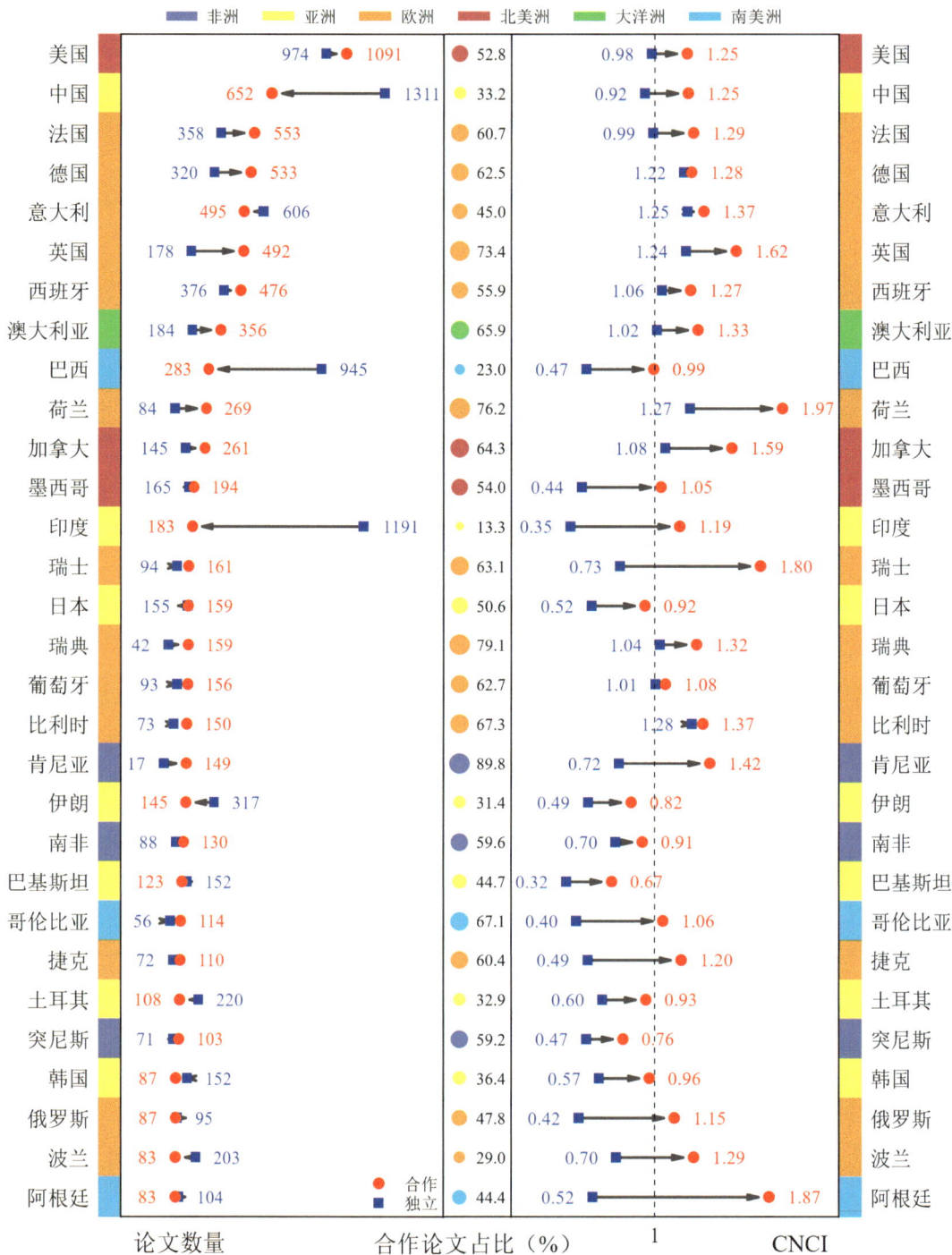

| 图例 | | | | | |
|---|---|---|---|---|---|
| 非洲 | 亚洲 | 欧洲 | 北美洲 | 大洋洲 | 南美洲 |

| 国家 | 论文数量 | 合作论文占比（%） | CNCI | 国家 |
|---|---|---|---|---|
| 美国 | 974 → 1091 | 52.8 | 0.98 → 1.25 | 美国 |
| 中国 | 652 ← 1311 | 33.2 | 0.92 → 1.25 | 中国 |
| 法国 | 358 → 553 | 60.7 | 0.99 → 1.29 | 法国 |
| 德国 | 320 → 533 | 62.5 | 1.22 → 1.28 | 德国 |
| 意大利 | 495 • 606 | 45.0 | 1.25 → 1.37 | 意大利 |
| 英国 | 178 → 492 | 73.4 | 1.24 → 1.62 | 英国 |
| 西班牙 | 376 → 476 | 55.9 | 1.06 → 1.27 | 西班牙 |
| 澳大利亚 | 184 → 356 | 65.9 | 1.02 → 1.33 | 澳大利亚 |
| 巴西 | 283 ← 945 | 23.0 | 0.47 → 0.99 | 巴西 |
| 荷兰 | 84 → 269 | 76.2 | 1.27 → 1.97 | 荷兰 |
| 加拿大 | 145 • 261 | 64.3 | 1.08 → 1.59 | 加拿大 |
| 墨西哥 | 165 • 194 | 54.0 | 0.44 → 1.05 | 墨西哥 |
| 印度 | 183 ← 1191 | 13.3 | 0.35 → 1.19 | 印度 |
| 瑞士 | 94 • 161 | 63.1 | 0.73 → 1.80 | 瑞士 |
| 日本 | 155 • 159 | 50.6 | 0.52 → 0.92 | 日本 |
| 瑞典 | 42 → 159 | 79.1 | 1.04 → 1.32 | 瑞典 |
| 葡萄牙 | 93 • 156 | 62.7 | 1.01 → 1.08 | 葡萄牙 |
| 比利时 | 73 • 150 | 67.3 | 1.28 → 1.37 | 比利时 |
| 肯尼亚 | 17 → 149 | 89.8 | 0.72 → 1.42 | 肯尼亚 |
| 伊朗 | 145 ← 317 | 31.4 | 0.49 → 0.82 | 伊朗 |
| 南非 | 88 • 130 | 59.6 | 0.70 → 0.91 | 南非 |
| 巴基斯坦 | 123 • 152 | 44.7 | 0.32 → 0.67 | 巴基斯坦 |
| 哥伦比亚 | 56 • 114 | 67.1 | 0.40 → 1.06 | 哥伦比亚 |
| 捷克 | 72 • 110 | 60.4 | 0.49 → 1.20 | 捷克 |
| 土耳其 | 108 • 220 | 32.9 | 0.60 → 0.93 | 土耳其 |
| 突尼斯 | 71 • 103 | 59.2 | 0.47 → 0.76 | 突尼斯 |
| 韩国 | 87 • 152 | 36.4 | 0.57 → 0.96 | 韩国 |
| 俄罗斯 | 87 • 95 | 47.8 | 0.42 → 1.15 | 俄罗斯 |
| 波兰 | 83 • 203 | 29.0 | 0.70 → 1.29 | 波兰 |
| 阿根廷 | 83 • 104 | 44.4 | 0.52 → 1.87 | 阿根廷 |

图 4-9　农业科学高产国家的论文数量及其 CNCI 与合作论文数量百分比

116

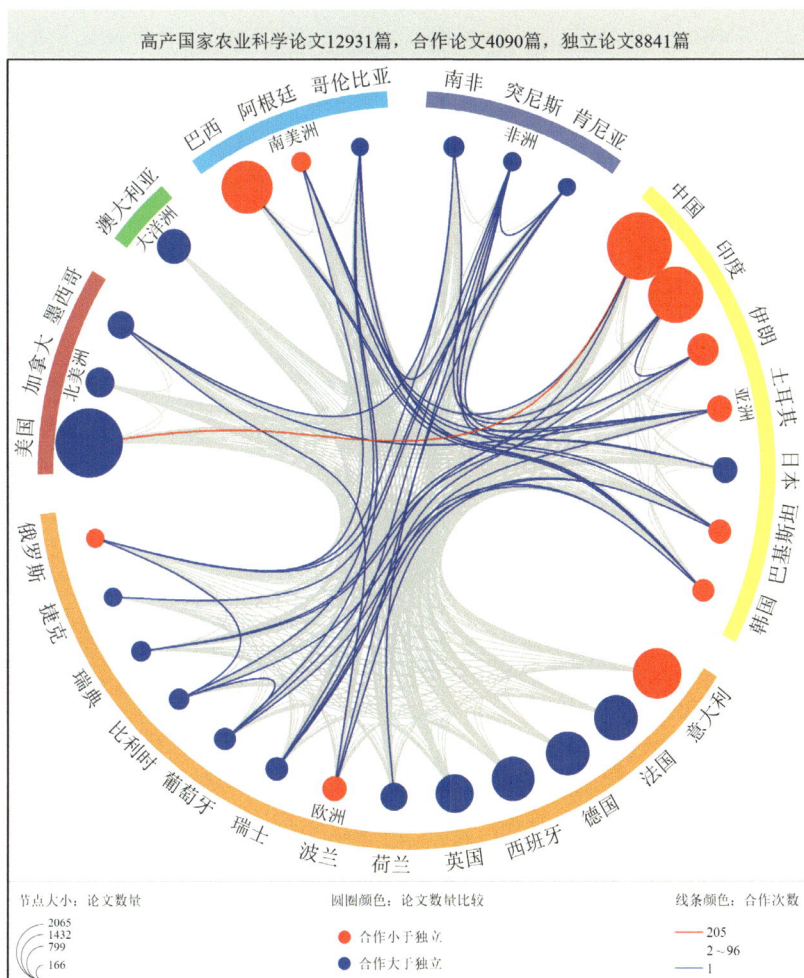

图 4-10　高产国家独立与合作论文数量比例及其合作网络

图 4-11 为不同时段高产国家论文数量及其相应时段占本国总论文数百分比。图 4-12 为不同时段高产国家论文数量及其占相应时段全球论文数量百分比。图 4-11 和图 4-12 左侧一列代表 30 个国家的名称及其所在洲，最下行表示不同时段，图中颜色深浅代表论文数量和百分比。图 4-11 第一列为高产国家论文总量，其他 4 列为不同时段论文量以及论文量占本国论文总量百分比。2018—2022 年时段论文量占比达到和超过 50% 的国家有 4 个，分别是中国 50.9%、巴基斯坦 54.2%、波兰 56.3% 和南非 53.7%。高产国家不同时段论文量占相应时段全球论文数量百分比见图 4-12。20 年间美国、中国和印度的论文量分别占到全球论文总量的 14.50%、13.79% 和 9.65%，位居前三位。肯尼亚的论文量占全球论文量的 1.17%，位居第 30 位。

| | 2003—2022 | 2003—2007 | 2008—2012 | 2013—2017 | 2018—2022 (年) |
|---|---|---|---|---|---|
| 美国 | 2065 | 367 (17.8%) | 393 (19.0%) | 518 (25.1%) | 787 (38.1%) |
| 中国 | 1963 | 138 (7.0%) | 332 (16.9%) | 495 (25.2%) | 998 (50.9%) |
| 印度 | 1374 | 118 (8.6%) | 309 (22.5%) | 417 (30.3%) | 530 (38.6%) |
| 巴西 | 1228 | 94 (7.6%) | 288 (23.5%) | 356 (29.0%) | 490 (39.9%) |
| 意大利 | 1101 | 116 (10.5%) | 206 (18.7%) | 326 (29.6%) | 453 (41.2%) |
| 法国 | 911 | 123 (13.5%) | 220 (24.1%) | 235 (25.8%) | 333 (36.6%) |
| 德国 | 853 | 133 (15.6%) | 161 (18.9%) | 239 (28.0%) | 320 (37.5%) |
| 西班牙 | 852 | 93 (10.9%) | 191 (22.4%) | 235 (27.6%) | 333 (39.1%) |
| 英国 | 670 | 113 (16.9%) | 113 (16.9%) | 157 (23.4%) | 287 (42.8%) |
| 澳大利亚 | 540 | 75 (13.9%) | 90 (16.7%) | 138 (25.5%) | 237 (43.9%) |
| 伊朗 | 462 | 19 (4.1%) | 110 (23.8%) | 128 (27.7%) | 205 (44.4%) |
| 加拿大 | 406 | 76 (18.7%) | 65 (16.0%) | 107 (26.4%) | 158 (38.9%) |
| 墨西哥 | 359 | 54 (15.0%) | 66 (18.4%) | 104 (29.0%) | 135 (37.6%) |
| 荷兰 | 353 | 50 (14.2%) | 69 (19.5%) | 92 (26.1%) | 142 (40.2%) |
| 土耳其 | 328 | 19 (5.8%) | 58 (17.7%) | 92 (28.0%) | 159 (48.5%) |
| 日本 | 314 | 62 (19.7%) | 71 (22.6%) | 87 (27.7%) | 94 (30.0%) |
| 波兰 | 286 | 12 (4.2%) | 22 (7.7%) | 91 (31.8%) | 161 (56.3%) |
| 巴基斯坦 | 275 | 11 (4.0%) | 32 (11.6%) | 83 (30.2%) | 149 (54.2%) |
| 瑞士 | 255 | 13 (5.1%) | 73 (28.6%) | 74 (29.0%) | 95 (37.3%) |
| 葡萄牙 | 249 | 20 (8.0%) | 62 (24.9%) | 67 (26.9%) | 100 (40.2%) |
| 韩国 | 239 | 17 (7.1%) | 41 (17.2%) | 70 (29.3%) | 111 (46.4%) |
| 比利时 | 223 | 20 (9.0%) | 67 (30.0%) | 68 (30.5%) | 68 (30.5%) |
| 南非 | 218 | 18 (8.2%) | 25 (11.5%) | 58 (26.6%) | 117 (53.7%) |
| 瑞典 | 201 | 23 (11.4%) | 39 (19.4%) | 52 (25.9%) | 87 (43.3%) |
| 阿根廷 | 187 | 23 (12.3%) | 42 (22.5%) | 44 (23.5%) | 78 (41.7%) |
| 捷克 | 182 | 20 (11.0%) | 41 (22.5%) | 35 (19.2%) | 86 (47.3%) |
| 俄罗斯 | 182 | 20 (11.0%) | 26 (14.3%) | 46 (25.3%) | 90 (49.4%) |
| 突尼斯 | 174 | 22 (12.6%) | 52 (29.9%) | 45 (25.9%) | 55 (31.6%) |
| 哥伦比亚 | 170 | 21 (12.4%) | 35 (20.6%) | 41 (24.1%) | 73 (42.9%) |
| 肯尼亚 | 166 | 17 (10.2%) | 28 (16.9%) | 46 (27.7%) | 75 (45.2%) |

填充颜色：论文数量　0~50　50~100　100~200　> 200

图 4-11　农业学科在不同时段高产国家论文数量及其所占本国论文总数百分比

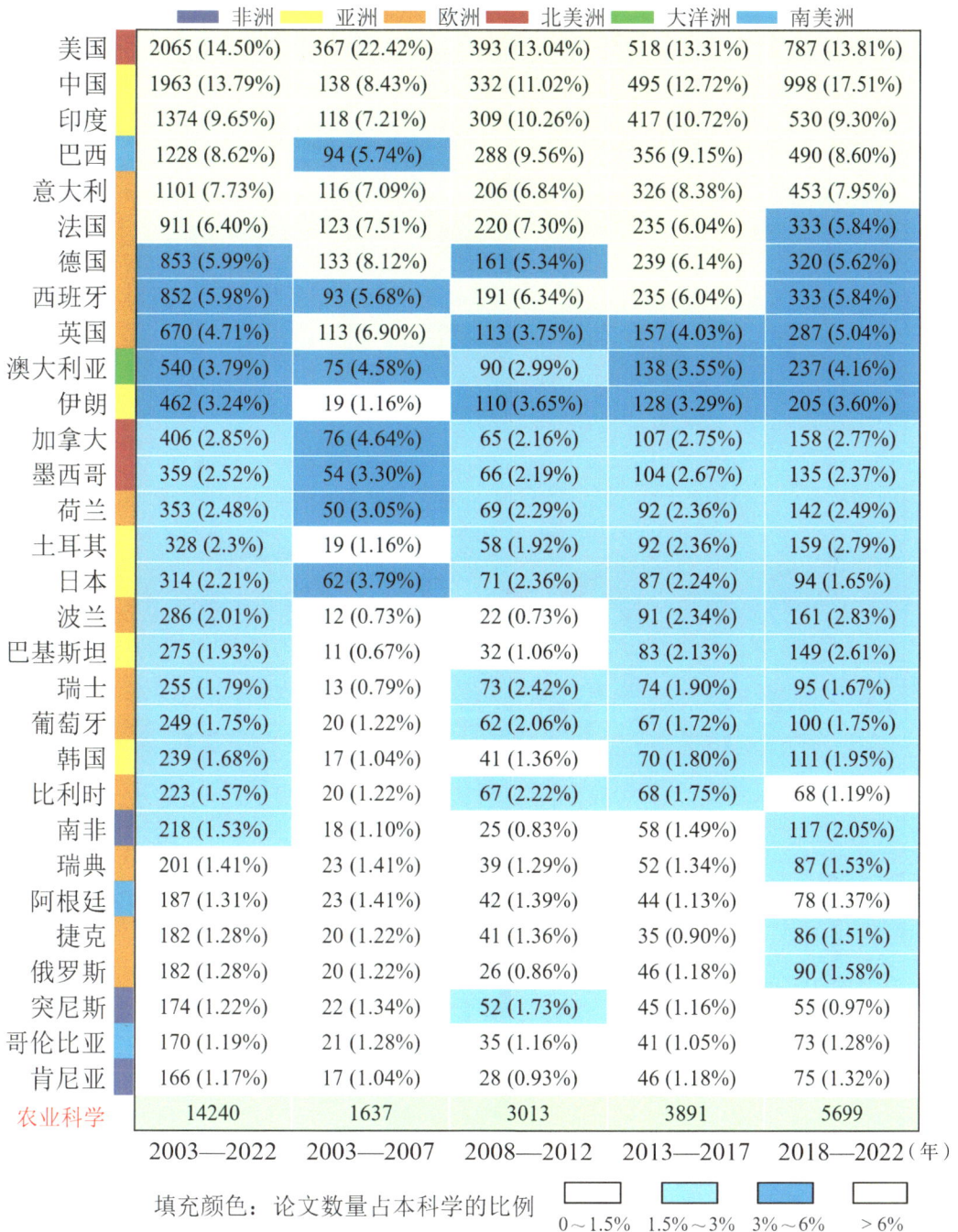

| | 非洲 | 亚洲 | 欧洲 | 北美洲 | 大洋洲 | 南美洲 |
|---|---|---|---|---|---|---|

| 国家 | 2003—2022 | 2003—2007 | 2008—2012 | 2013—2017 | 2018—2022 |
|---|---|---|---|---|---|
| 美国 | 2065 (14.50%) | 367 (22.42%) | 393 (13.04%) | 518 (13.31%) | 787 (13.81%) |
| 中国 | 1963 (13.79%) | 138 (8.43%) | 332 (11.02%) | 495 (12.72%) | 998 (17.51%) |
| 印度 | 1374 (9.65%) | 118 (7.21%) | 309 (10.26%) | 417 (10.72%) | 530 (9.30%) |
| 巴西 | 1228 (8.62%) | 94 (5.74%) | 288 (9.56%) | 356 (9.15%) | 490 (8.60%) |
| 意大利 | 1101 (7.73%) | 116 (7.09%) | 206 (6.84%) | 326 (8.38%) | 453 (7.95%) |
| 法国 | 911 (6.40%) | 123 (7.51%) | 220 (7.30%) | 235 (6.04%) | 333 (5.84%) |
| 德国 | 853 (5.99%) | 133 (8.12%) | 161 (5.34%) | 239 (6.14%) | 320 (5.62%) |
| 西班牙 | 852 (5.98%) | 93 (5.68%) | 191 (6.34%) | 235 (6.04%) | 333 (5.84%) |
| 英国 | 670 (4.71%) | 113 (6.90%) | 113 (3.75%) | 157 (4.03%) | 287 (5.04%) |
| 澳大利亚 | 540 (3.79%) | 75 (4.58%) | 90 (2.99%) | 138 (3.55%) | 237 (4.16%) |
| 伊朗 | 462 (3.24%) | 19 (1.16%) | 110 (3.65%) | 128 (3.29%) | 205 (3.60%) |
| 加拿大 | 406 (2.85%) | 76 (4.64%) | 65 (2.16%) | 107 (2.75%) | 158 (2.77%) |
| 墨西哥 | 359 (2.52%) | 54 (3.30%) | 66 (2.19%) | 104 (2.67%) | 135 (2.37%) |
| 荷兰 | 353 (2.48%) | 50 (3.05%) | 69 (2.29%) | 92 (2.36%) | 142 (2.49%) |
| 土耳其 | 328 (2.3%) | 19 (1.16%) | 58 (1.92%) | 92 (2.36%) | 159 (2.79%) |
| 日本 | 314 (2.21%) | 62 (3.79%) | 71 (2.36%) | 87 (2.24%) | 94 (1.65%) |
| 波兰 | 286 (2.01%) | 12 (0.73%) | 22 (0.73%) | 91 (2.34%) | 161 (2.83%) |
| 巴基斯坦 | 275 (1.93%) | 11 (0.67%) | 32 (1.06%) | 83 (2.13%) | 149 (2.61%) |
| 瑞士 | 255 (1.79%) | 13 (0.79%) | 73 (2.42%) | 74 (1.90%) | 95 (1.67%) |
| 葡萄牙 | 249 (1.75%) | 20 (1.22%) | 62 (2.06%) | 67 (1.72%) | 100 (1.75%) |
| 韩国 | 239 (1.68%) | 17 (1.04%) | 41 (1.36%) | 70 (1.80%) | 111 (1.95%) |
| 比利时 | 223 (1.57%) | 20 (1.22%) | 67 (2.22%) | 68 (1.75%) | 68 (1.19%) |
| 南非 | 218 (1.53%) | 18 (1.10%) | 25 (0.83%) | 58 (1.49%) | 117 (2.05%) |
| 瑞典 | 201 (1.41%) | 23 (1.41%) | 39 (1.29%) | 52 (1.34%) | 87 (1.53%) |
| 阿根廷 | 187 (1.31%) | 23 (1.41%) | 42 (1.39%) | 44 (1.13%) | 78 (1.37%) |
| 捷克 | 182 (1.28%) | 20 (1.22%) | 41 (1.36%) | 35 (0.90%) | 86 (1.51%) |
| 俄罗斯 | 182 (1.28%) | 20 (1.22%) | 26 (0.86%) | 46 (1.18%) | 90 (1.58%) |
| 突尼斯 | 174 (1.22%) | 22 (1.34%) | 52 (1.73%) | 45 (1.16%) | 55 (0.97%) |
| 哥伦比亚 | 170 (1.19%) | 21 (1.28%) | 35 (1.16%) | 41 (1.05%) | 73 (1.28%) |
| 肯尼亚 | 166 (1.17%) | 17 (1.04%) | 28 (0.93%) | 46 (1.18%) | 75 (1.32%) |
| 农业科学 | 14240 | 1637 | 3013 | 3891 | 5699 |
| | 2003—2022 | 2003—2007 | 2008—2012 | 2013—2017 | 2018—2022 (年) |

填充颜色：论文数量占本科学的比例    0～1.5%　1.5%～3%　3%～6%　＞6%

图 4-12　高产国家在不同时段论文数量及其占相应时段全球论文数量百分比

图 4-13 为高产国家论文数占本国论文总数百分比（饼图）及占全球论文总数百分比（柱状图），饼图和柱状图中相同时间段使用相同颜色表征，饼图可视化图 4-11 的数据，柱状图可视化图 4-12 的数据。

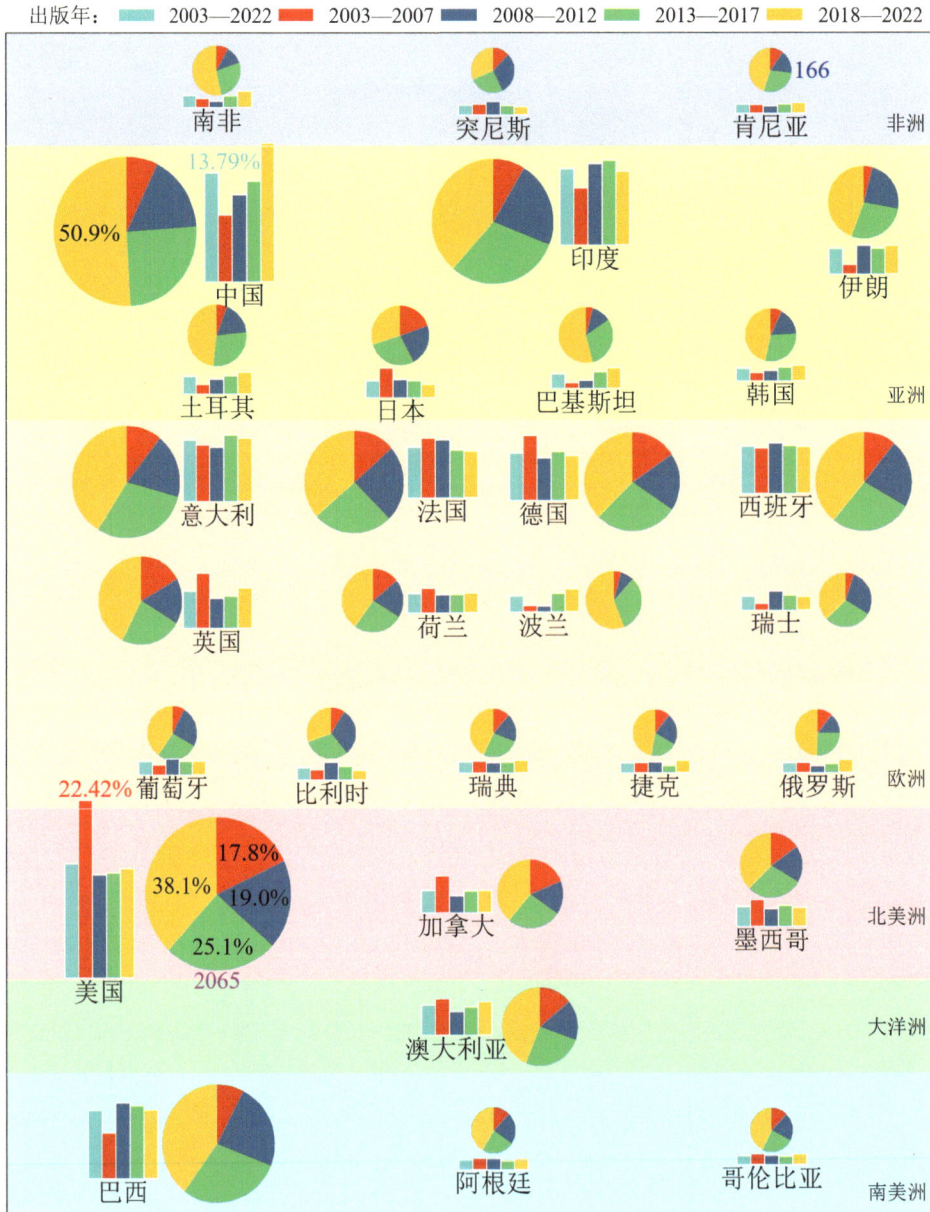

饼图大小：2003—2022年各国的论文数量；饼图中各部分：各国各时段论文数占本国总论文数百分比
柱状图：同时段各国论文数占本学科论文总数百分比

图 4-13　农业科学高产国家论文数量占本国论文数量百分比（饼图）及占全球论文数量百分比（柱状图）

图 4-13 饼图圈的大小显示该国 2003—2022 年间发表论文总量的多少，表示图 4-11 中第一列数据，美国的论文数量最多为 2065 篇，肯尼亚的论文数量最少为 166 篇，分别是图中的最大圈和最小圈。饼图中呈现的 4 种颜色，分别代表 4 个不同时段高产国家论文数量或占本国论文总量的百分比。4 个不同时段美国论文数量分别占本国论文总量的百分比分别是 17.8%、19.0%、25.1% 和 38.5%（其他国家以此类推）。波兰 2018—2022 年时段论文数量占本国论文总量的百分比为 56.3%，该时段论文数量占本国论文总量的百分比超过 50% 的国家还有巴基斯坦 54.2%、南非 53.7% 和中国 50.9%，表明这些国家论文增长速度较快。相反，日本该时段论文数量占本国论文总量最小，为 30.0%，表明其论文数量增长在下降。

图 4-13 柱状图由 5 根柱子构成，分别代表 2003—2022 年总时段和其他 4 个时段论文数量占相同时段论文数量的百分比。从绝对数值来看，4 个时段美国的论文数量都最高，占比也最大。2018—2022 年间中国的论文数量最高 998 篇，占比最大 17.51%。2003—2022 年间，肯尼亚的论文数量最少 998 篇，占比最小 1.17%。从相对数值上比较，随着时间推移中国论文的数量在不断增加，数量不断上涨的国家还有意大利。

## 4.2.2 不同时段高产国家论文数量及其质量信息可视化

二模网络图以时间段和国家为两个节点，表征了各国在 4 个时段成为高产论文国家的次数。圆圈不同颜色代表国家所属的洲，不同连线颜色代表在 4 个时间段出现的频率次数（图 4-14）。农业学科高产论文国家涉及 38 个国家，其中欧洲 18 个，亚洲 7 个，非洲 5 个，南美洲和北美洲各 3 个，大洋洲 2 个。20 年间中论文数量始终保持在前 30 位的国家 21 个（见图 4-14 左侧）。4 个时间段出现 1 次的国家 6 个，2 次的国家 3 个，3 次的国家 8 个（见图 4-14 右侧）。

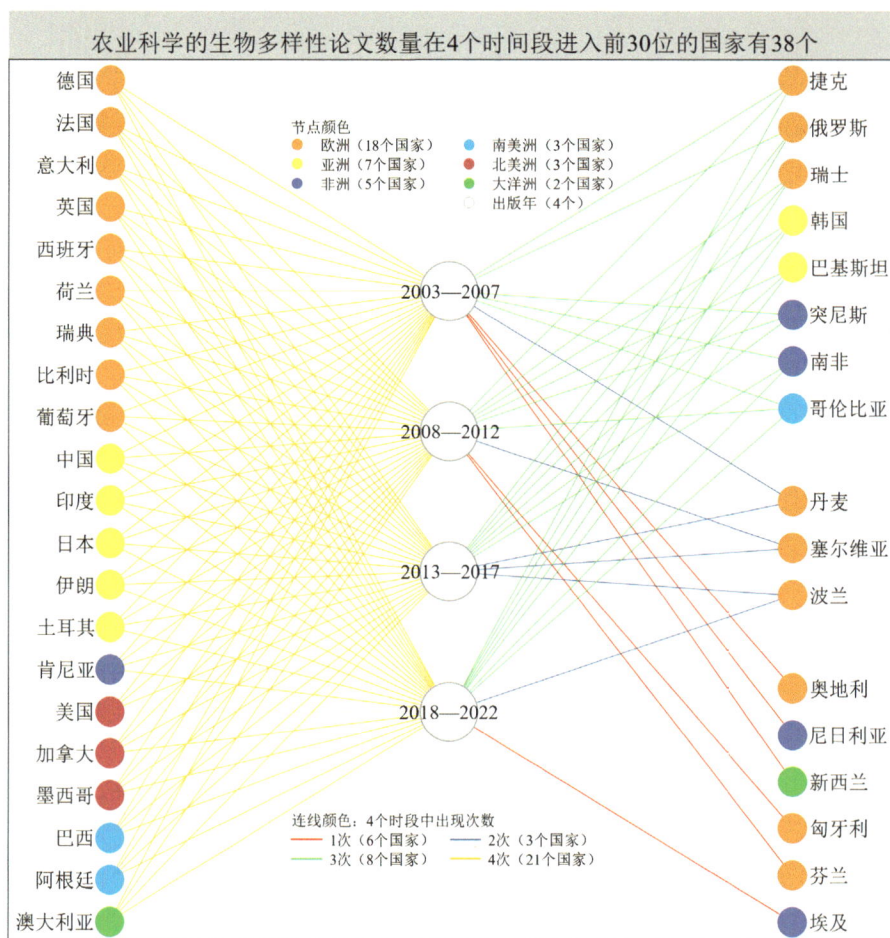

图 4-14　农业学科在不同时间段高产国家的全球分布总览

### 4.2.2.1　2003—2007 年间

2003—2007 年，全球共发表论文 1637 篇，高产国家共发表论文 1504 篇，占全球论文总量的 91.8%。论文数量及影响力信息见图 4-15。高产国家包括欧洲 11 个，亚洲 5 个，非洲 4 个，北美洲和南美洲各 3 个，大洋洲 2 个。美国论文数量 367 篇和被引次数 14939 次排列第一；中国论文数量 138 篇，排列第二。引文影响力排列前五位的是比利时 66.3、德国 56.9、奥地利 56.6、新西兰 53.4 和哥伦比亚 49.8，最低是俄罗斯 15.5。CNCI 超过 1 的国家 17 个，排在前 5 位的国家是比利时 2.01、奥地利 1.68、德国 1.67、新西兰 1.59 和哥伦比亚 1.49，最低俄罗斯 0.48。

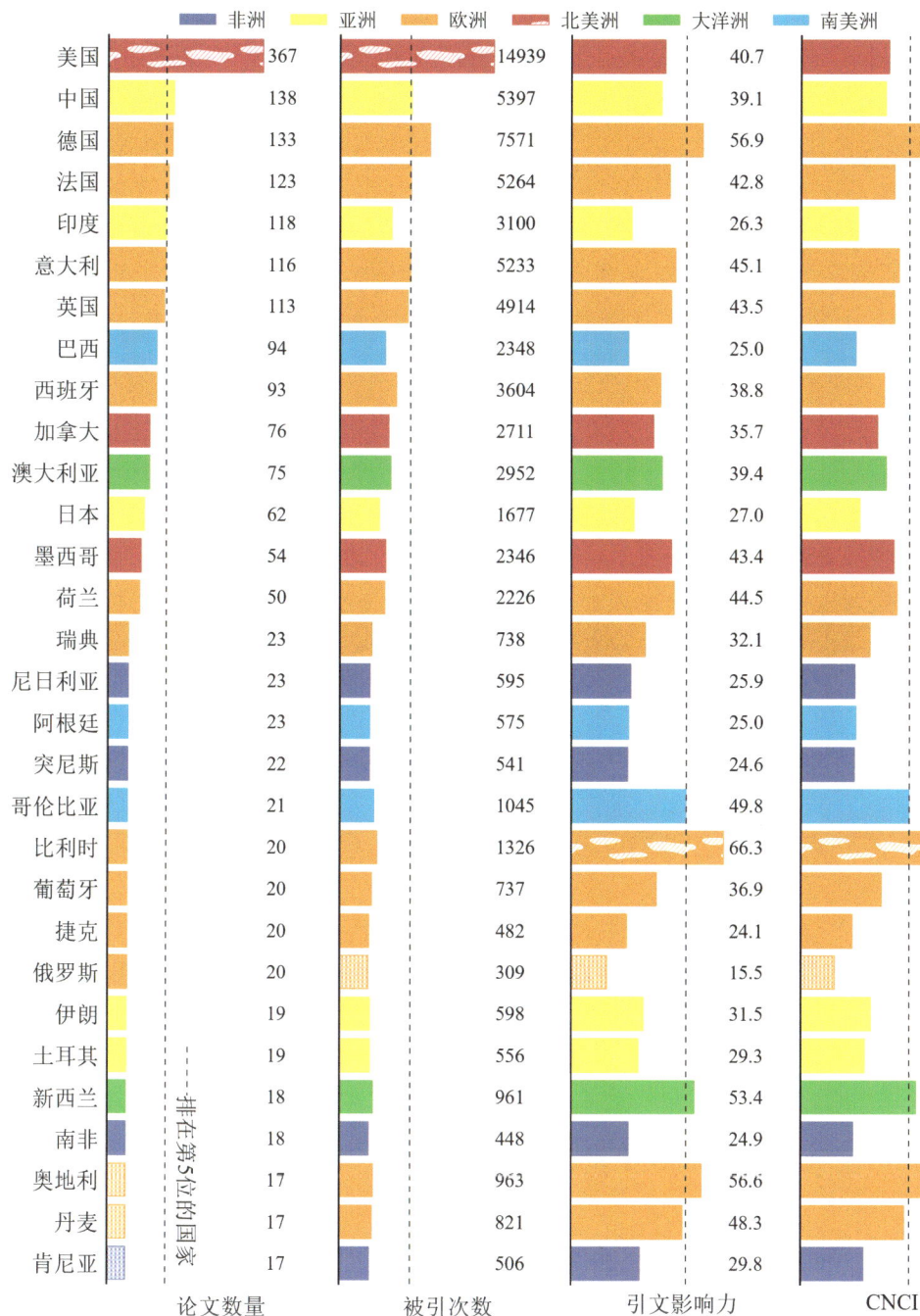

| 国家 | 非洲 | 亚洲 | 欧洲 | 北美洲 | 大洋洲 | 南美洲 | 论文数量 | 被引次数 | 引文影响力 | CNCI |
|---|---|---|---|---|---|---|---|---|---|---|
| 美国 | | | | ● | | | 367 | 14939 | 40.7 | 1.21 |
| 中国 | | ● | | | | | 138 | 5397 | 39.1 | 1.16 |
| 德国 | | | ● | | | | 133 | 7571 | 56.9 | 1.67 |
| 法国 | | | ● | | | | 123 | 5264 | 42.8 | 1.29 |
| 印度 | | ● | | | | | 118 | 3100 | 26.3 | 0.79 |
| 意大利 | | | ● | | | | 116 | 5233 | 45.1 | 1.35 |
| 英国 | | | ● | | | | 113 | 4914 | 43.5 | 1.29 |
| 巴西 | | | | | | ● | 94 | 2348 | 25.0 | 0.76 |
| 西班牙 | | | ● | | | | 93 | 3604 | 38.8 | 1.14 |
| 加拿大 | | | | ● | | | 76 | 2711 | 35.7 | 1.05 |
| 澳大利亚 | | | | | ● | | 75 | 2952 | 39.4 | 1.17 |
| 日本 | | ● | | | | | 62 | 1677 | 27.0 | 0.81 |
| 墨西哥 | | | | ● | | | 54 | 2346 | 43.4 | 1.28 |
| 荷兰 | | | ● | | | | 50 | 2226 | 44.5 | 1.32 |
| 瑞典 | | | ● | | | | 23 | 738 | 32.1 | 0.95 |
| 尼日利亚 | ● | | | | | | 23 | 595 | 25.9 | 0.75 |
| 阿根廷 | | | | | | ● | 23 | 575 | 25.0 | 0.76 |
| 突尼斯 | ● | | | | | | 22 | 541 | 24.6 | 0.74 |
| 哥伦比亚 | | | | | | ● | 21 | 1045 | 49.8 | 1.49 |
| 比利时 | | | ● | | | | 20 | 1326 | 66.3 | 2.01 |
| 葡萄牙 | | | ● | | | | 20 | 737 | 36.9 | 1.11 |
| 捷克 | | | ● | | | | 20 | 482 | 24.1 | 0.71 |
| 俄罗斯 | | | ● | | | | 20 | 309 | 15.5 | 0.48 |
| 伊朗 | | ● | | | | | 19 | 598 | 31.5 | 0.96 |
| 土耳其 | | ● | | | | | 19 | 556 | 29.3 | 0.88 |
| 新西兰 | | | | | ● | | 18 | 961 | 53.4 | 1.59 |
| 南非 | ● | | | | | | 18 | 448 | 24.9 | 0.73 |
| 奥地利 | | | ● | | | | 17 | 963 | 56.6 | 1.68 |
| 丹麦 | | | ● | | | | 17 | 821 | 48.3 | 1.42 |
| 肯尼亚 | ● | | | | | | 17 | 506 | 29.8 | 0.87 |

（------ 排在第5位的国家）

图4-15  2003—2007年间高产国家农业学科论文数量及其影响力指标基本信息

2003—2007 年间高产国家论文数量、被引次数、引文影响力和 CNCI 的变化比较见图 4-16。与 20 年总段相比，位于前 30 的国家中少了波兰、巴基斯坦、瑞士和韩国，增加了尼日利亚、新西兰、奥地利和丹麦。美国论文数量和被引次数排列第一；比利时引文影响力和 CNCI 排列第一。

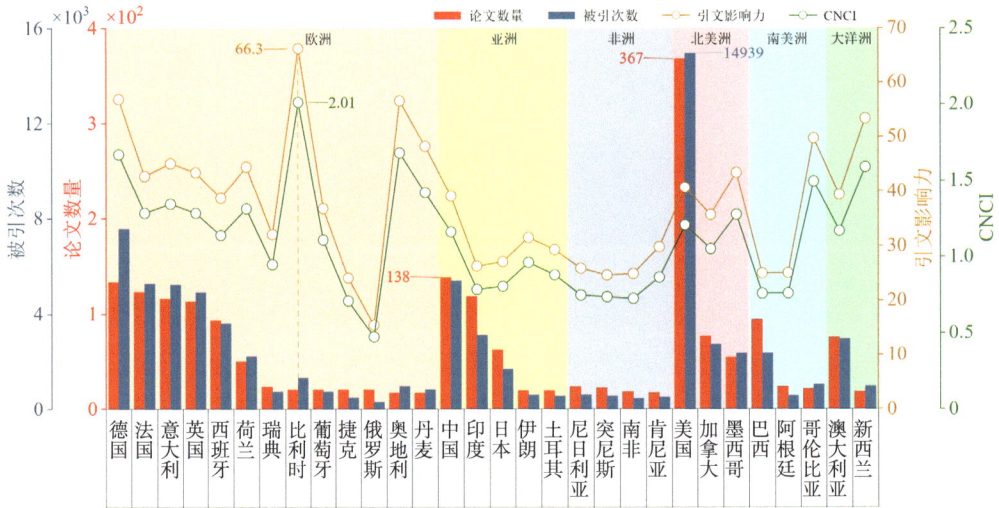

图 4-16　2003—2007 年间农业学科高产国家的分布及其论文数量和影响力指标变化

2003—2007 年间高产国家论文数量及其 CNCI 与合作论文数量百分比见图 4-17。有 18 个国家的合作论文数量占比超过 50%。葡萄牙合作论文数量占比 100%。印度合作论文数量占比最少为 21.2%。美国和中国合作论文比例分别是 39.5% 和 40.6%。22 个国家合作论文的 CNCI 大于 1。独立论文的 CNCI 大于 1 的国家 12 个，丹麦独立论文的 CNCI 最高，为 2.35。

2003—2007 年间高产国家生物多样性论文 1508 篇，其中独立 1033 篇，合作 471 篇，合作论文占比 31.1%。该时段各国独立与合作论文数量比例的饼图叠加合作网络见图 4-18。

美国的饼圈最大，论文数量为 367 篇，奥地利、丹麦和肯尼亚的饼圈最小，论文数量为 17 篇。图中有 190 条连线，美国和中国合作次数最多为 24 次，用蓝色；合作次数最少 1 次，共有 85 条，用红色。

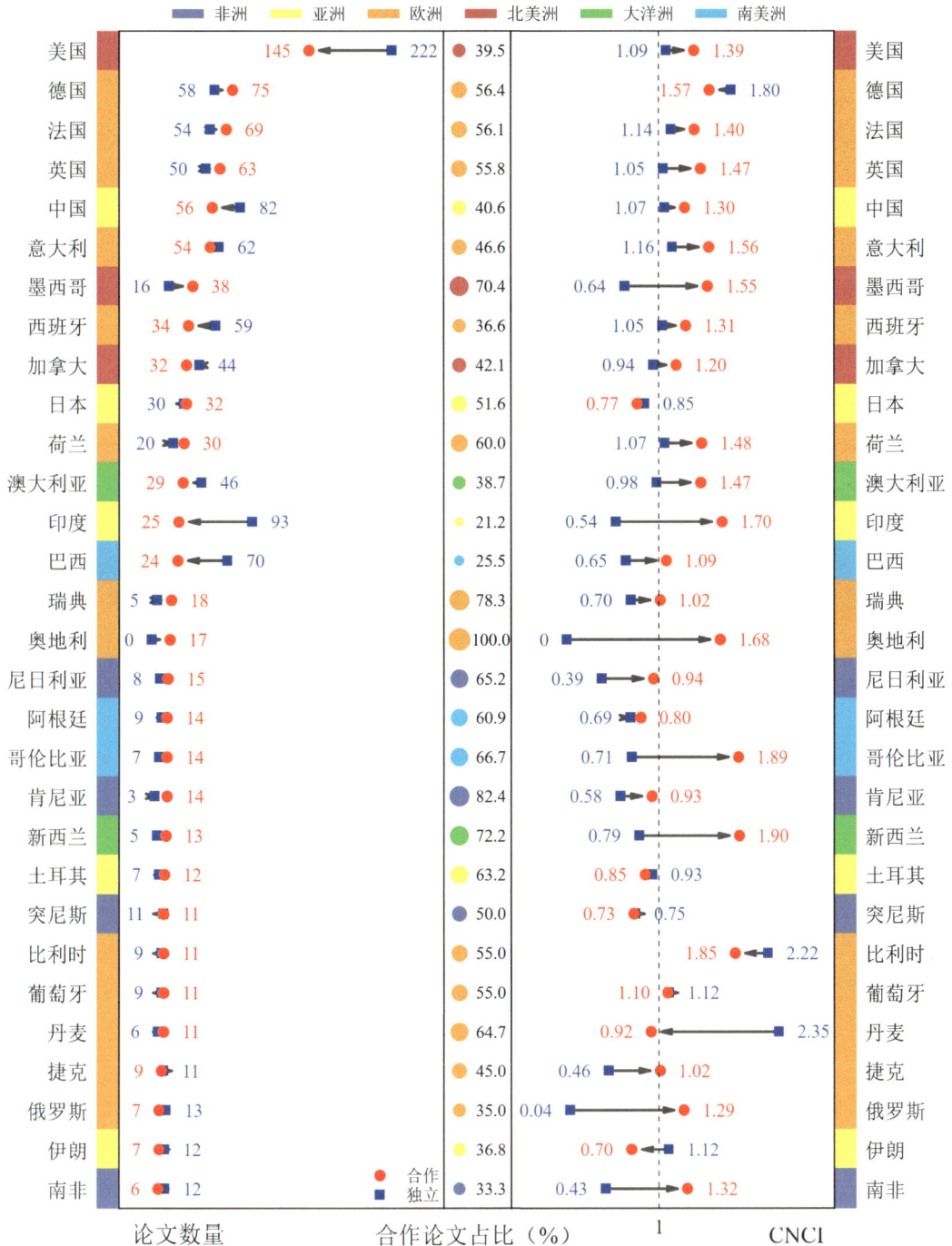

图 4-17　2003—2007 年间农业科学高产国家的论文数量及其 CNCI 与合作论文数量百分比

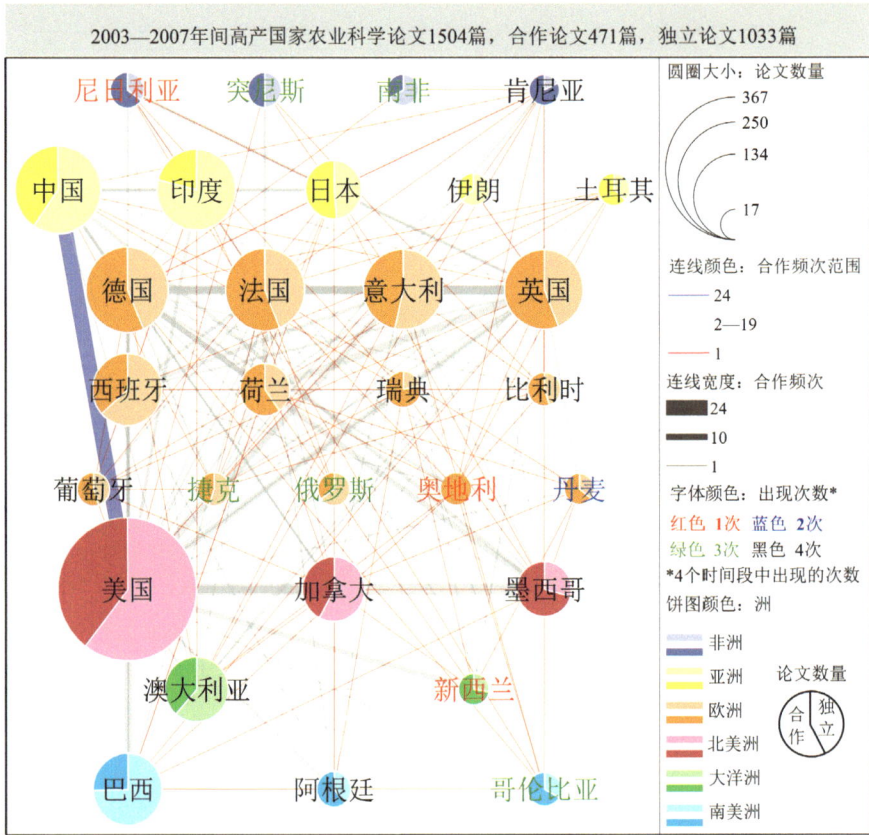

图 4-18　2003—2007 年高产国家独立与合作论文数量比例及其合作网络

## 4.2.2.2　2008—2012 年间

2008—2012 年间全球论文 3013 篇，高产国家论文 2737 篇，占全球论文总量的 90.8%。论文数量及其影响力信息见图 4-19。高产国家包括欧洲 14 个，亚洲 7 个，北美洲和南美洲各 3 个，非洲 2 个，大洋洲 1 个。各国论文数量在 26～393 篇之间，美国论文数量 393 篇和被引次数 13781 次排列第一，中国论文数量 332 篇排列第二。引文影响力排列前五位的是加拿大 60.7、英国 51.1、肯尼亚 48.9、荷兰 47.6 和瑞典 42.3，最低是印度 11.4。CNCI 超过 1 的国家 20 个，在前五位的是加拿大 2.48、英国 2.05、肯尼亚 1.97、荷兰 1.89 和瑞士 1.72，最低是印度 0.46。引文影响力和 CNCI 美国分别是 35.1 和 1.42，中国分别是 25.6 和 1.03。

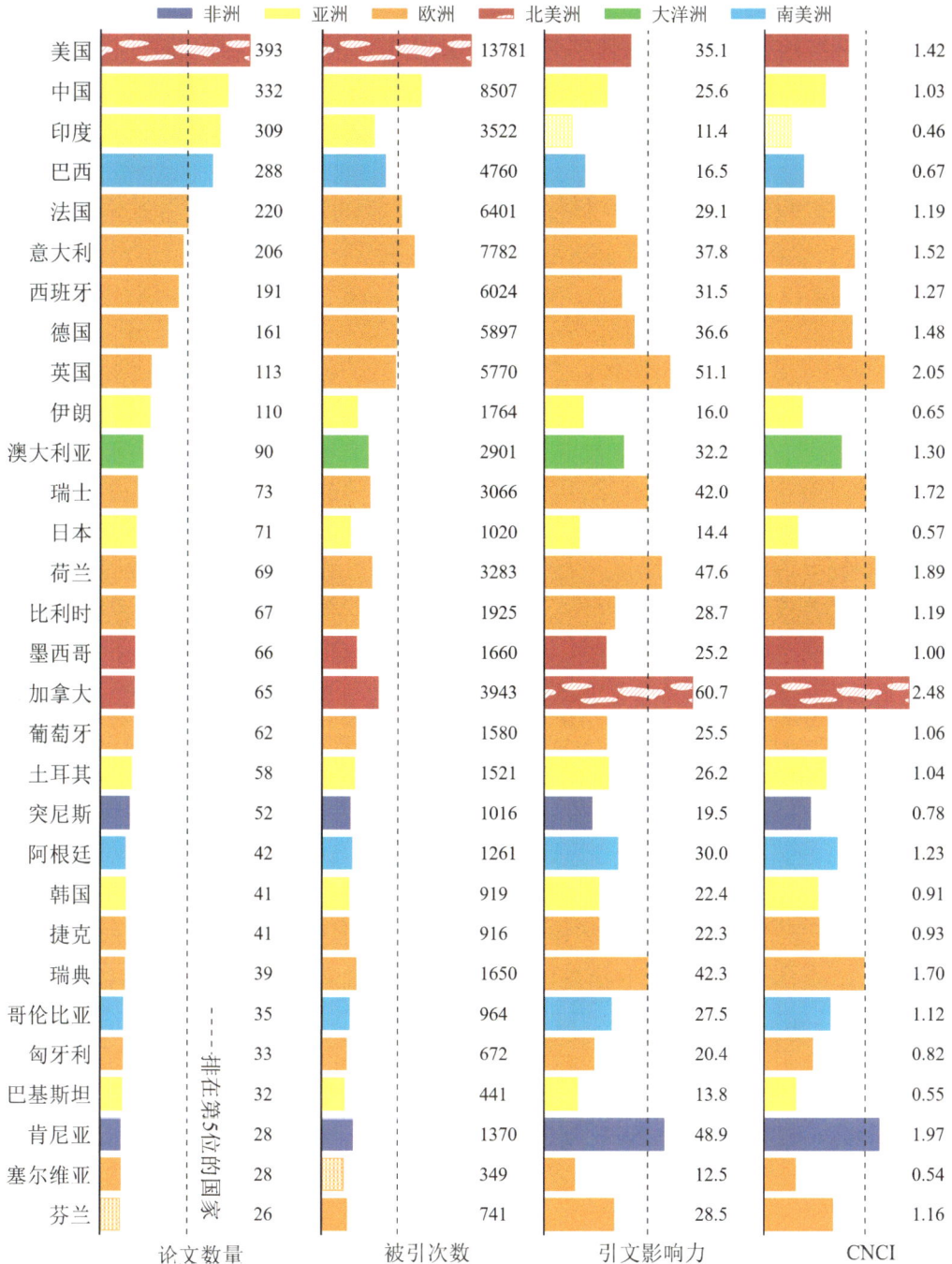

图 4-19　2008—2012 年间农业学科高产国家论文数量及其影响力指标基本信息

2008—2012 年间高产国家农业学科生物多样性发表的论文数量、被引次数、引文影响力和 CNCI 的变化比较见图 4-20。与 2003—2022 年时间段相比，30 个国家中少了南非、波兰和俄罗斯，增加了匈牙利、塞尔维亚和芬兰。该时段论文数量、被引次数、引文影响力和 CNCI 的最高数值见图 4-20。美国的论文数量和被引次数排列第一；加拿大的引文影响力和 CNCI 排列第一。

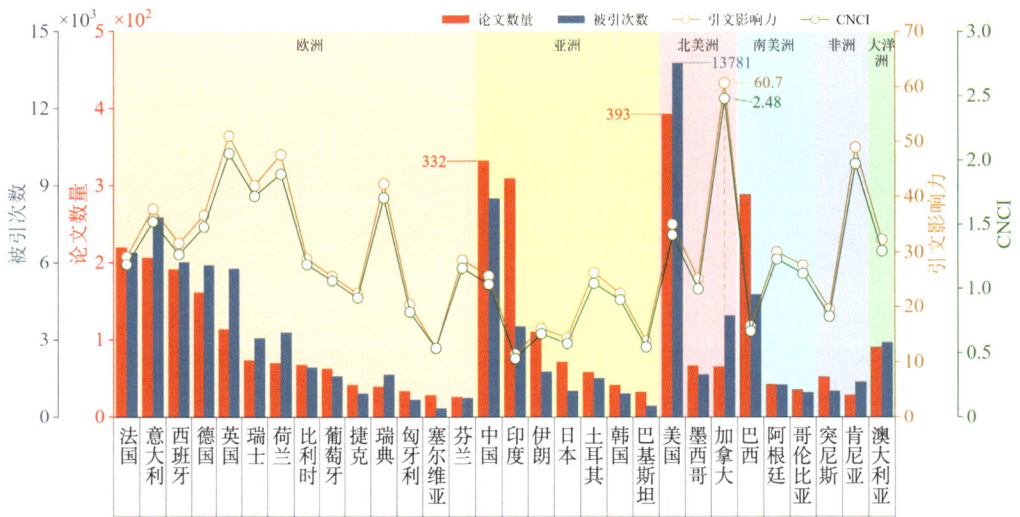

图 4-20　2008—2012 年间农业学科论文高产国家的分布及其论文数量和影响力指标变化

2008—2012 年间高产国家的论文数量及其 CNCI 与合作论文数量百分比见图 4-21。有 16 个国家合作论文数量占比超过 50%。肯尼亚合作论文数量最高为 89.3%。印度合作论文数量较低为 13.9%。美国和中国合作论文比例分别是 44.3% 和 30.7%。30 个国家中，突尼斯、印度、伊朗、日本、巴基斯坦和塞尔维亚 6 国合作论文的 CNCI 小于 1。独立论文的 CNCI 大于 1 的国家 11 个，加拿大独立论文的 CNCI 最高为 1.77。

2008—2012 年间高产国家论文数量 2737 篇，其中独立 1965 篇，合作 772 篇，合作论文占 28.2%。各国独立论文与合作论文数量比例的饼图叠加合作网络见图 4-22。美国的饼圈最大，论文数量为 393 篇，芬兰的饼圈最小，论文数量为 26 篇。图中有 234 条连线，美国和中国合作次数最多为 30 次，用蓝色，合作次数最少的 1 次，共有 87 条，用红色。

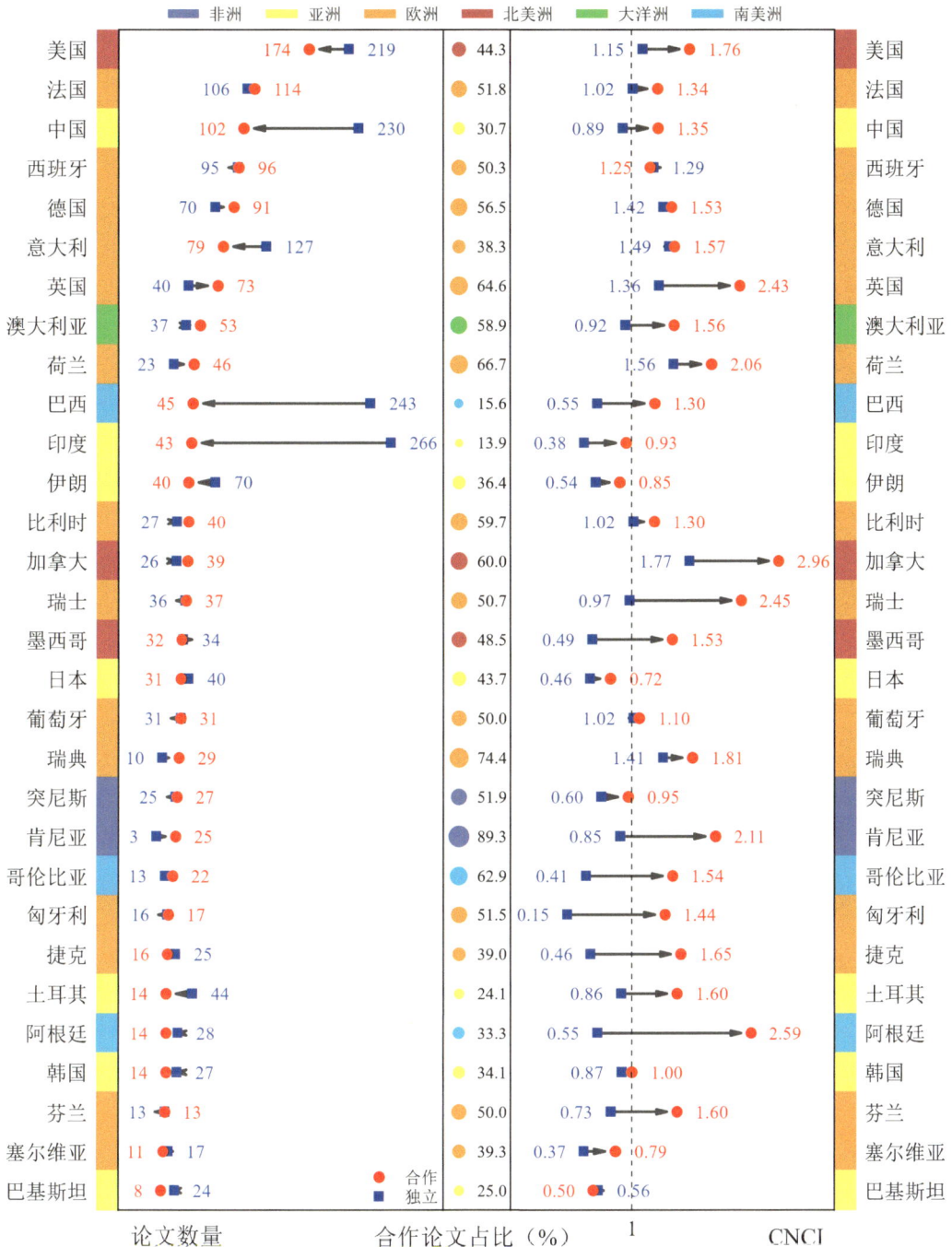

图 4-21　2008—2012 年间农业科学高产国家的论文数量及其 CNCI 与合作论文数量百分比

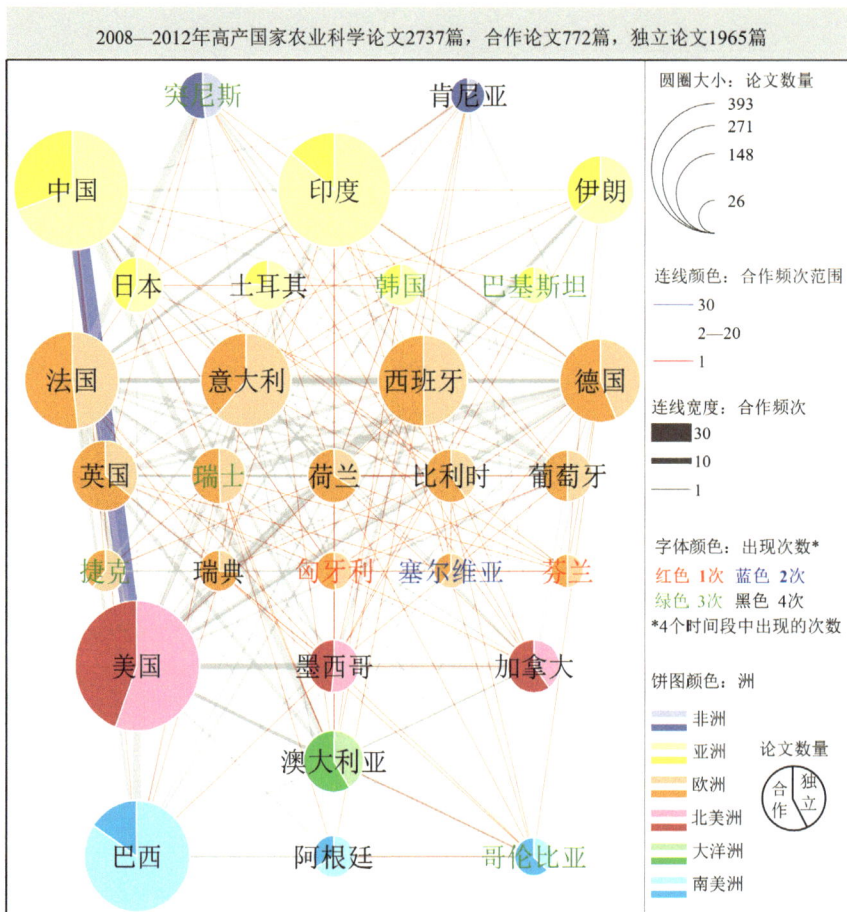

图 4-22　2008—2012 年高产国家独立与合作论文数量比例及其合作网络

### 4.2.2.3　2013—2017 年间

2013—2017 年全球论文 3891 篇，高产国家论文 3568 篇，占全球论文总量的 91.7%。各国论文数量及其影响力信息见图 4-23。高产国家包括欧洲 14 个，亚洲 7 个，北美洲和非洲各 3 个，南美洲 2 个，大洋洲 1 个。各国发表数量在 44～518 篇之间，美国以论文数量 518 篇，被引次数 11427 次，排列第一；中国论文数量 495 篇，被引次数 9981 次，排列第二。引文影响力排列前五位的是荷兰 48.8、英国 36.4、阿根廷 33.0、肯尼亚 32.0 和比利时 30.8，最后是塞尔维亚 6.1。CNCI 超过 1 的国家有 20 个，排在前五位的是荷兰 2.66、英国 1.98、阿根廷 1.81，肯尼亚 1.77 和丹麦 1.73，最低是塞尔维亚 0.33。引文影响力和 CNCI 美国分别是 22.1 和 1.19，中国分别是 20.2 和 1.09。

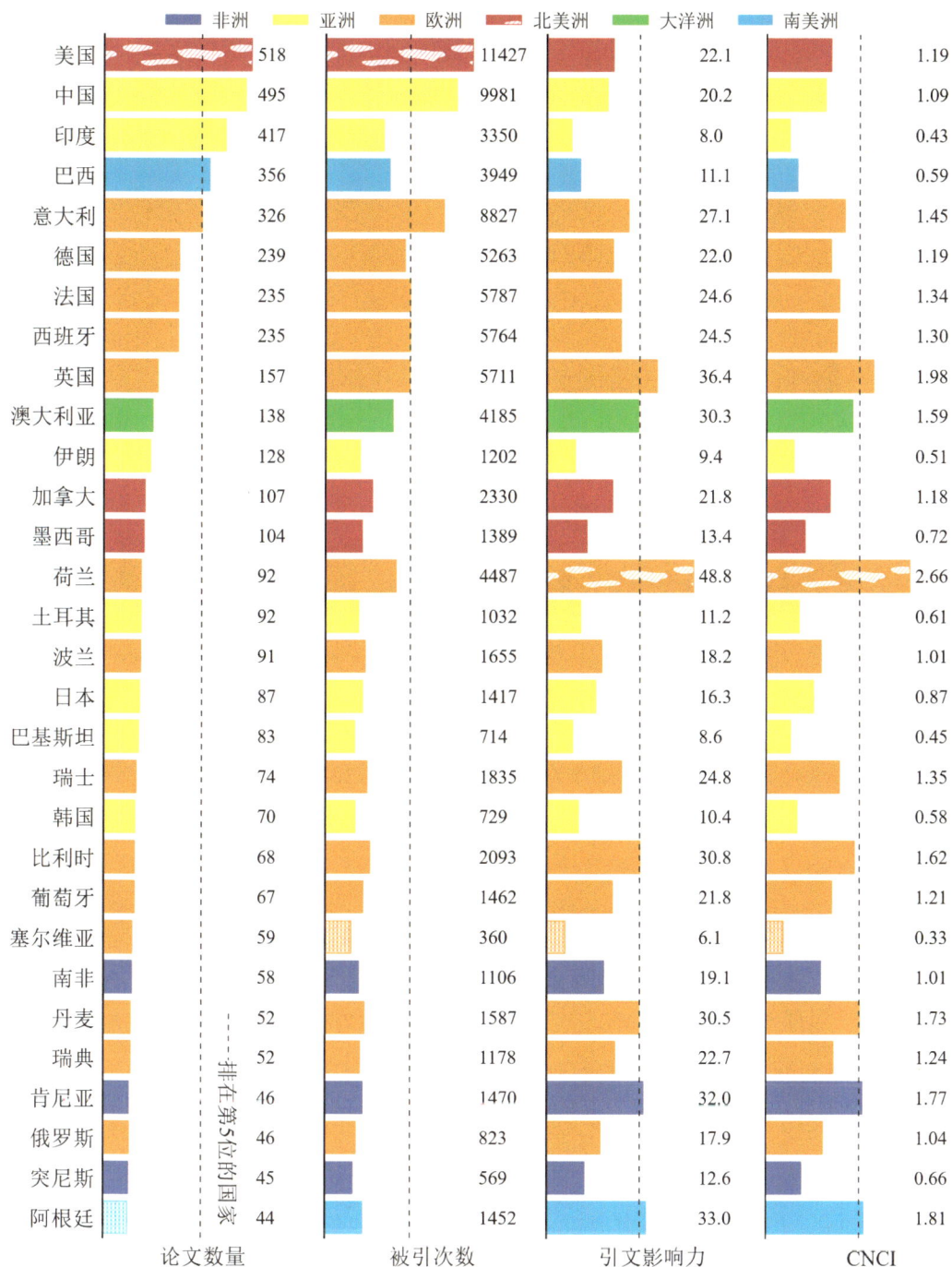

| | 非洲 | 亚洲 | 欧洲 | 北美洲 | 大洋洲 | 南美洲 |
|---|---|---|---|---|---|---|

| | 论文数量 | 被引次数 | 引文影响力 | CNCI |
|---|---|---|---|---|
| 美国 | 518 | 11427 | 22.1 | 1.19 |
| 中国 | 495 | 9981 | 20.2 | 1.09 |
| 印度 | 417 | 3350 | 8.0 | 0.43 |
| 巴西 | 356 | 3949 | 11.1 | 0.59 |
| 意大利 | 326 | 8827 | 27.1 | 1.45 |
| 德国 | 239 | 5263 | 22.0 | 1.19 |
| 法国 | 235 | 5787 | 24.6 | 1.34 |
| 西班牙 | 235 | 5764 | 24.5 | 1.30 |
| 英国 | 157 | 5711 | 36.4 | 1.98 |
| 澳大利亚 | 138 | 4185 | 30.3 | 1.59 |
| 伊朗 | 128 | 1202 | 9.4 | 0.51 |
| 加拿大 | 107 | 2330 | 21.8 | 1.18 |
| 墨西哥 | 104 | 1389 | 13.4 | 0.72 |
| 荷兰 | 92 | 4487 | 48.8 | 2.66 |
| 土耳其 | 92 | 1032 | 11.2 | 0.61 |
| 波兰 | 91 | 1655 | 18.2 | 1.01 |
| 日本 | 87 | 1417 | 16.3 | 0.87 |
| 巴基斯坦 | 83 | 714 | 8.6 | 0.45 |
| 瑞士 | 74 | 1835 | 24.8 | 1.35 |
| 韩国 | 70 | 729 | 10.4 | 0.58 |
| 比利时 | 68 | 2093 | 30.8 | 1.62 |
| 葡萄牙 | 67 | 1462 | 21.8 | 1.21 |
| 塞尔维亚 | 59 | 360 | 6.1 | 0.33 |
| 南非 | 58 | 1106 | 19.1 | 1.01 |
| 丹麦 | 52 | 1587 | 30.5 | 1.73 |
| 瑞典 | 52 | 1178 | 22.7 | 1.24 |
| 肯尼亚 | 46 | 1470 | 32.0 | 1.77 |
| 俄罗斯 | 46 | 823 | 17.9 | 1.04 |
| 突尼斯 | 45 | 569 | 12.6 | 0.66 |
| 阿根廷 | 44 | 1452 | 33.0 | 1.81 |

---- 排在第5位的国家

图4-23　2013—2017年间农业学科高产国家论文数量及其影响力指标基本信息

2013—2017 年间论文数量、被引次数、引文影响力和 CNCI 的变化比较见图
4-24。与 2003—2022 年时间段相比，30 个国家中少了捷克和哥伦比亚，增加了丹
麦和塞尔维亚。美国论文数量和被引次数排列第一；荷兰引文影响力和 CNCI 排列
第一。

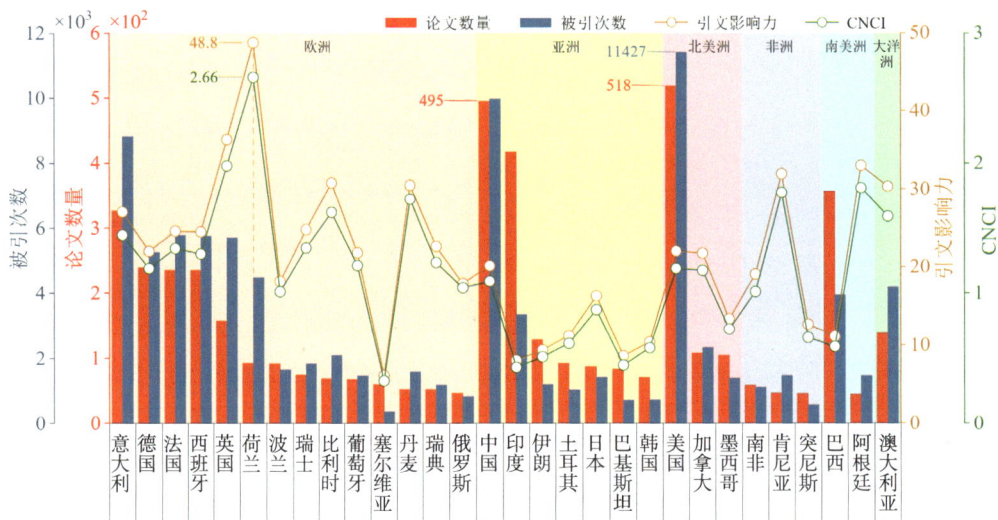

图 4-24　2013—2017 年间农业学科高产国家的分布及其论文数量和影响力指标变化

2013—2017 年间高产国家的论文数量及其 CNCI 与合作论文数量百分比见图
4-25。有 16 个国家的合作论文数量占比超过 50%。肯尼亚合作论文数量最高，占
比为 91.3%。印度合作论文的数量较低，占比为 11.0%。美国和中国合作论文完成
数的比例分别是 56.4% 和 32.5%。有 6 个国家合作论文的 CNCI 小于 1，独立论文的
CNCI 大于 1 的国家 11 个，澳大利亚独立论文的 CNCI 最高为 1.63。

2013—2017 年间高产国家论文数量 3568 篇，其中独立 2457 篇，合作 1111 篇，
合作论文占比 31.1%。该时段高产国家独立与合作论文数量比例的饼图叠加合作网
络见图 4-26。美国的饼圈最大，论文数量为 518 篇，阿根廷的饼圈最小，论文数量
为 44 篇。图中有 333 条连线，美国和中国合作次数最多为 66 次，用蓝色；合作次
数最少的 1 次，共有 82 条，用红色。

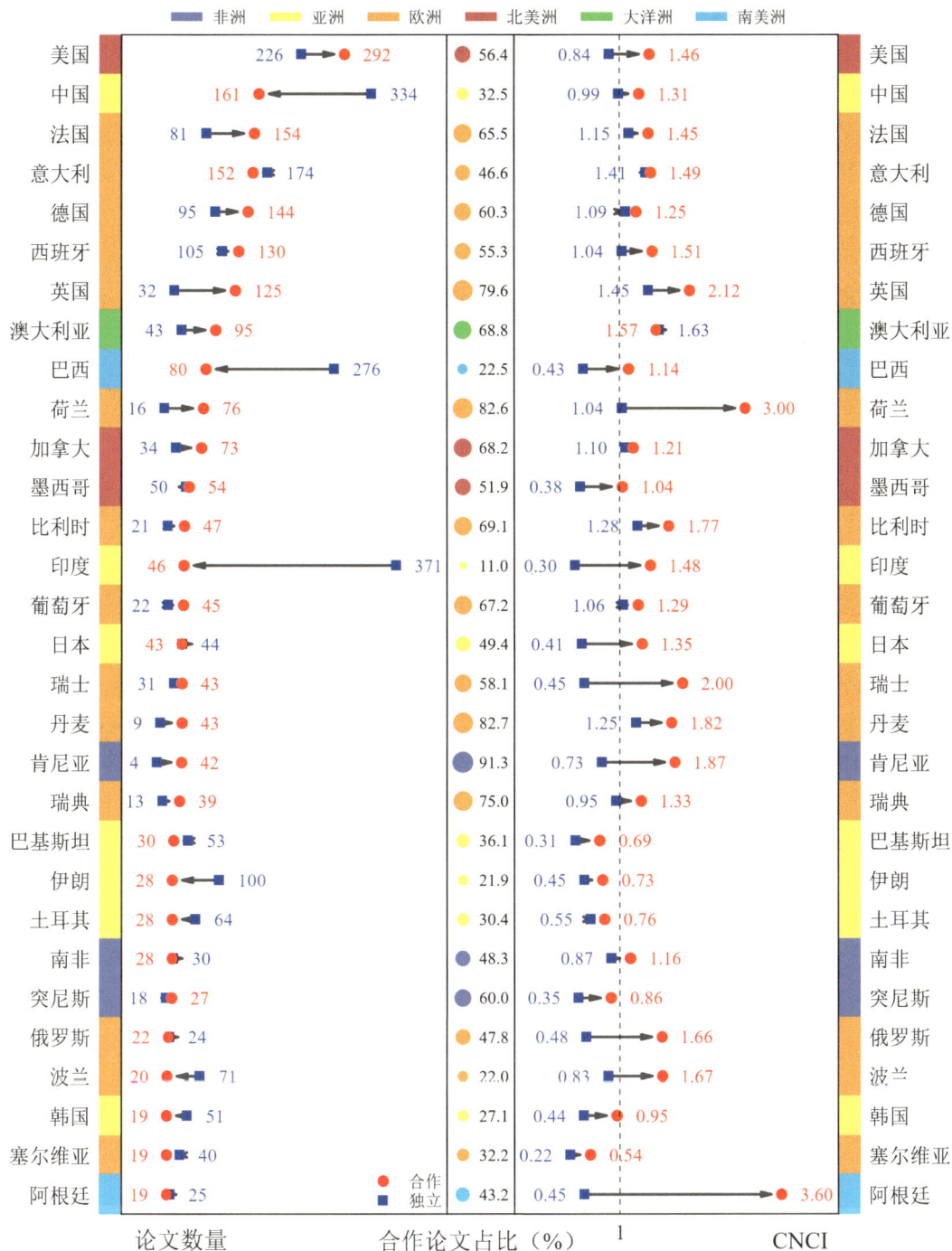

图 4-25  2013—2017 年间农业科学高产国家的论文数量及其 CNCI 与合作论文数量百分比

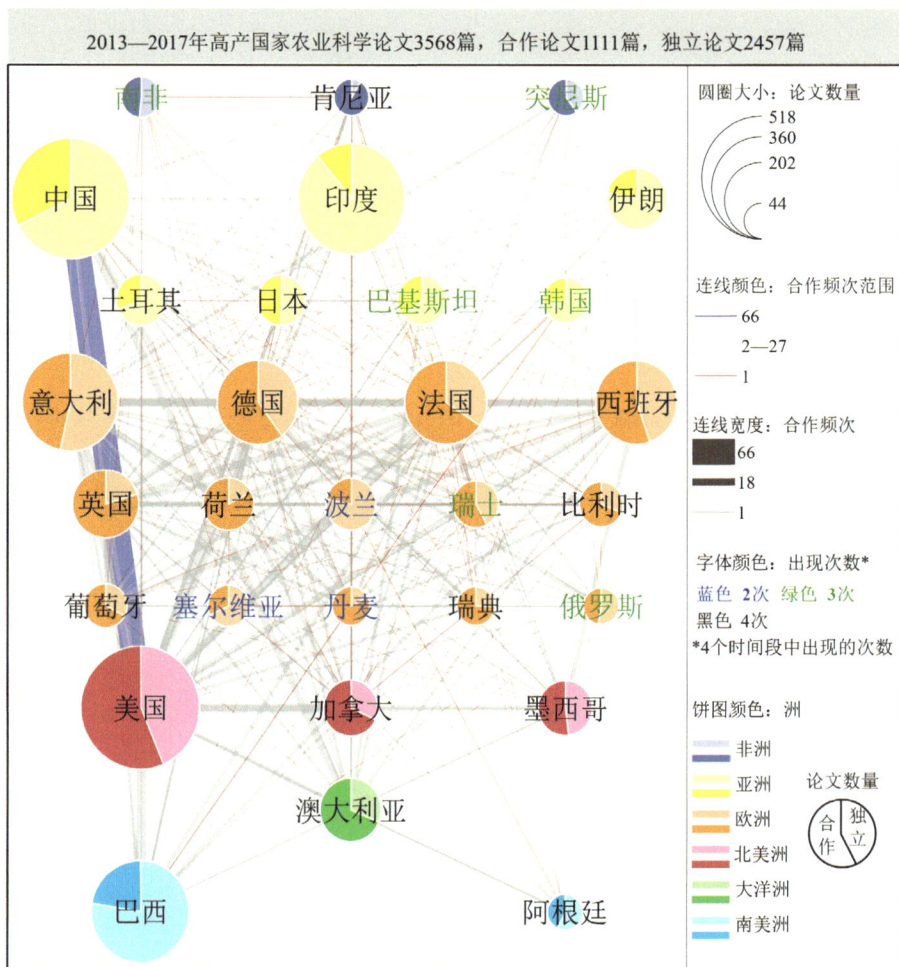

图 4-26　2013—2017 年高产国家独立与合作论文数量比例及其合作网络

### 4.2.2.4　2018—2022 年间

2018—2022 年间全球论文 5699 篇，高产国家论文 5189 篇，占全球论文总量的 91.0%。各国论文数量及其影响力信息见 4-28。高产国家包括欧洲 13 个，亚洲 7 个，非洲、北美洲和南美洲各 3 个，大洋洲 1 个。2018—2022 年，中国的论文数量 998 和被引次数 6508 排列第一，美国第二。引文影响力排列前五位的是荷兰 11.0、加拿大 9.87、英国 8.96、德国 8.78 和法比利时 8.37。CNCI 超过 1 的国家 11 个，排在前五位的是荷兰 1.37、加拿大 1.29、瑞典 1.16、英国 1.15 和埃及 1.12（图 4-27）。

| | 非洲 | 亚洲 | 欧洲 | 北美洲 | 大洋洲 | 南美洲 | | | | |
|---|---|---|---|---|---|---|---|---|---|---|
| 中国 | | | 998 | | | | 6508 | 6.5 | | 0.99 |
| 美国 | | | 787 | | | | 5714 | 7.3 | | 0.88 |
| 印度 | | | 530 | | | | 1419 | 2.7 | | 0.42 |
| 巴西 | | | 490 | | | | 1983 | 4.0 | | 0.52 |
| 意大利 | | | 453 | | | | 3615 | 8.0 | | 1.09 |
| 法国 | | | 333 | | | | 2750 | 8.3 | | 1.00 |
| 西班牙 | | | 333 | | | | 2701 | 8.1 | | 1.04 |
| 德国 | | | 320 | | | | 2808 | 8.8 | | 1.03 |
| 英国 | | | 287 | | | | 2571 | 9.0 | | 1.15 |
| 澳大利亚 | | | 237 | | | | 1813 | 7.6 | | 0.99 |
| 伊朗 | | | 205 | | | | 857 | 4.2 | | 0.57 |
| 波兰 | | | 161 | | | | 783 | 4.9 | | 0.71 |
| 土耳其 | | | 159 | | | | 722 | 4.5 | | 0.62 |
| 加拿大 | | | 158 | | | | 1560 | 9.9 | | 1.29 |
| 巴基斯坦 | | | 149 | | | | 552 | 3.7 | | 0.47 |
| 荷兰 | | | 142 | | | | 1569 | 11.0 | | 1.37 |
| 墨西哥 | | | 135 | | | | 578 | 4.3 | | 0.49 |
| 南非 | | | 117 | | | | 691 | 5.9 | | 0.76 |
| 韩国 | | | 111 | | | | 642 | 5.8 | | 0.70 |
| 葡萄牙 | | | 100 | | | | 674 | 6.7 | | 0.93 |
| 瑞士 | | | 95 | | | | 763 | 8.0 | | 1.08 |
| 日本 | | | 94 | | | | 454 | 4.8 | | 0.64 |
| 俄罗斯 | | | 90 | | | | 492 | 5.5 | | 0.68 |
| 瑞典 | | | 87 | | | | 670 | 7.7 | | 1.16 |
| 捷克 | | | 86 | | | | 474 | 5.5 | | 0.84 |
| 阿根廷 | | | 78 | | | | 456 | 5.8 | | 0.78 |
| 肯尼亚 | | | 75 | | | | 468 | 6.2 | | 0.96 |
| 哥伦比亚 | | | 73 | | | | 363 | 5.0 | | 0.59 |
| 埃及 | | | 72 | | | | 362 | 5.0 | | 1.12 |
| 比利时 | | | 68 | | | | 569 | 8.4 | | 1.01 |

排在第5位的国家

论文数量　　　　　被引次数　　　　　引文影响力　　　　　CNCI

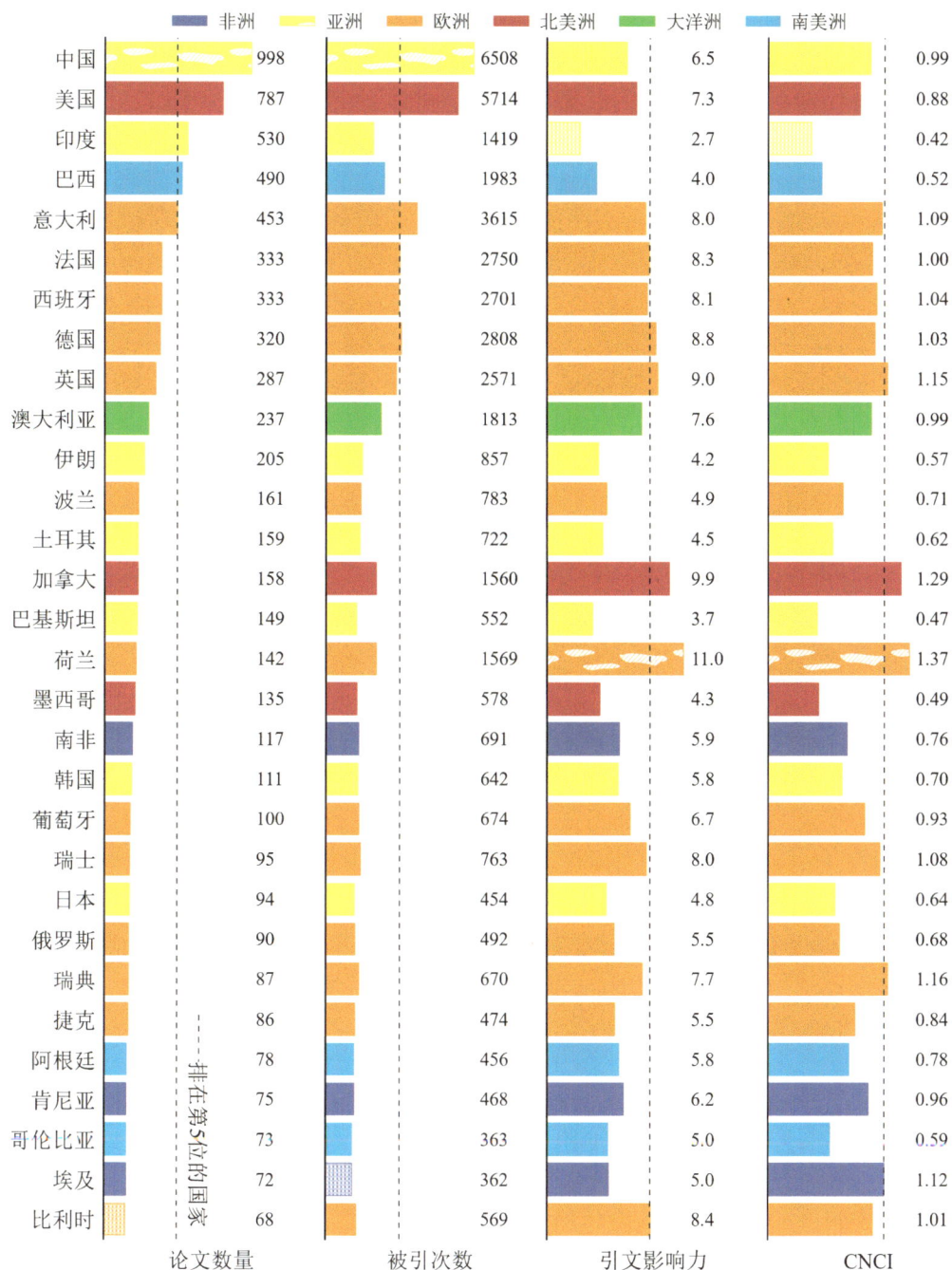

图 4-27　2018—2022 年间农业学科高产国家论文数量及其和影响力指标基本信息

2018—2022 年间论文数量、被引次数、引文影响力和 CNCI 的变化比较见图 4-28。与 2003—2022 年时间段相比，30 个国家中少了突尼斯，增加了埃及。美国的论文数量和被引次数排列第一；荷兰的引文影响力和 CNCI 排列第一。

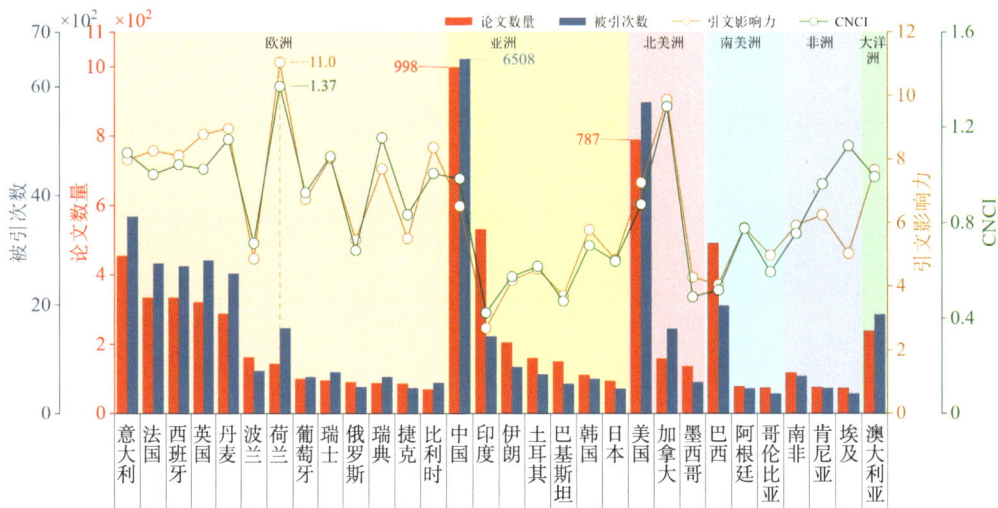

图 4-28　2018—2022 年间高产国家农业学科论文高产国家的分布及其论文数量和影响力指标变化

2018—2022 年间高产国家的论文数量及其 CNCI 与合作论文数量百分比见图 4-29。有 20 个国家的合作论文数量占比超过 50%。合作论文数量占比最高的国家是肯尼亚 90.7%，最低的是印度 13.0%。美国和中国合作论文数量的比例分别是 61.0% 和 33.4%。高产国家合作论文 CNCI 大于 1 的国家 13 个，独立论文的 CNCI 大于 1 的国家 5 个，荷兰独立论文的 CNCI 最高为 1.30。

2018—2022 年间高产国家论文数量 5189 篇，其中独立 3419 篇，合作 1770 篇，合作论文占 34.1%。高产国家独立与合作论文数量比例的饼图叠加网络图见图 4-30。中国的饼圈最大，论文数量为 998 篇，比利时的饼圈最小，论文数量为 68 篇。图中有 369 条连线，美国和中国合作次数最多为 85 次，用蓝色；合作次数最少的 1 次，共有 67 条，用红色。

非洲　亚洲　欧洲　北美洲　大洋洲　南美洲

| 国家 | 论文数量（独立 / 合作） | 合作论文占比（%） | CNCI |
|------|------|------|------|
| 美国 | 307 → 480 | 61.0 | 0.88 ← 0.88 |
| 中国 | 333 ← 665 | 33.4 | 0.88 → 1.19 |
| 英国 | 56 → 231 | 80.5 | 1.14 → 1.19 |
| 德国 | 97 → 223 | 69.7 | 0.86 → 1.10 |
| 西班牙 | 117 → 216 | 64.9 | 0.88 → 1.13 |
| 法国 | 117 → 216 | 64.9 | 0.78 → 1.13 |
| 意大利 | 210 → 243 | 46.4 | 1.03 → 1.17 |
| 澳大利亚 | 58 → 179 | 75.5 | 0.65 → 1.10 |
| 巴西 | 134 ← 356 | 27.3 | 0.42 → 0.78 |
| 加拿大 | 41 → 117 | 74.1 | 0.77 → 1.47 |
| 荷兰 | 25 → 117 | 82.4 | 1.30 → 1.39 |
| 南非 | 35 → 82 | 70.1 | 0.60 → 0.82 |
| 巴基斯坦 | 70 → 79 | 53.0 | 0.25 → 0.66 |
| 瑞典 | 14 → 73 | 83.9 | 0.98 → 1.19 |
| 瑞士 | 23 → 72 | 75.8 | 0.48 → 1.27 |
| 伊朗 | 70 ← 135 | 34.1 | 0.43 → 0.85 |
| 墨西哥 | 65 → 70 | 51.9 | 0.41 → 0.56 |
| 印度 | 69 ← 461 | 13.0 | 0.34 → 0.97 |
| 葡萄牙 | 31 → 69 | 69.0 | 0.92 → 0.93 |
| 肯尼亚 | 7 → 68 | 90.7 | 0.73 → 0.99 |
| 捷克 | 22 → 64 | 74.4 | 0.41 → 0.98 |
| 土耳其 | 54 ← 105 | 34.0 | 0.49 → 0.86 |
| 日本 | 41 → 53 | 56.4 | 0.45 → 0.79 |
| 波兰 | 52 ← 109 | 32.3 | 0.64 → 0.87 |
| 比利时 | 16 → 52 | 76.5 | 0.95 ← 1.19 |
| 哥伦比亚 | 23 → 50 | 68.5 | 0.34 → 0.71 |
| 埃及 | 25 → 47 | 65.3 | 1.11 → 1.14 |
| 韩国 | 45 → 66 | 40.5 | 0.54 → 0.95 |
| 俄罗斯 | 43 → 47 | 47.8 | 0.51 → 0.87 |
| 阿根廷 | 36 → 42 | 46.2 | 0.51 → 1.09 |

合作
独立

论文数量　　合作论文占比（%）　　1　　CNCI

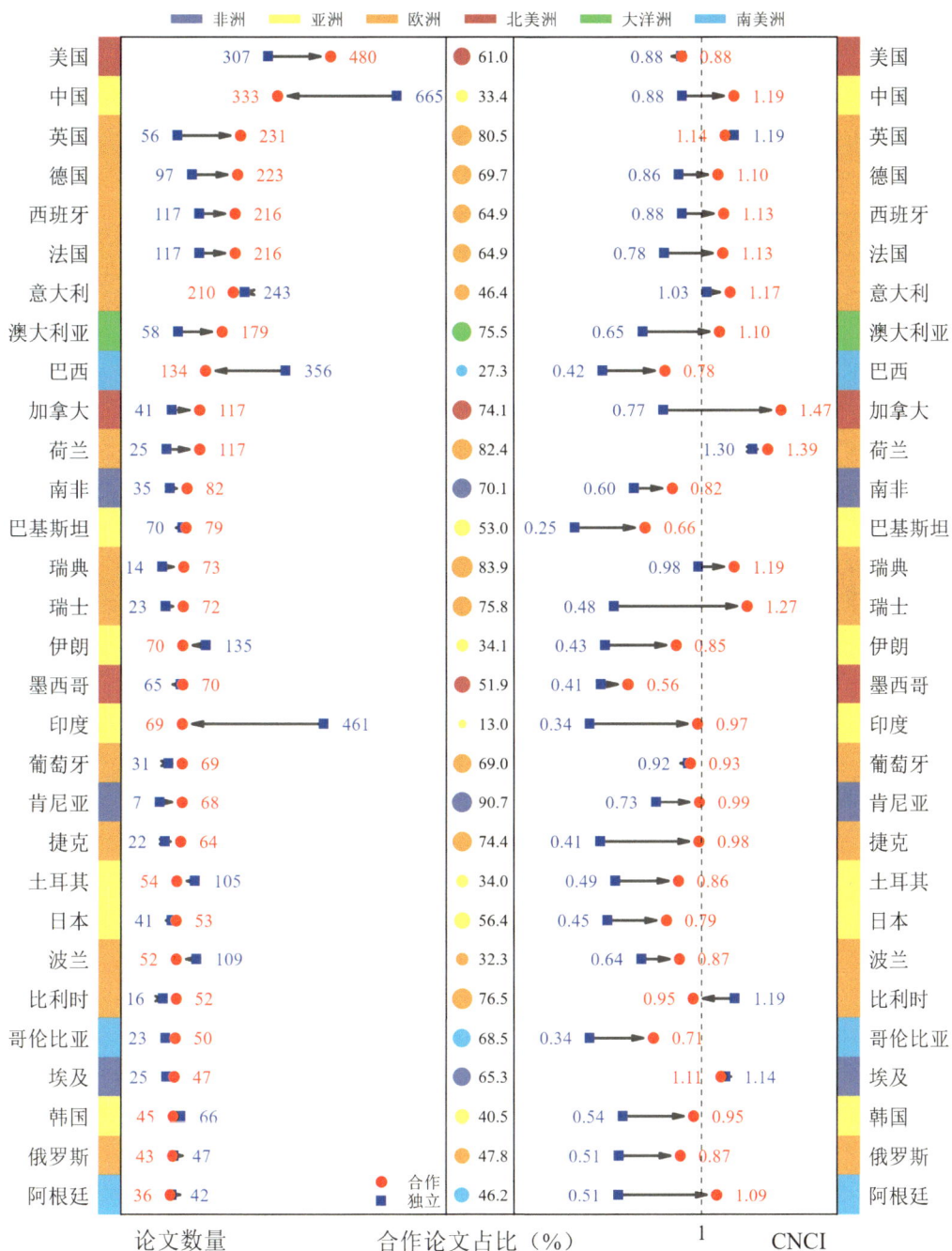

图 4-29　2018—2022 年间农业科学高产国家的论文数量及其 CNCI 与合作论文数量百分比

2018—2022年高产国家农业科学论文5189篇，合作论文1770篇，独立论文3419篇

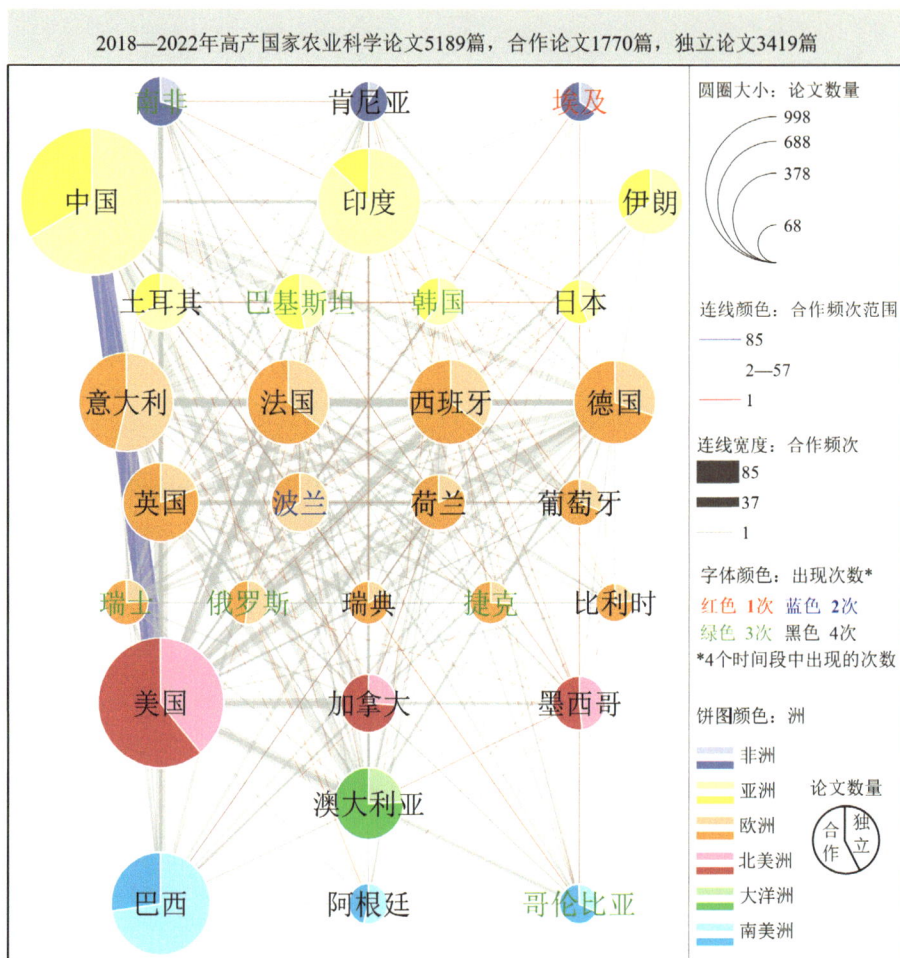

图4-30  2018—2022 年高产国家独立与合作论文数量比例及其合作网络

# 4.3  主要国家农业学科生物多样性论文与合作研究信息可视化

北美洲、亚洲、南美洲、欧洲、大洋洲和非洲 20 年间发表论文数量分别是 2753 篇、5423 篇、1787 篇、5839 篇、672 篇和 1278 篇，占全球农业学科生物多样性论文数量的百分比分别是 19.3%、38.1%、12.5%、41.0%、4.7% 和 9.0%。以各洲发表论文数量最多的国家为代表，比较其发表论文的数量与质量特征，比较它们与全球国家或地区合作、与高产国家合作、与生物多样性特别丰富国家合作的数量与分布。农业学科 6 个主要国家分别是美国、中国、巴西、意大利、澳大利亚和南非，

它们分别占到所在洲论文数量的 75.0%、36.2%、68.7%、18.9%、80.3% 和 17.1%。20 年间主要国家共发表论文数量 6500 篇，占全球论文总数量的 45.6%，逐年发表论文数量基本呈现缓慢上升态势（图 4-31）。

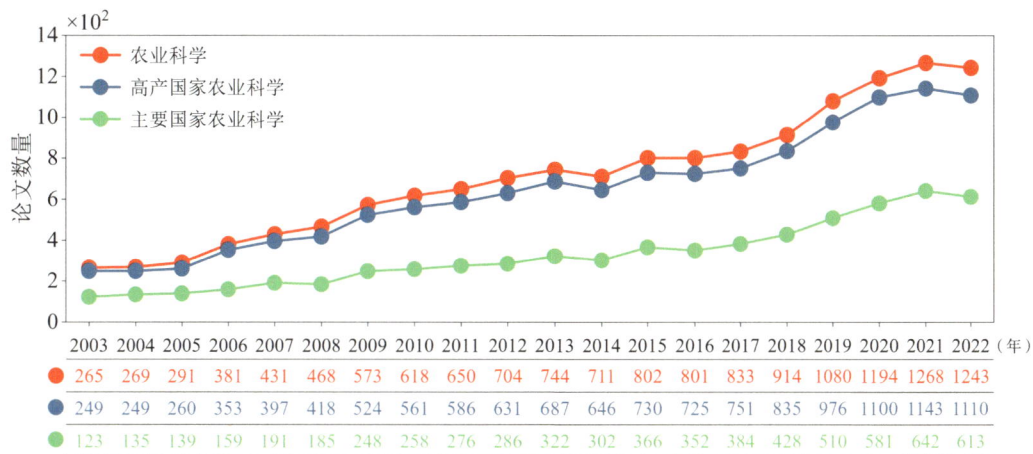

| | 2003 | 2004 | 2005 | 2006 | 2007 | 2008 | 2009 | 2010 | 2011 | 2012 | 2013 | 2014 | 2015 | 2016 | 2017 | 2018 | 2019 | 2020 | 2021 | 2022 |
|---|---|---|---|---|---|---|---|---|---|---|---|---|---|---|---|---|---|---|---|---|
| 🔴 | 265 | 269 | 291 | 381 | 431 | 468 | 573 | 618 | 650 | 704 | 744 | 711 | 802 | 801 | 833 | 914 | 1080 | 1194 | 1268 | 1243 |
| 🔵 | 249 | 249 | 260 | 353 | 397 | 418 | 524 | 561 | 586 | 631 | 687 | 646 | 730 | 725 | 751 | 835 | 976 | 1100 | 1143 | 1110 |
| 🟢 | 123 | 135 | 139 | 159 | 191 | 185 | 248 | 258 | 276 | 286 | 322 | 302 | 366 | 352 | 384 | 428 | 510 | 581 | 642 | 613 |

图 4-31　农业学科主要国家生物多样性论文数量的逐年变化

## 4.3.1　主要国家论文数量及其质量信息的年度分布可视化

20 年间美国、中国、巴西、意大利、澳大利亚和南非 6 个主要国家的论文数量、被引次数、引文影响力和 CNCI 的基础数据比较见图 4-32。从图中可以看出，美国和中国论文数量相近，巴西和意大利论文数量相近。美国的被引次数最多，意大利的引文影响力最大，澳大利亚的 CNCI 最大。中国 CNCI 1.03，位于第四位。

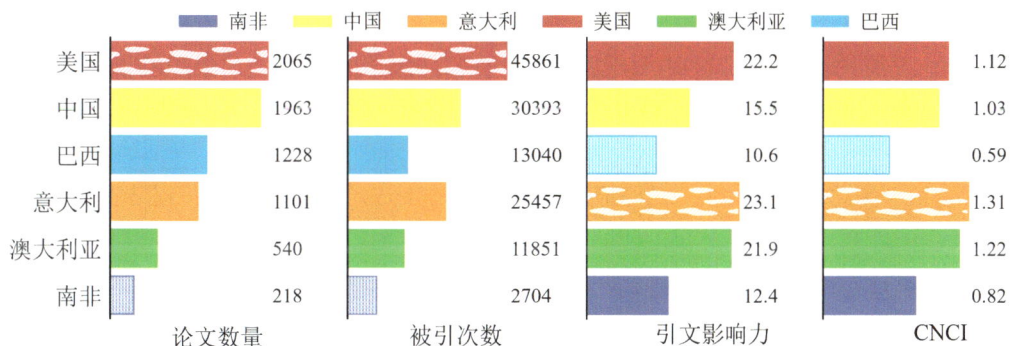

图 4-32　农业学科主要国家论文数量和影响力指标基本信息

　　各主要国家论文数量的年度变化趋势比较见图 4-33。图中曲线上论文数量的最大值用圆圈标出，并用虚线与对应的年份链接，图中 6 个主要国家论文数量的最大值和最小值用表格进行了显示。从图中看出，2009 年之前美国的曲线位于图的最上方，之后中国的曲线与美国的曲线缠绕在一起，2018 年后中国的曲线位于图的最上方，论文数量最大值出现在 2022 年。南非 20 年间的论文数量缓慢上升位于图的最下方。意大利和巴西 20 年间的论文数量变化基本一致，有些年份交叉，位于中国和美国曲线的下方。

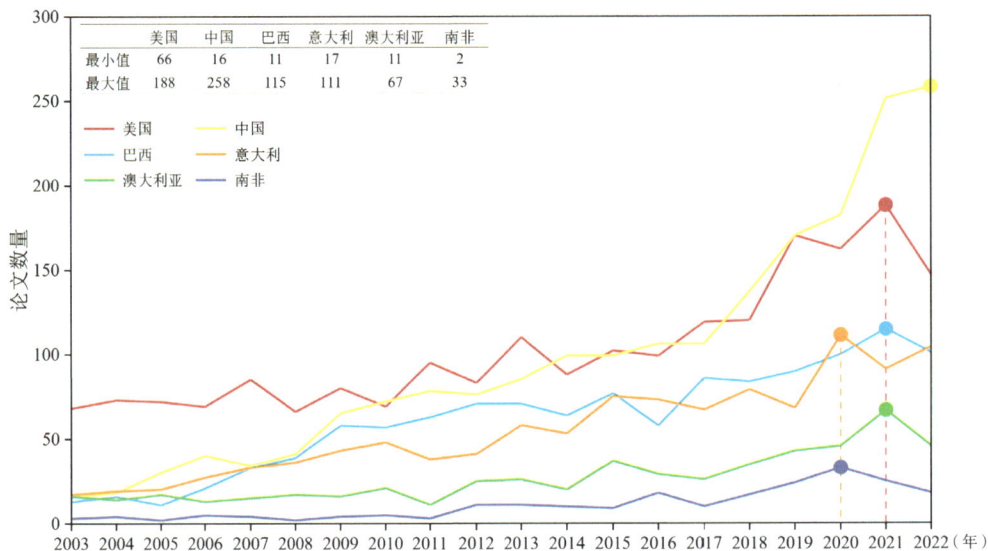

图 4-33　农业学科主要国家论文数量的年度变化比较

　　各主要国家论文被引次数的年度变化趋势比较见图 4-34。图中曲线上论文被引次数的最大值用圆圈标出，并用虚线与对应的年份链接。图中 6 个主要国家论文被引次数的最大值和最小值用表格进行了显示。从图中可以看出，2014 年之前的美国论文被引次数曲线独立与其他国家曲线上方，之后与中国的曲线缠绕在一起，2019 年之后，中国论文被引次数曲线独立与其他国家曲线上方。南非 20 年间的论文被引次数曲线平缓位于图的最下方。

　　各主要国家论文引文影响力的年度变化趋势比较见图 4-35。图中曲线上论文引文影响力的最大值用圆圈标出，并用虚线与对应的年份链接。图中 6 个主要国家论文引文影响力的最大值和最小值用表格进行了显示。图中可以看出，20 年间 6 个国家论文的该指数变化随着时间的推移由高到低变化，美国、中国、意大利和澳大利亚的曲线多数南非缠绕在一起。大多数年份，巴西和南非论文引文影响力成为最低值。2006 年，意大利的论文引文影响力最大值出现，也是 6 个主要国家论文影响力的最大值。

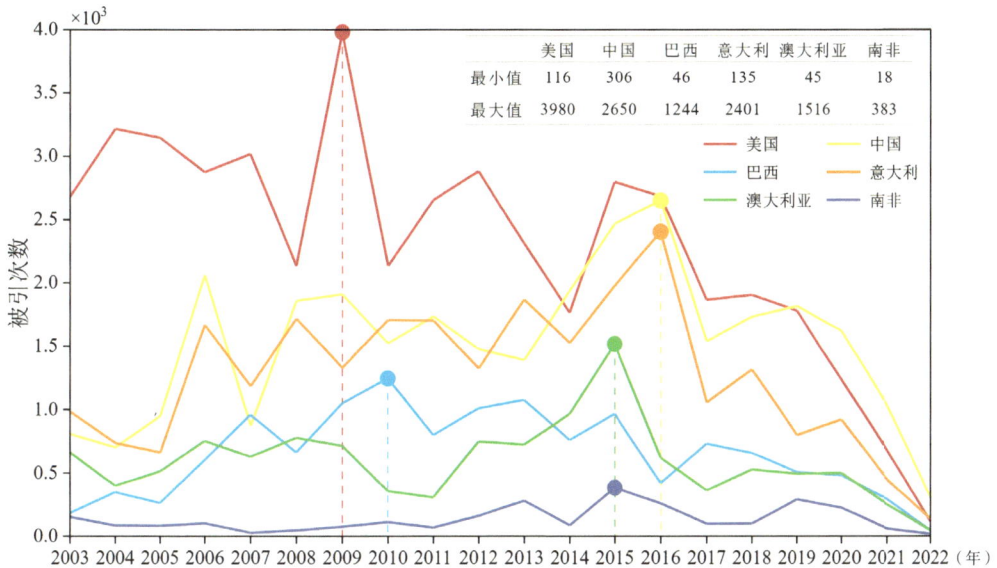

图 4-34　农业学科主要国家论文被引次数的年度变化比较

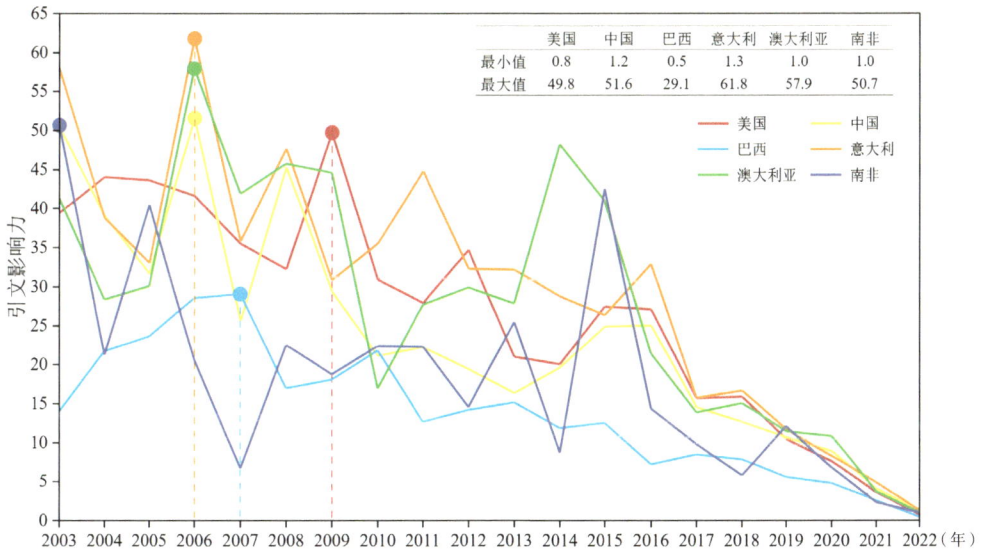

图 4-35　农业学科主要国家论文引文影响力的年度变化比较

各主要国家论文 CNCI 的年度变化趋势比较见图 4-36。曲线上论文 CNCI 的最大值用圆圈标出，并用虚线与对应的年份链接，图中 6 个主要国家论文 CNCI 的最大值和最小值用表格进行了显示。从图中看出，澳大利亚该指标在 2014 年达到最大值 2.36，也是 6 个主要国家中的最大值。南非该指标在 2015 年达到最大值 2.00，在此前后数值较低，2007 年为 0.22，也是 6 个主要国家中的最小值。巴西该指数曲线基本位于图的最下方，中国该指标变化曲线相对平缓。

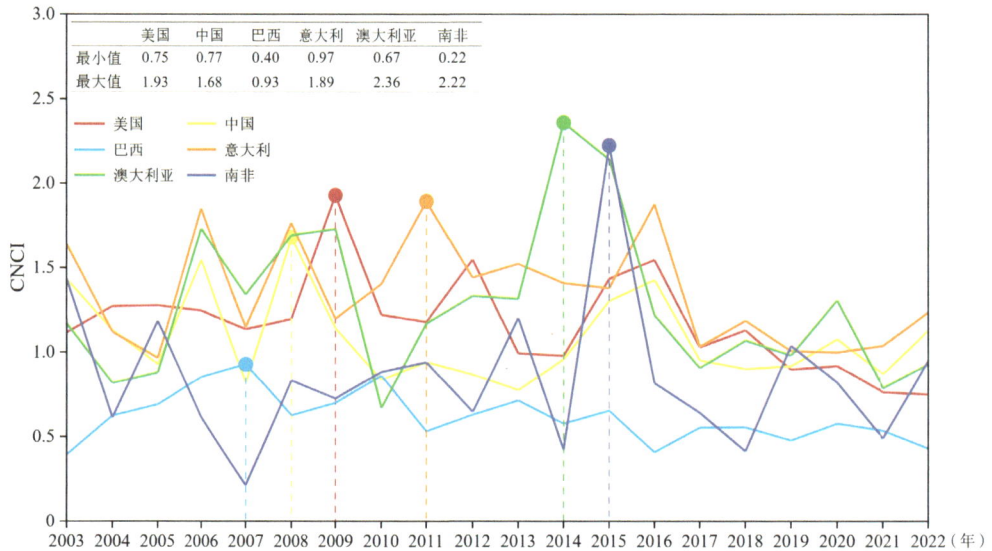

图 4-36　农业学科主要国家论文 CNCI 的年度变化比较

## 4.3.2　主要国家合作研究信息可视化

农业科学主要国家与高产国家的论文合作分布与论文数量见图 4-37。图左侧国家顺序按照美国与各高产国家合作论文数占比由高到低排列，方块大小为主要国家合作的论文总数量，圆圈大小为相应主要国家与高产国家合作的论文数量，各洲用不同颜色加以区分。图中每组数据包括某主要国家与某高产国家合作的论文数及占比（论文数除以某主要国家合作论文总数）。从图中可以看出，中国与美国的合作论文数量占比达到中国合作论文总数的 18.8%，巴西与土耳其没有合作，南非与韩国、土耳其、巴基斯坦、波兰和捷克合作为零。6 个主要国家与美国的合作论文占比都是最高的（在 15% 以上），与英国、德国和法国的合作论文占比在 4% 以上。澳大利亚与中国的合作论文占澳大利亚合作论文总数的 20.5%。另外，合作次数较高的国家之间表现出一定的区域性，肯尼亚与南非的合作论文占南非合作论文总数的9.2%，中国与日本合作论文数量占中国合作论文总数的5.2%。另外，巴西与西班牙的合作论文占巴西合作论文总数的12.4%。南非与荷兰合作论文数量占南非合作论文总数的10%。

| | 非洲 | 亚洲 | 欧洲 | 北美洲 | 大洋洲 | 南美洲 |
|---|---|---|---|---|---|---|
| 美国 | 1091 | 205 (31.4%) | 96 (33.9%) | 74 (14.9%) | 76 (21.3%) | 26 (20%) |
| 中国 | 205 (18.8%) | 652 | 12 (4.2%) | 20 (4%) | 73 (20.5%) | 6 (4.6%) |
| 巴西 | 96 (8.8%) | 12 (1.8%) | 283 | 17 (3.4%) | 10 (2.8%) | 5 (3.8%) |
| 英国 | 93 (8.5%) | 40 (6.1%) | 23 (8.1%) | 64 (12.9%) | 57 (16%) | 26 (20%) |
| 加拿大 | 89 (8.2%) | 54 (8.3%) | 16 (5.7%) | 15 (3%) | 17 (4.8%) | 4 (3.1%) |
| 德国 | 80 (7.3%) | 47 (7.2%) | 23 (8.1%) | 63 (12.7%) | 28 (7.9%) | 8 (6.2%) |
| 法国 | 77 (7.1%) | 27 (4.1%) | 36 (12.7%) | 63 (12.7%) | 28 (7.9%) | 21 (16.2%) |
| 澳大利亚 | 76 (7%) | 73 (11.2%) | 10 (3.5%) | 17 (3.4%) | 356 | 21 (16.2%) |
| 西班牙 | 75 (6.9%) | 20 (3.1%) | 35 (12.4%) | 93 (18.8%) | 22 (6.2%) | 8 (6.2%) |
| 意大利 | 74 (6.8%) | 20 (3.1%) | 17 (6.0%) | 495 | 17 (4.8%) | 7 (5.4%) |
| 墨西哥 | 61 (5.6%) | 27 (4.1%) | 10 (3.5%) | 10 (2%) | 9 (2.5%) | 1 (0.8%) |
| 荷兰 | 54 (4.9%) | 26 (4%) | 18 (6.4%) | 45 (9.1%) | 16 (4.5%) | 13 (10%) |
| 哥伦比亚 | 45 (4.1%) | 3 (0.5%) | 16 (5.7%) | 5 (1%) | 7 (2%) | 6 (4.6%) |
| 印度 | 44 (4%) | 25 (3.8%) | 5 (1.8%) | 13 (2.6%) | 23 (6.5%) | 7 (5.4%) |
| 肯尼亚 | 33 (3%) | 15 (2.3%) | 4 (1.4%) | 13 (2.6%) | 12 (3.4%) | 12 (9.2%) |
| 瑞典 | 32 (2.9%) | 11 (1.7%) | 4 (1.4%) | 11 (2.2%) | 11 (3.1%) | 5 (3.8%) |
| 韩国 | 30 (2.7%) | 16 (2.5%) | 1 (0.4%) | 9 (1.8%) | 5 (1.4%) | 0 |
| 日本 | 27 (2.5%) | 34 (5.2%) | 6 (2.1%) | 7 (1.4%) | 8 (2.2%) | 2 (1.5%) |
| 伊朗 | 27 (2.5%) | 18 (2.8%) | 2 (0.7%) | 12 (2.4%) | 7 (2%) | 1 (0.8%) |
| 南非 | 26 (2.4%) | 6 (0.9%) | 5 (1.8%) | 7 (1.4%) | 21 (5.9%) | 130 |
| 阿根廷 | 23 (2.1%) | 1 (0.2%) | 11 (3.9%) | 14 (2.8%) | 7 (2%) | 2 (1.5%) |
| 丹麦 | 22 (2%) | 9 (1.4%) | 9 (3.2%) | 23 (4.6%) | 5 (1.4%) | 6 (4.6%) |
| 土耳其 | 22 (2%) | 6 (0.9%) | 0 | 19 (3.8%) | 7 (2%) | 0 |
| 比利时 | 21 (1.9%) | 7 (1.1%) | 5 (1.8%) | 19 (3.8%) | 6 (1.7%) | 3 (2.3%) |
| 瑞士 | 21 (1.9%) | 6 (0.9%) | 13 (4.6%) | 26 (5.3%) | 13 (3.7%) | 6 (4.6%) |
| 俄罗斯 | 20 (1.8%) | 13 (2%) | 2 (0.7%) | 10 (2%) | 5 (1.4%) | 1 (0.8%) |
| 巴基斯坦 | 18 (1.6%) | 43 (6.6%) | 1 (0.4%) | 5 (1%) | 20 (5.6%) | 0 |
| 葡萄牙 | 16 (1.5%) | 1 (0.2%) | 18 (6.4%) | 23 (4.6%) | 5 (1.4%) | 8 (6.2%) |
| 波兰 | 12 (1.1%) | 9 (1.4%) | 3 (1.1%) | 16 (3.2%) | 3 (0.8%) | 0 |
| 捷克 | 10 (0.9%) | 8 (1.2%) | 2 (0.7%) | 22 (4.4%) | 4 (1.1%) | 0 |

| 美国 | 中国 | 巴西 | 意大利 | 澳大利亚 | 南非 |

□ 方形大小：主要国家合作的论文数量　　○ 圆形大小：主要国家与高产国家合作的论文数量

图 4-37　农业学科主要国家与高产国家论文合作数量与分布

生物多样性特别丰富的国家 17 个。主要国家与生物多样性特别丰富国家的合作分布与论文数量见图 4-38。既是高产国家又是生物多样性特别丰富国家分别是美国、澳大利亚、中国、巴西、墨西哥、南非和印度 7 国，6 主要国家与 7 国合作论文占比在 0.8% 以上。6 个主要国家间的合作更为突出。只有美国与生物多样性特别

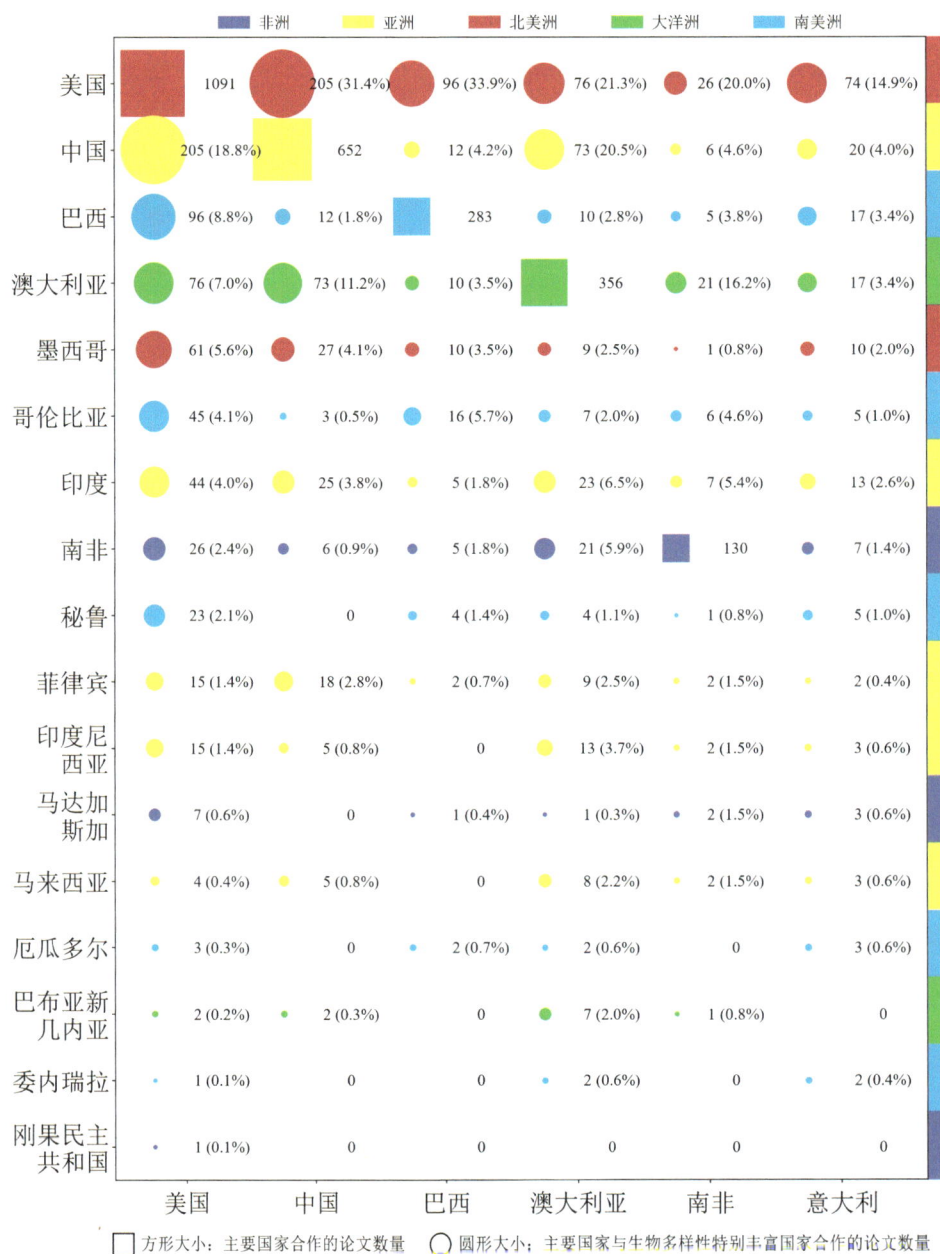

| | 美国 | 中国 | 巴西 | 澳大利亚 | 南非 | 意大利 |
|---|---|---|---|---|---|---|
| 美国 | 1091 | 205 (31.4%) | 96 (33.9%) | 76 (21.3%) | 26 (20.0%) | 74 (14.9%) |
| 中国 | 205 (18.8%) | 652 | 12 (4.2%) | 73 (20.5%) | 6 (4.6%) | 20 (4.0%) |
| 巴西 | 96 (8.8%) | 12 (1.8%) | 283 | 10 (2.8%) | 5 (3.8%) | 17 (3.4%) |
| 澳大利亚 | 76 (7.0%) | 73 (11.2%) | 10 (3.5%) | 356 | 21 (16.2%) | 17 (3.4%) |
| 墨西哥 | 61 (5.6%) | 27 (4.1%) | 10 (3.5%) | 9 (2.5%) | 1 (0.8%) | 10 (2.0%) |
| 哥伦比亚 | 45 (4.1%) | 3 (0.5%) | 16 (5.7%) | 7 (2.0%) | 6 (4.6%) | 5 (1.0%) |
| 印度 | 44 (4.0%) | 25 (3.8%) | 5 (1.8%) | 23 (6.5%) | 7 (5.4%) | 13 (2.6%) |
| 南非 | 26 (2.4%) | 6 (0.9%) | 5 (1.8%) | 21 (5.9%) | 130 | 7 (1.4%) |
| 秘鲁 | 23 (2.1%) | 0 | 4 (1.4%) | 4 (1.1%) | 1 (0.8%) | 5 (1.0%) |
| 菲律宾 | 15 (1.4%) | 18 (2.8%) | 2 (0.7%) | 9 (2.5%) | 2 (1.5%) | 2 (0.4%) |
| 印度尼西亚 | 15 (1.4%) | 5 (0.8%) | 0 | 13 (3.7%) | 2 (1.5%) | 3 (0.6%) |
| 马达加斯加 | 7 (0.6%) | 0 | 1 (0.4%) | 1 (0.3%) | 2 (1.5%) | 3 (0.6%) |
| 马来西亚 | 4 (0.4%) | 5 (0.8%) | 0 | 8 (2.2%) | 2 (1.5%) | 3 (0.6%) |
| 厄瓜多尔 | 3 (0.3%) | 0 | 2 (0.7%) | 2 (0.6%) | 0 | 3 (0.6%) |
| 巴布亚新几内亚 | 2 (0.2%) | 2 (0.3%) | 0 | 7 (2.0%) | 1 (0.8%) | 0 |
| 委内瑞拉 | 1 (0.1%) | 0 | 0 | 2 (0.6%) | 0 | 2 (0.4%) |
| 刚果民主共和国 | 1 (0.1%) | 0 | 0 | 0 | 0 | 0 |

图例：■ 非洲　■ 亚洲　■ 北美洲　■ 大洋洲　■ 南美洲

□ 方形大小：主要国家合作的论文数量　○ 圆形大小：主要国家与生物多样性特别丰富国家合作的论文数量

图 4-38　农业学科主要国家与生物多样性特别丰富国家论文合作的数量与分布

丰富的国家都有合作。主要国家与刚果民主共和国、委内瑞拉、马达加斯加、马来西亚、厄瓜多尔、巴布亚新几内亚6个生物多样性特别丰富国家的合作研究数量极少或为零。

图4-39为农业科学主要国家与各洲合作的国家或地区分布与数量，方块大小为6大洲参与研究的国家或地区数，圆圈大小为各洲的国家或地区数量。从图中看出，6个主要国家与非洲、亚洲和欧洲合作的国家或地区数量较多。美国、意大利和澳大利亚"科研朋友圈"更大，分别是124、118和99。

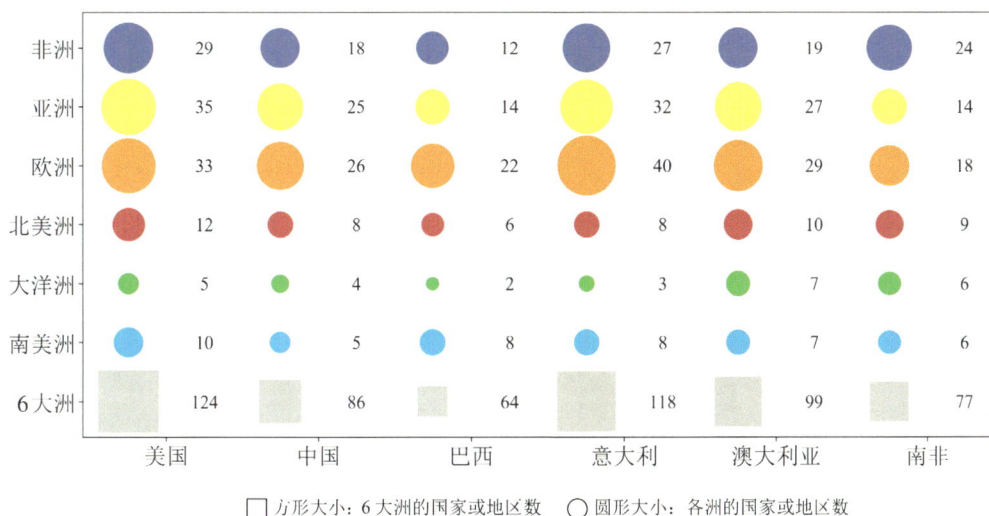

图4-39 农业学科主要国家与各洲合作国家或地区的分布与数量

各主要国家与世界其他国家或地区合作网络见图4-40至图4-45。从上到下国家次序按照所属洲排列，即非洲、亚洲、欧洲、北美洲、大洋洲和南美洲，合作论文数量多的国家排在前面。图中央方块图形和数字代表主要国家及其合作完成的论文总数量。与其合作的国家以圆圈表示，合作次数以圆圈大小和链接线条粗细表示（合作次数最多的国家圆圈中标有数据）。圆圈颜色代表合作论文的CNCI。农业学科论文CNCI的最高值为43.15。2015年发表的论文"Biogeochemical cycles and biodiversity as key drivers of ecosystem services provided by soils" CNCI为11.55，作者来自13个国家，其中除了本节中提到的6个主要国家外，还有7个其他国家。当这些国家与主要国家合作论文只有这一篇论文时，合作论文的CNCI就为11.55，例如，斯洛伐克与美国、中国、巴西和南非只有该篇合作论文。斯洛伐克与意大利和澳大利亚合作论文数量分别是 3 篇和 2 篇，在这 2 个国家的全球合作网络中，斯洛伐克合作节点的 CNCI 分别是 9.05 和 1.51。

图 4-40 中美国分别与非洲、亚洲、欧洲、北美洲、大洋洲和南美洲的 29 个、35 个、33 个、12 个、5 个和 10 个，共计 124 个国家或地区进行合作，该图具体可视化了图 4-39 中美国与各洲合作的国家或地区信息。

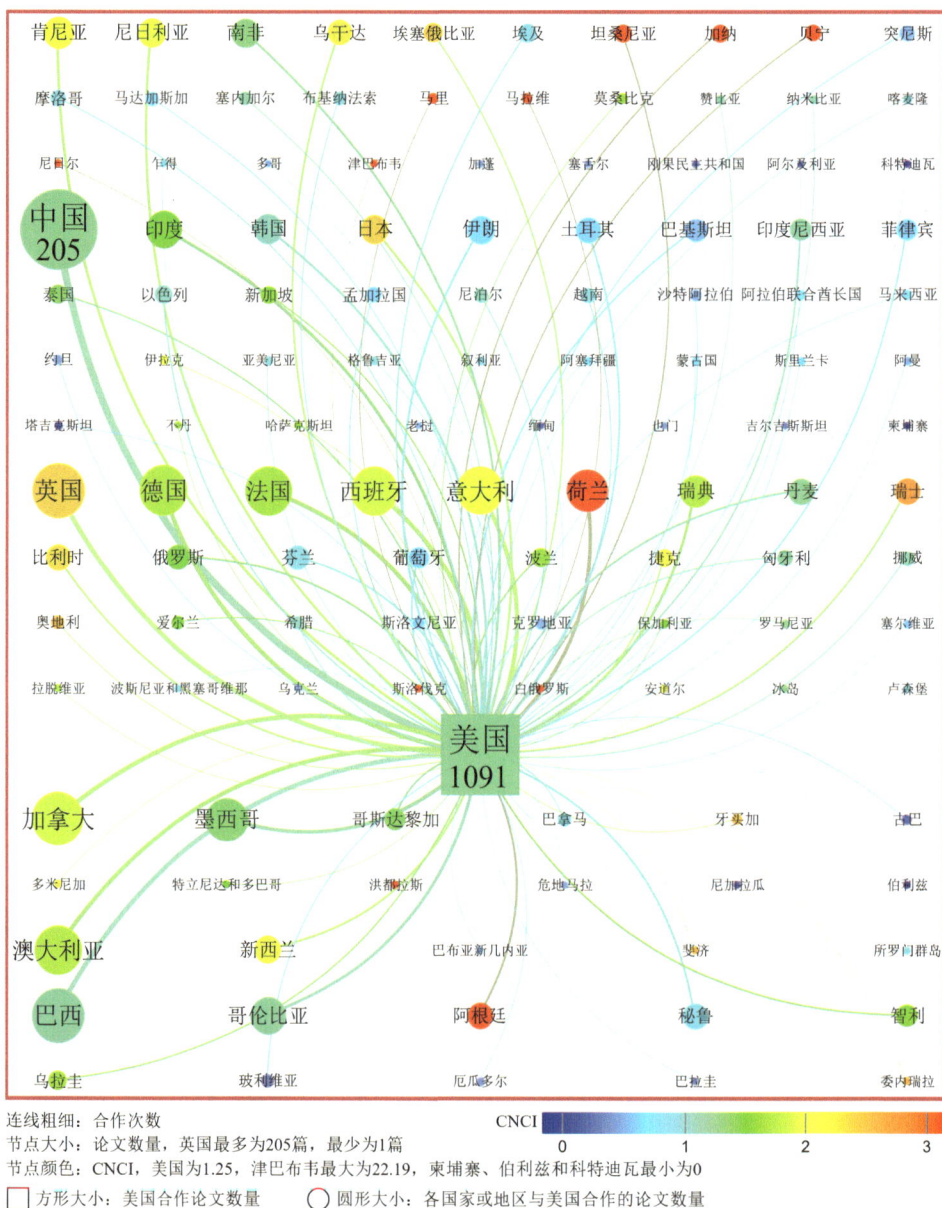

连线粗细：合作次数
节点大小：论文数量，英国最多为205篇，最少为1篇
节点颜色：CNCI，美国为1.25，津巴布韦最大为22.19，柬埔寨、伯利兹和科特迪瓦最小为0
□ 方形大小：美国合作论文数量　○ 圆形大小：各国家或地区与美国合作的论文数量

图 4-40　农业学科美国与全球各国或地区论文合作网络热图

图 4–41 中中国分别与非洲、亚洲、欧洲、北美洲、大洋洲和南美洲的 18 个、25 个、26 个、8 个、4 个和 5 个，共计 86 个国家或地区进行合作，该图具体可视化了图 4–39 中中国与各洲合作的国家或地区信息。

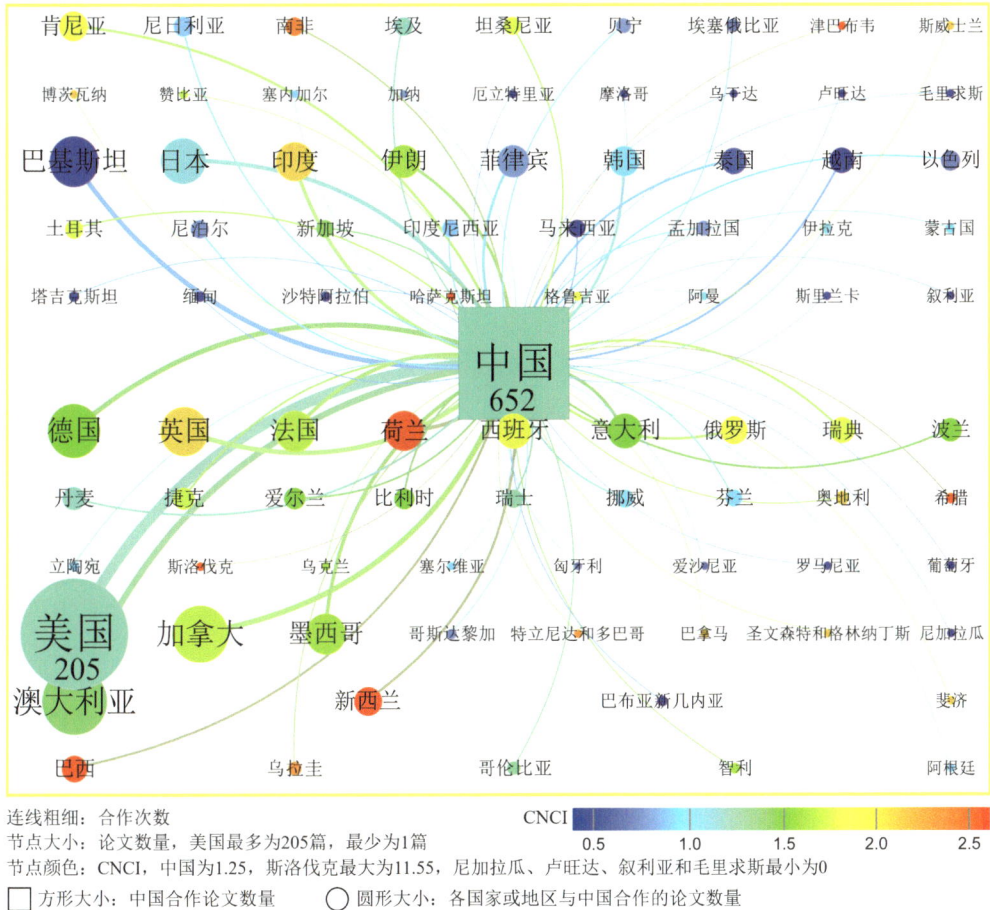

连线粗细：合作次数
节点大小：论文数量，美国最多为205篇，最少为1篇
节点颜色：CNCI，中国为1.25，斯洛伐克最大为11.55、尼加拉瓜、卢旺达、叙利亚和毛里求斯最小为0
□ 方形大小：中国合作论文数量　　○ 圆形大小：各国家或地区与中国合作的论文数量

图 4-41　农业学科中国与全球各国或地区论文合作网络热图

　　图 4-42 中巴西分别与非洲、亚洲、欧洲、北美洲、大洋洲和南美洲的 12 个、14 个、22 个、6 个、2 个和 8 个，共计 64 个国家或地区进行合作，该图具体可视化了图 4-39 中巴西与各洲合作的国家或地区信息。

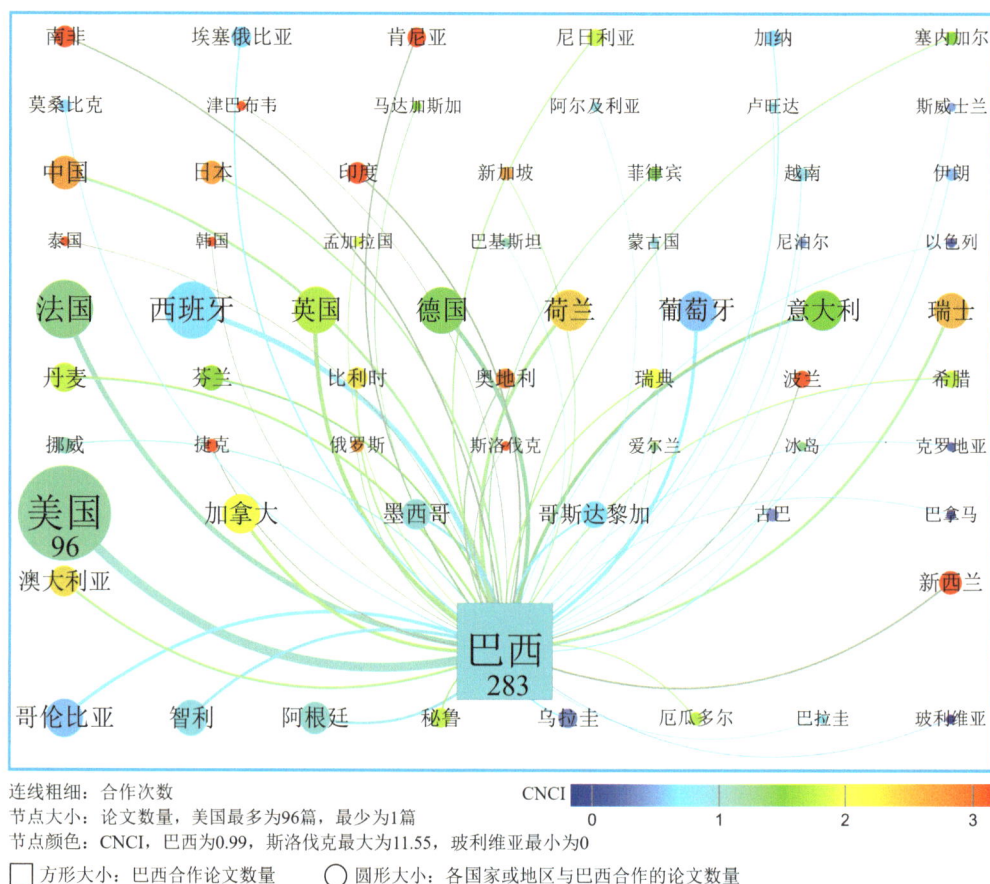

连线粗细：合作次数
节点大小：论文数量，美国最多为96篇，最少为1篇
节点颜色：CNCI，巴西为0.99，斯洛伐克最大为11.55，玻利维亚最小为0

□ 方形大小：巴西合作论文数量　　○ 圆形大小：各国家或地区与巴西合作的论文数量

**图 4-42　农业学科巴西与全球各国或地区论文合作网络热图**

图4-43中意大利分别与非洲、亚洲、欧洲、北美洲、大洋洲和南美洲的27个、32个、40个、8个、3个和8个，共计118个国家或地区进行合作，该图具体可视化了图4-39中意大利与各洲合作的国家或地区信息。

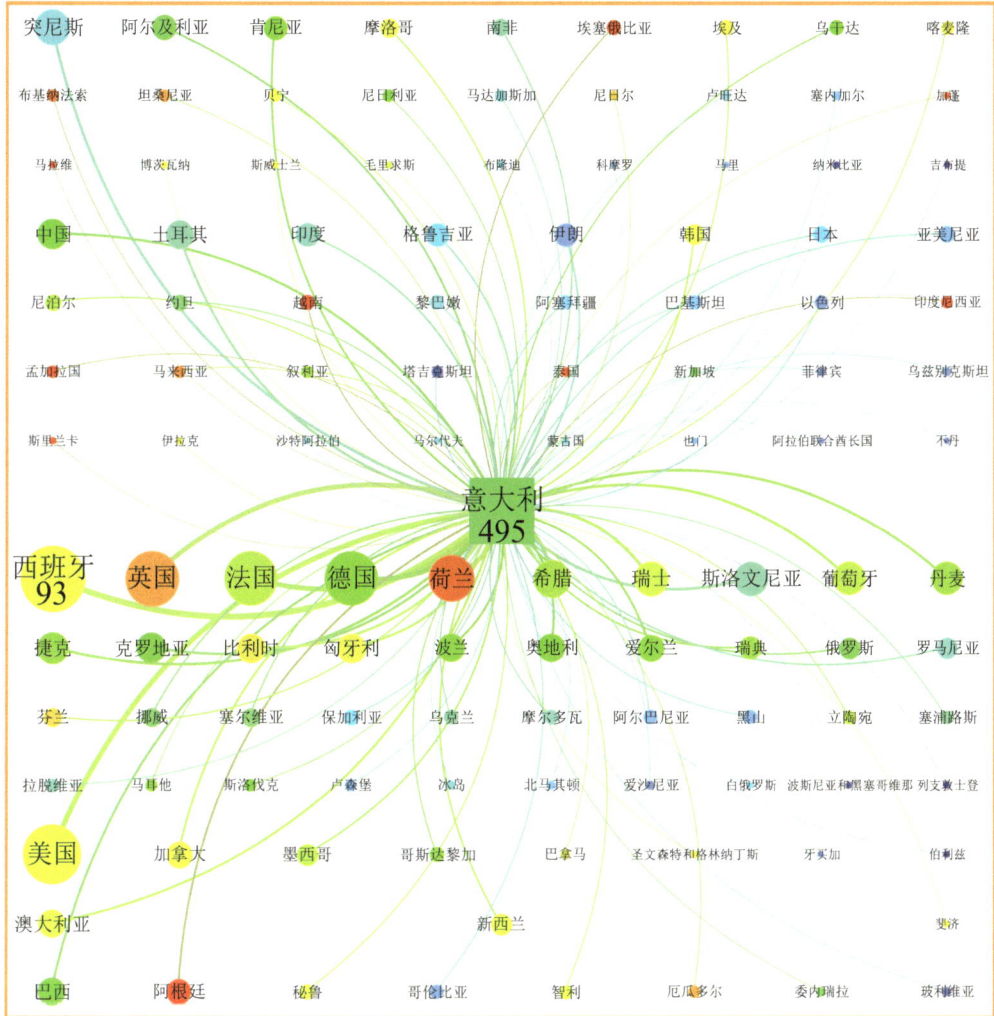

连线粗细：合作次数
节点大小：论文数量，西班牙最多为93篇，最少为1篇
节点颜色：CNCI，意大利为1.37，斯里兰卡最大为6.55，纳米比亚、列支敦士登、伯利兹和吉布提最小为0
□ 方形大小：意大利合作论文数量  ○ 圆形大小：各国家或地区与意大利合作的论文数量

图4-43　农业学科意大利与全球各国或地区论文合作网络热图

图 4-44 中澳大利亚分别与非洲、亚洲、欧洲、北美洲、大洋洲和南美洲的 19 个、27 个、29 个、10 个、7 个和 7 个，共计 99 个国家或地区进行合作，该图具体可视化了图 4-39 中澳大利亚与各洲合作的国家或地区信息。

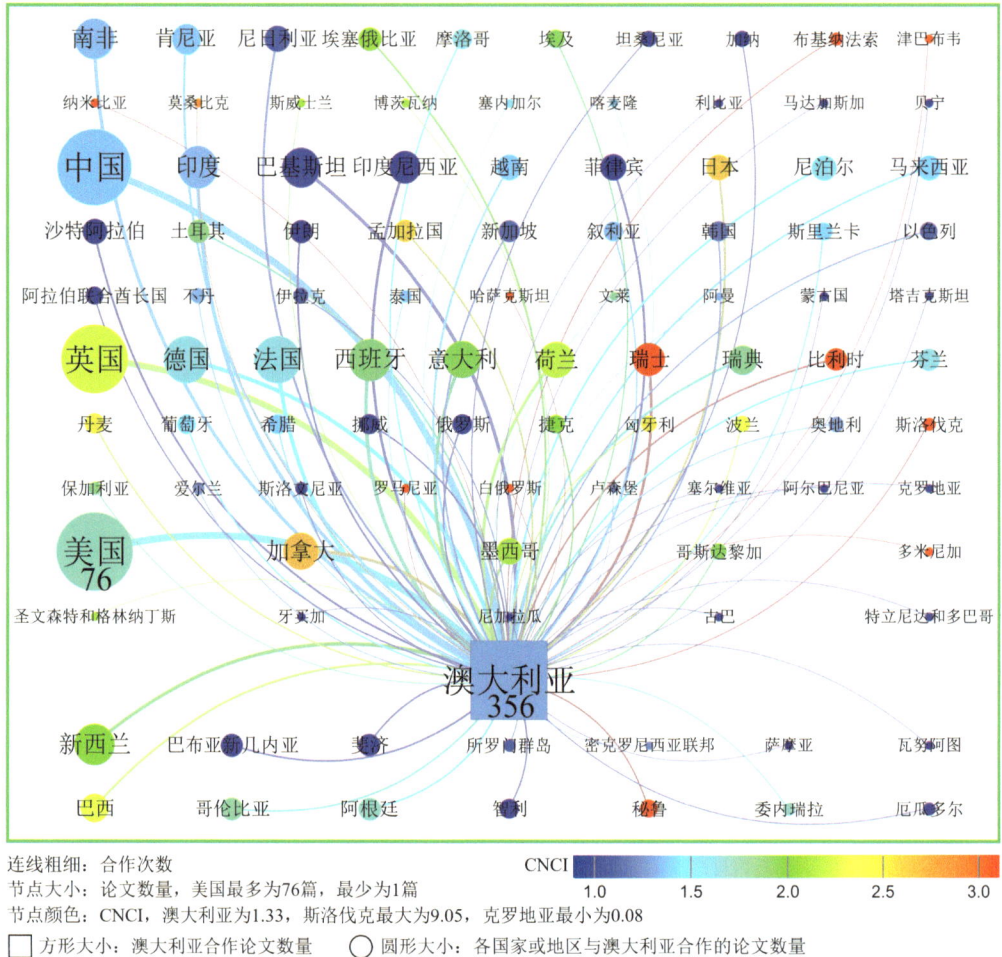

连线粗细：合作次数
节点大小：论文数量，美国最多为76篇，最少为1篇
节点颜色：CNCI，澳大利亚为1.33，斯洛伐克最大为9.05，克罗地亚最小为0.08
□ 方形大小：澳大利亚合作论文数量　○ 圆形大小：各国家或地区与澳大利亚合作的论文数量

图 4-44　农业学科澳大利亚与全球各国或地区论文合作网络热图

图 4-45 中南非分别与非洲、亚洲、欧洲、北美洲、大洋洲和南美洲的 24 个、14 个、18 个、9 个、6 个和 6 个，共计 77 个国家或地区进行合作，该图具体可视化了图 4-39 中南非与各洲合作的国家或地区信息。

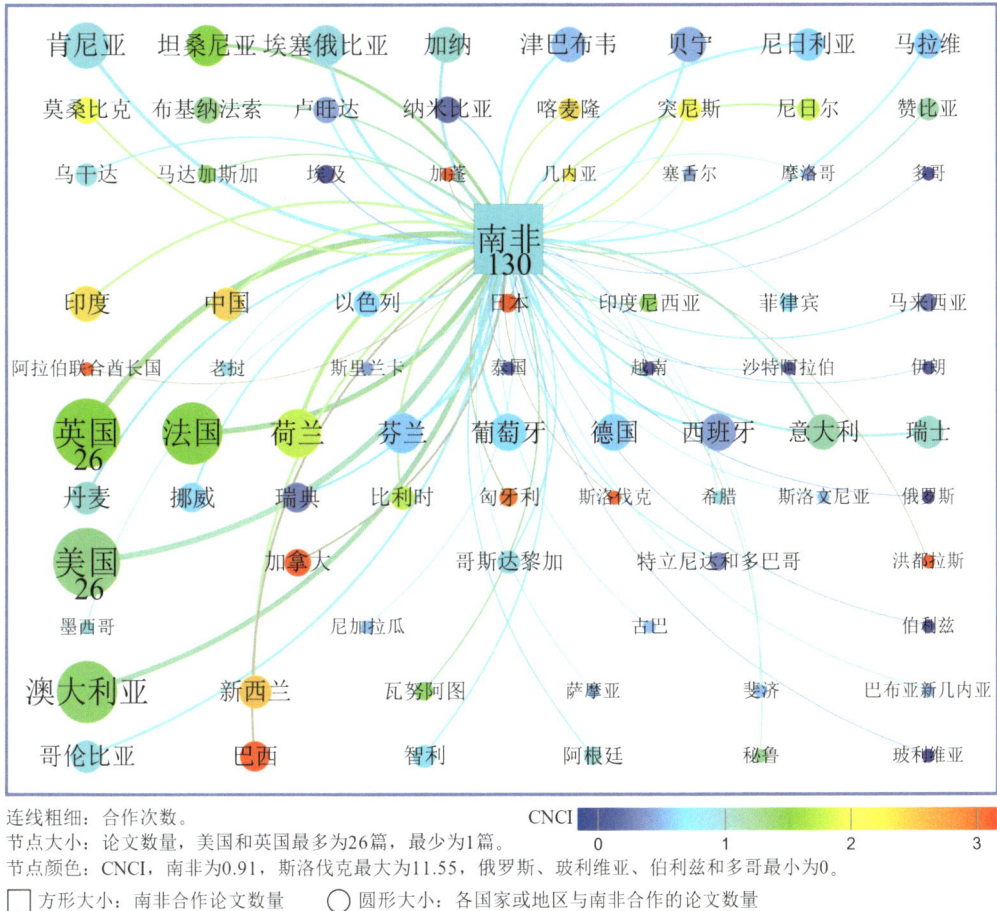

连线粗细：合作次数。
节点大小：论文数量，美国和英国最多为 26 篇，最少为 1 篇。
节点颜色：CNCI，南非为 0.91，斯洛伐克最大为 11.55，俄罗斯、玻利维亚、伯利兹和多哥最小为 0。
□ 方形大小：南非合作论文数量  ○ 圆形大小：各国家或地区与南非合作的论文数量

图 4-45　农业学科南非与全球各国或地区论文合作网络热图

# 5

# 地学生物多样性论文及其
# 合作研究信息可视化

## 5.1　全球地学生物多样性论文数量及其质量信息可视化

2003—2022 年间地学发表论文 5237 篇，来源于 6 大洲的 141 个国家或地区（图
5-1）。欧洲、亚洲、北美洲、南美洲、大洋洲和非洲 20 年间发文量分别是 2992 篇、
1580 篇、1564 篇、408 篇、408 篇和 292 篇。

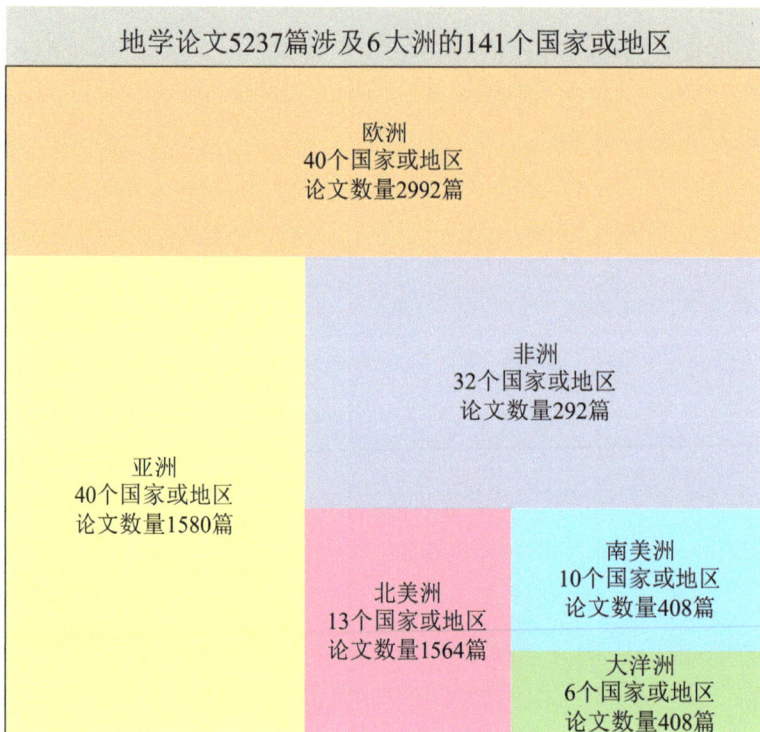

图 5-1　2003—2022 年间发表地学学科生物多样性论文的国家或地区分布

图 5-2 为不同时段生物多样性论文涉及的国家或地区数，5 个时段分别是 2003—2007 年、2008—2012 年、2013—2017 年和 2018—2022 年，以及 2003—2022 年总时段。从图中可以看出，随着时间的推移各洲发表论文涉及的国家或地区数在不断增加。

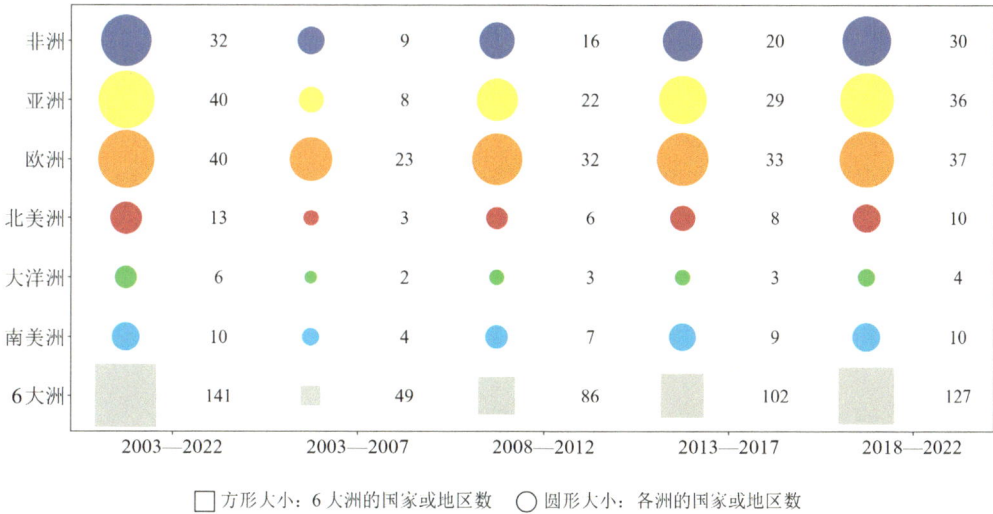

□ 方形大小：6 大洲的国家或地区数　○ 圆形大小：各洲的国家或地区数

图 5-2　地学学科在不同时段各洲发表论文的国家或地区数量

使用两种图形来描述地学生物多样性论文数量和质量信息的年度分布情况。图 5-3 气泡图重点提供 20 年逐年论文数量、被引次数、引文影响力和 CNCI 的基础数据，数值越大，对应的指标圆圈就越大，空心圆圈为相应指标的最大值或最小值。图 5-4 点线图呈现 4 个指标 20 年逐年变化的趋势。从图中看出发表论文数量基本呈现逐年增加的趋势，2021 年达到最高值 604 篇。被引次数最高值为 9926 次，出现在 2016 年，之后基本呈现逐年减少趋势。引文影响力呈现逐年减少趋势，最高值出现在 2004 年，达到 73.5 次 / 篇。CNCI 最高值出现在 2004 年，为 1.56，最低值出现在 2006 年，为 0.84。

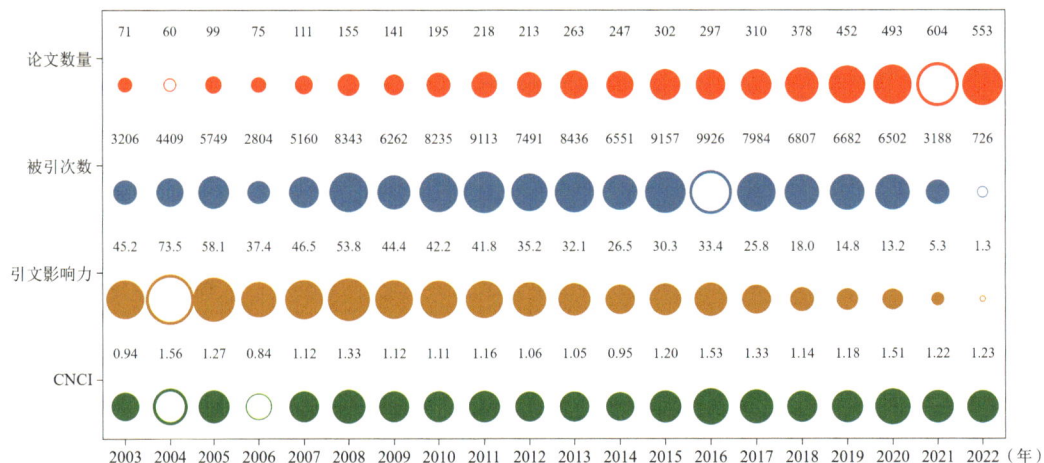

图 5-3 地学学科论文数量及其影响力指标年度基本信息

图 5-4 地学学科论文数量及其影响力指标的年度变化

图 5-5 为在不同时段全球国家或地区、高产国家和主要国家独立与合作完成的论文数量。图中数据表明从国家层面来看，合作研究比例逐步上升。高产国家和主要国家的发文量分别占全球发文总量的 95.7% 和 56.8%。

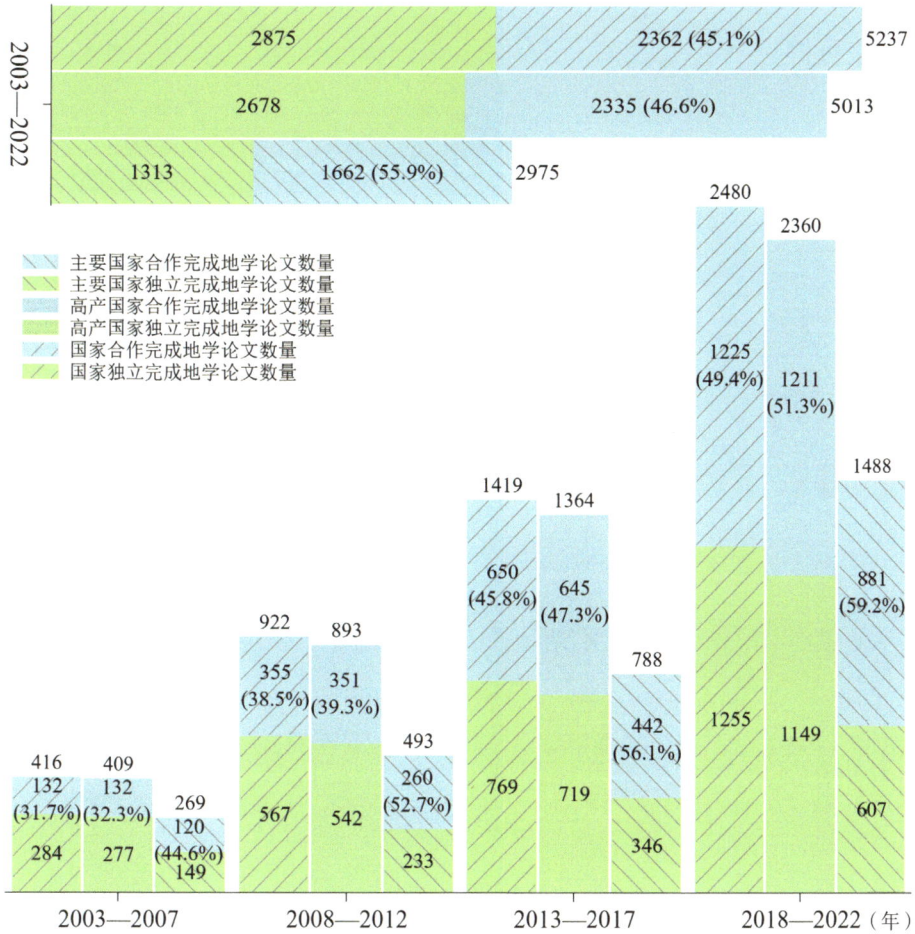

图 5-5　地学学科在不同时段独立与合作论文的数量及合作论文数量百分比

## 5.2　高产国家地学生物多样性论文数量及其质量信息可视化

图 5-6 表征了高产国家不同时段发表论文数量多少的排序和 CNCI 的高低，同时反映各国论文数量与影响力的变化趋势。图中高产国家共涉及 37 个，其中欧洲国家 22 个，亚洲 5 个，南美洲 2 个，北美洲 3 个，大洋洲 2 个，非洲 3 个。图中数字越小表示该国发表论文数量越多，颜色深浅表示所产论文影响力 CNCI 的高低。20 年间论文数量美国排列第一位，中国排列第二位，英国排列第三位。4 个时间段排前 10 位的国家基本没有变化（除了俄罗斯 2018—2022 年时段排列第 13 位，意大利 2003—3007 年时段排列第 13 位），但排名序列有所不同。奥地利、瑞士 2 国的

CNCI 较高，均超过了 3.6（图中显示为白色数字）。后面对各时段 30 个国家具体信息进行详细分析。

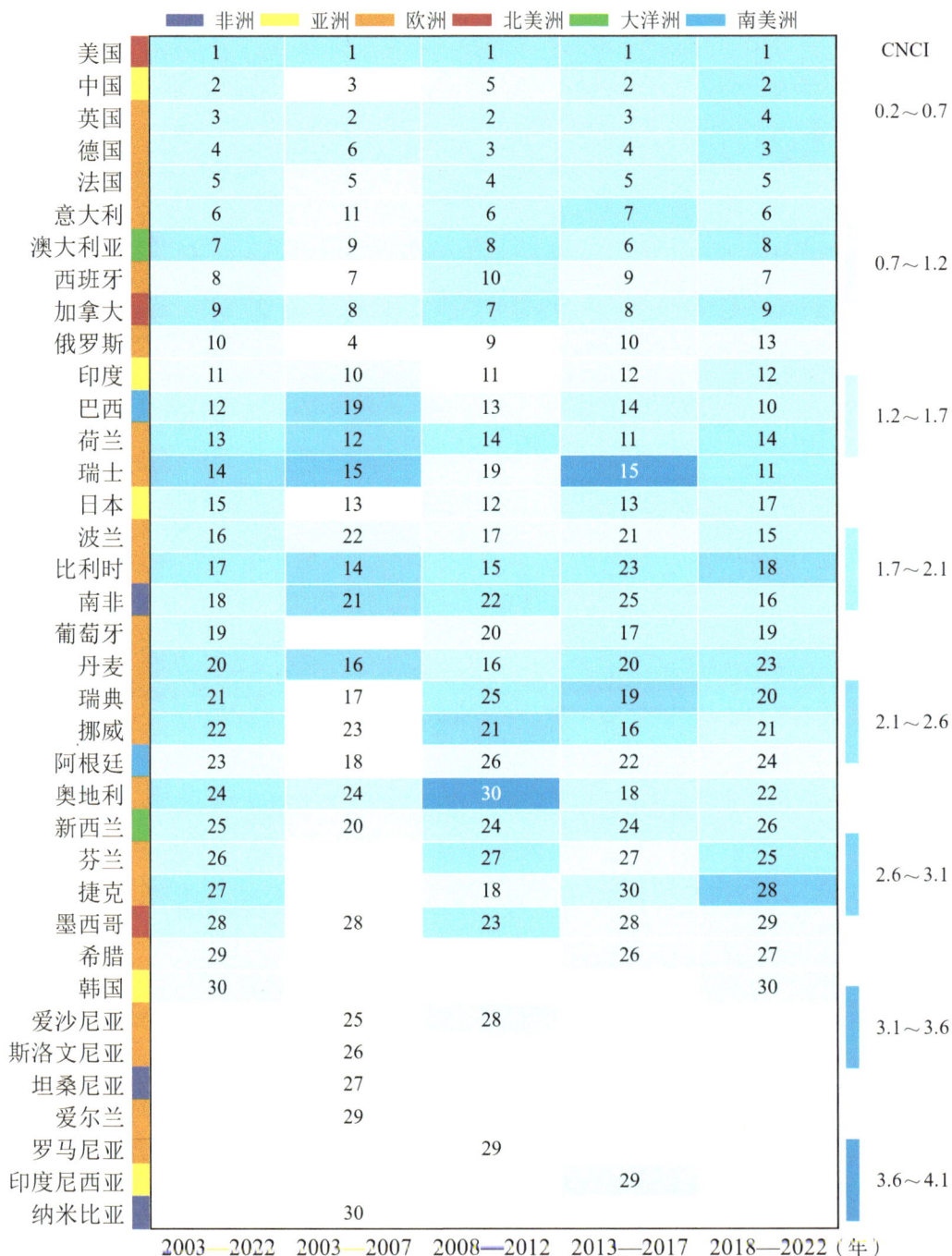

| 国家 | 2003—2022 | 2003—2007 | 2008—2012 | 2013—2017 | 2018—2022 |
|---|---|---|---|---|---|
| 美国 | 1 | 1 | 1 | 1 | 1 |
| 中国 | 2 | 3 | 5 | 2 | 2 |
| 英国 | 3 | 2 | 2 | 3 | 4 |
| 德国 | 4 | 6 | 3 | 4 | 3 |
| 法国 | 5 | 5 | 4 | 5 | 5 |
| 意大利 | 6 | 11 | 6 | 7 | 6 |
| 澳大利亚 | 7 | 9 | 8 | 6 | 8 |
| 西班牙 | 8 | 7 | 10 | 9 | 7 |
| 加拿大 | 9 | 8 | 7 | 8 | 9 |
| 俄罗斯 | 10 | 4 | 9 | 10 | 13 |
| 印度 | 11 | 10 | 11 | 12 | 12 |
| 巴西 | 12 | 19 | 13 | 14 | 10 |
| 荷兰 | 13 | 12 | 14 | 11 | 14 |
| 瑞士 | 14 | 15 | 19 | 15 | 11 |
| 日本 | 15 | 13 | 12 | 13 | 17 |
| 波兰 | 16 | 22 | 17 | 21 | 15 |
| 比利时 | 17 | 14 | 15 | 23 | 18 |
| 南非 | 18 | 21 | 22 | 25 | 16 |
| 葡萄牙 | 19 |  | 20 | 17 | 19 |
| 丹麦 | 20 | 16 | 16 | 20 | 23 |
| 瑞典 | 21 | 17 | 25 | 19 | 20 |
| 挪威 | 22 | 23 | 21 | 16 | 21 |
| 阿根廷 | 23 | 18 | 26 | 22 | 24 |
| 奥地利 | 24 | 24 | 30 | 18 | 22 |
| 新西兰 | 25 | 20 | 24 | 24 | 26 |
| 芬兰 | 26 |  | 27 | 27 | 25 |
| 捷克 | 27 |  | 18 | 30 | 28 |
| 墨西哥 | 28 | 28 | 23 | 28 | 29 |
| 希腊 | 29 |  |  | 26 | 27 |
| 韩国 | 30 |  |  |  | 30 |
| 爱沙尼亚 |  | 25 | 28 |  |  |
| 斯洛文尼亚 |  | 26 |  |  |  |
| 坦桑尼亚 |  | 27 |  |  |  |
| 爱尔兰 |  | 29 |  |  |  |
| 罗马尼亚 |  |  | 29 |  |  |
| 印度尼西亚 |  |  |  | 29 |  |
| 纳米比亚 |  | 30 |  |  |  |

图例：非洲　亚洲　欧洲　北美洲　大洋洲　南美洲

CNCI：0.2～0.7、0.7～1.2、1.2～1.7、1.7～2.1、2.1～2.6、2.6～3.1、3.1～3.6、3.6～4.1

图 5-6　地学学科在不同时段高产国家的论文数量位次变化及其 CNCI 热图

## 5.2.1 2003—2022 年高产国家论文数量及其质量信息可视化

2003—2022 年间，全球共发表论文 5237 篇，高产国家共发表论文 5013 篇，占全球论文总数量的 95.7%。该时段高产国家论文信息见图 5-7。30 个高产论文国家

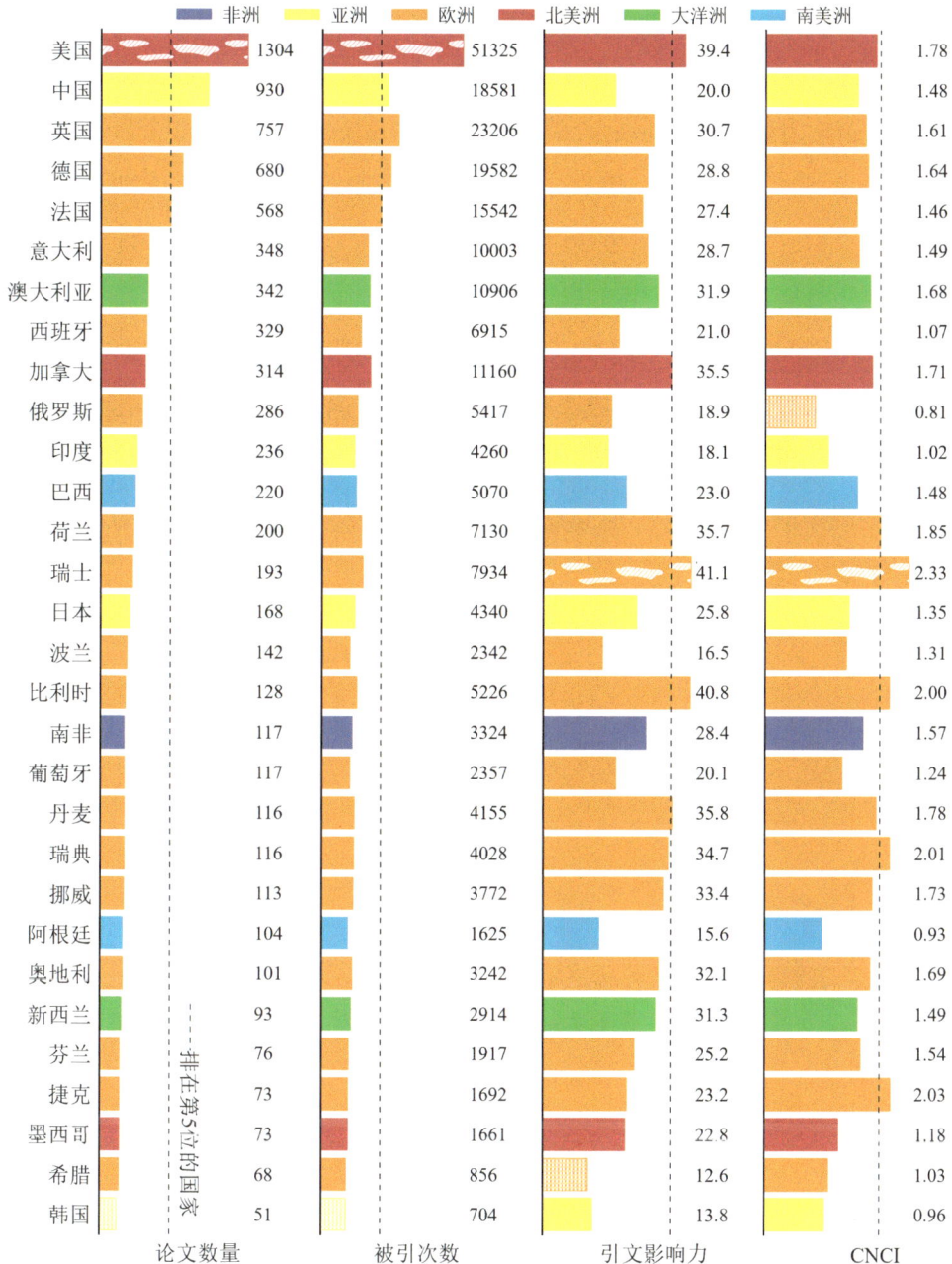

图 5-7 地学学科高产国家的论文数量及其影响力指标基本信息

包括欧洲国家 18 个，亚洲 4 个、北美洲 3 个，大洋洲和南美洲各 2 个，非洲 1 个，各洲使用不同的颜色进行区分。最大值和最小值用特殊图案进行了标注，虚线为各指标由大到小排列第 5 的数值线，各指标排列第 5 的国家数值标签使用与所在洲相同的颜色加以标注。各国发表论文数量在 51~1304 篇之间。美国论文数量 1304 篇和被引次数 51325 次均排列第一；中国论文数量排列第二，英国被引次数排列第二。引文影响力排列前 5 位的是瑞士 41.1、比利时 40.8、美国 39.4、丹麦 35.8 和荷兰 35.7。引文影响力最低的国家是希腊 12.6。CNCI 超过 1 的国家 27 个，排在前 5 国家包括瑞士 2.33、捷克 2.03、瑞典 2.01、比利时 2.00 和荷兰 1.85。CNCI 最低的国家是俄罗斯 0.81。美国的引文影响力和 CNCI 分别是 39.4 和 1.78。中国的引文影响力和 CNCI 分别是 20.00 和 1.48。

图 5-8 为 2003—2022 年间 30 个高产国家及其所属区域信息、论文数量、被引次数、引文影响力和 CNCI。横坐标从左到右，按国家的论文数量由大到小排序，同时标注了论文数量排第 2 位的国家，引文影响力和 CNCI 的最高数值用虚线与横坐标对应的国家链接。美国的论文数量和被引次数排列第一；瑞士的引文影响力和 CNCI 排列第一。

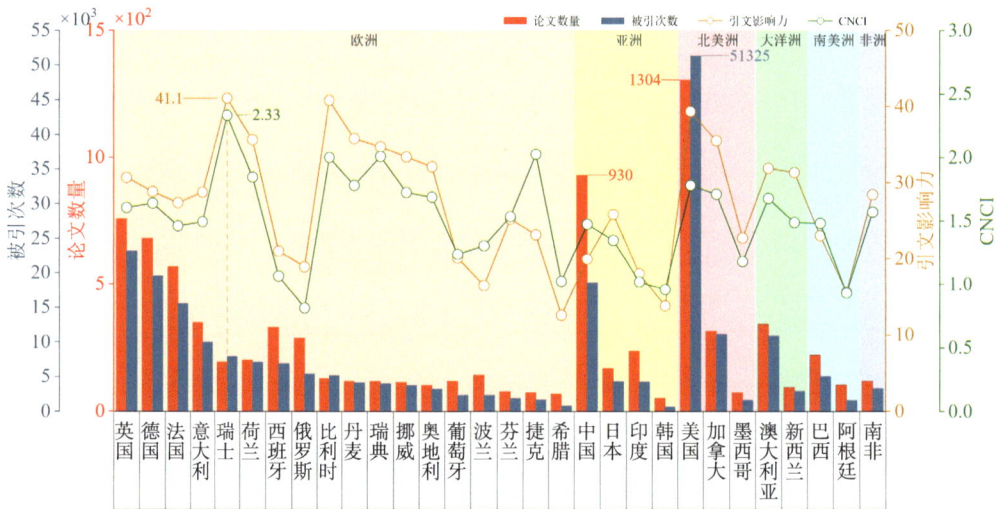

图 5-8　地学学科高产国家的分布及其论文数量和影响力指标变化

地学学科高产国家的论文数量及其 CNCI 与合作论文数量百分比见图 5-9。图由三部分构成，左侧显示各国独立和合作论文数量，蓝色与红色字体分别代表独立与合作论文数量，次序按照各国合作论文数量由大到小排列。中央区域数字和圆圈大小代表各国合作论文数量占其总论文数量的百分比。右侧蓝色与红色字体分别代表独立与合作论文的 CNCI。箭头表示左右两侧数字大小的变化。只有中国、俄罗斯和印度独立论文的数量大于合作论文的数量。有 27 个国家的合作论文数量占比超过 50%，瑞典合作论文数量最多，占比为 90.5%。印度合作论文数量占比最少为 33.9%。美国和中国合作论文数量占比分别是 64.3% 和 49.7%。各国合作论文的 CNCI 都大于 1。

2003—2022 年间地学生物多样性高产国家论文 5013 篇，其中独立 2678 篇，合作 2335 篇，合作论文占比 46.6%。高产国家合作网络见图 5-10。图中 30 个国家按照所属洲顺时针进行排列，并用 6 种不同颜色进行区分，同一洲内的国家再按论文数量由大到小按顺时针进行排列，圆圈的大小代表论文数量，圆圈越大代表该国发表论文数量越多。美国的圆圈最大，论文数量为 1304 篇，韩国圆圈最小，论文数量为 51 篇。图中有 399 条连线，美国和中国的合作次数最多，达到 199 次，用红色，有 33 个国家和国家之间合作次数仅 1 次，用蓝色连线；合作次数介于两者之间的用灰色连线。

图 5-11 为地学学科在不同时段高产国家论文数量及其相应时段占本国总论文数百分比。图 5-12 为不同时段高产国家论文数量及其占相应时段全球论文数量百分比。图 5-11 和图 5-12 左侧标注了 30 个国家的名称及其所在洲，最下行表示不同时段，图中颜色深浅代表所发论文数量和百分比。图 5-11 左侧第一列为 30 个高产国家 20 年间发表论文的总数，其他 4 列为不同时段高产国家论文数量以及论文数量占本国论文总数百分比。随着时间推移，30 个国家发表论文的数量都在增加。2018—2022 年间时段的论文数量占比达到和超过 50% 的国家有 16 个，排在前 5 位是韩国（68.6%）、希腊（61.7%）、瑞士（60.6%）中国（60.0%）和巴西（60.0%）。20 年美国、中国和英国的论文数量分别占到全球论文总数的 24.90%、17.76% 和 14.45%，位居前三位，韩国的论文数量占全球总论文数的 0.97%，位居第 30 位（图 5-12）。

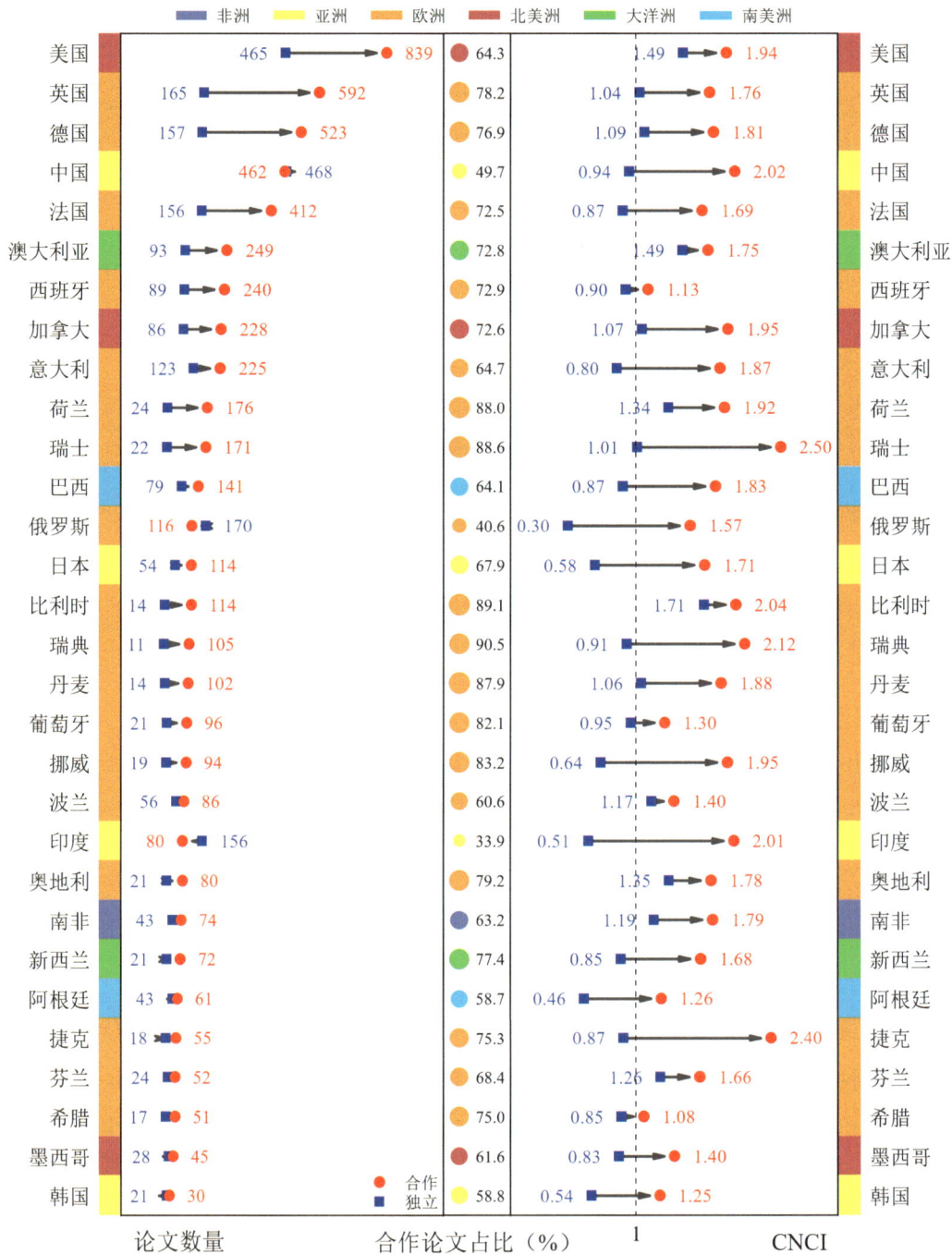

图 5-9　地学学科高产国家的论文数量及其 CNCI 与合作论文数量百分比

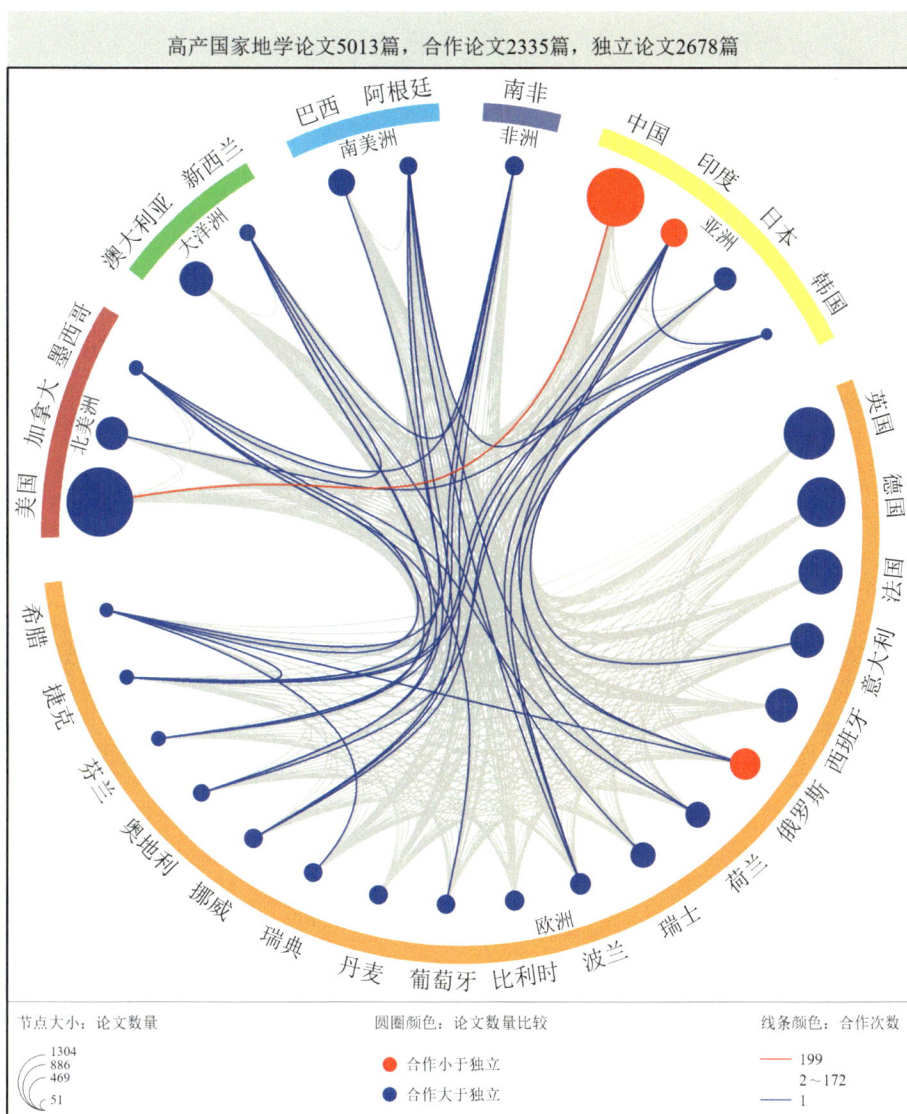

图 5-10　高产国家独立与合作论文数量比例及其合作网络

| | 非洲 | 亚洲 | 欧洲 | 北美洲 | 大洋洲 | 南美洲 |
|---|---|---|---|---|---|---|

| | 2003—2022 | 2003—2007 | 2008—2012 | 2013—2017 | 2018—2022（年） |
|---|---|---|---|---|---|
| 美国 | 1304 | 110 (8.5%) | 256 (19.6%) | 356 (27.3%) | 582 (44.6%) |
| 中国 | 930 | 54 (5.8%) | 90 (9.7%) | 228 (24.5%) | 558 (60.0%) |
| 英国 | 757 | 72 (9.5%) | 130 (17.2%) | 204 (26.9%) | 351 (46.4%) |
| 德国 | 680 | 32 (4.7%) | 100 (14.7%) | 193 (28.4%) | 355 (52.2%) |
| 法国 | 568 | 39 (6.9%) | 96 (16.9%) | 168 (29.6%) | 265 (46.6%) |
| 意大利 | 348 | 16 (4.6%) | 64 (18.4%) | 94 (27.0%) | 174 (50.0%) |
| 澳大利亚 | 342 | 19 (5.6%) | 61 (17.8%) | 104 (30.4%) | 158 (46.2%) |
| 西班牙 | 329 | 22 (6.7%) | 57 (17.3%) | 84 (25.5%) | 166 (50.5%) |
| 加拿大 | 314 | 20 (6.4%) | 61 (19.4%) | 87 (27.7%) | 146 (46.5%) |
| 俄罗斯 | 286 | 41 (14.3%) | 60 (21.0%) | 76 (26.6%) | 109 (38.1%) |
| 印度 | 236 | 16 (6.8%) | 49 (20.8%) | 60 (25.4%) | 111 (47.0%) |
| 巴西 | 220 | 7 (3.2%) | 30 (13.6%) | 51 (23.2%) | 132 (60.0%) |
| 荷兰 | 200 | 12 (6.0%) | 28 (14.0%) | 60 (30.0%) | 100 (50.0%) |
| 瑞士 | 193 | 9 (4.7%) | 17 (8.8%) | 50 (25.9%) | 117 (60.6%) |
| 日本 | 168 | 11 (6.6%) | 38 (22.6%) | 56 (33.3%) | 63 (37.5%) |
| 波兰 | 142 | 6 (4.2%) | 20 (14.1%) | 34 (23.9%) | 82 (57.8%) |
| 比利时 | 128 | 10 (7.8%) | 27 (21.1%) | 30 (23.4%) | 61 (47.7%) |
| 南非 | 117 | 6 (5.1%) | 16 (13.7%) | 28 (23.9%) | 67 (57.3%) |
| 葡萄牙 | 117 | 0 | 17 (14.5%) | 39 (33.3%) | 61 (52.2%) |
| 丹麦 | 116 | 8 (6.9%) | 21 (18.1%) | 36 (31.0%) | 51 (44.0%) |
| 瑞典 | 116 | 8 (6.9%) | 13 (11.2%) | 37 (31.9%) | 58 (50.0%) |
| 挪威 | 113 | 5 (4.4%) | 16 (14.2%) | 40 (35.4%) | 52 (46.0%) |
| 阿根廷 | 104 | 8 (7.7%) | 13 (12.5%) | 34 (32.7%) | 49 (47.1%) |
| 奥地利 | 101 | 4 (4.0%) | 8 (7.9%) | 38 (37.6%) | 51 (50.5%) |
| 新西兰 | 93 | 7 (7.5%) | 15 (16.1%) | 28 (30.1%) | 43 (46.3%) |
| 芬兰 | 76 | 0 | 12 (15.8%) | 20 (26.3%) | 44 (57.9%) |
| 捷克 | 73 | 1 (1.4%) | 18 (24.7%) | 15 (20.5%) | 39 (53.4%) |
| 墨西哥 | 73 | 3 (4.1%) | 16 (21.9%) | 18 (24.7%) | 36 (49.3%) |
| 希腊 | 68 | 1 (1.5%) | 4 (5.9%) | 21 (30.9%) | 42 (61.7%) |
| 韩国 | 51 | 1 (2.0%) | 4 (7.8%) | 11 (21.6%) | 35 (68.6%) |

填充颜色：论文数量　　0～20　　20～50　　50～100　　> 100

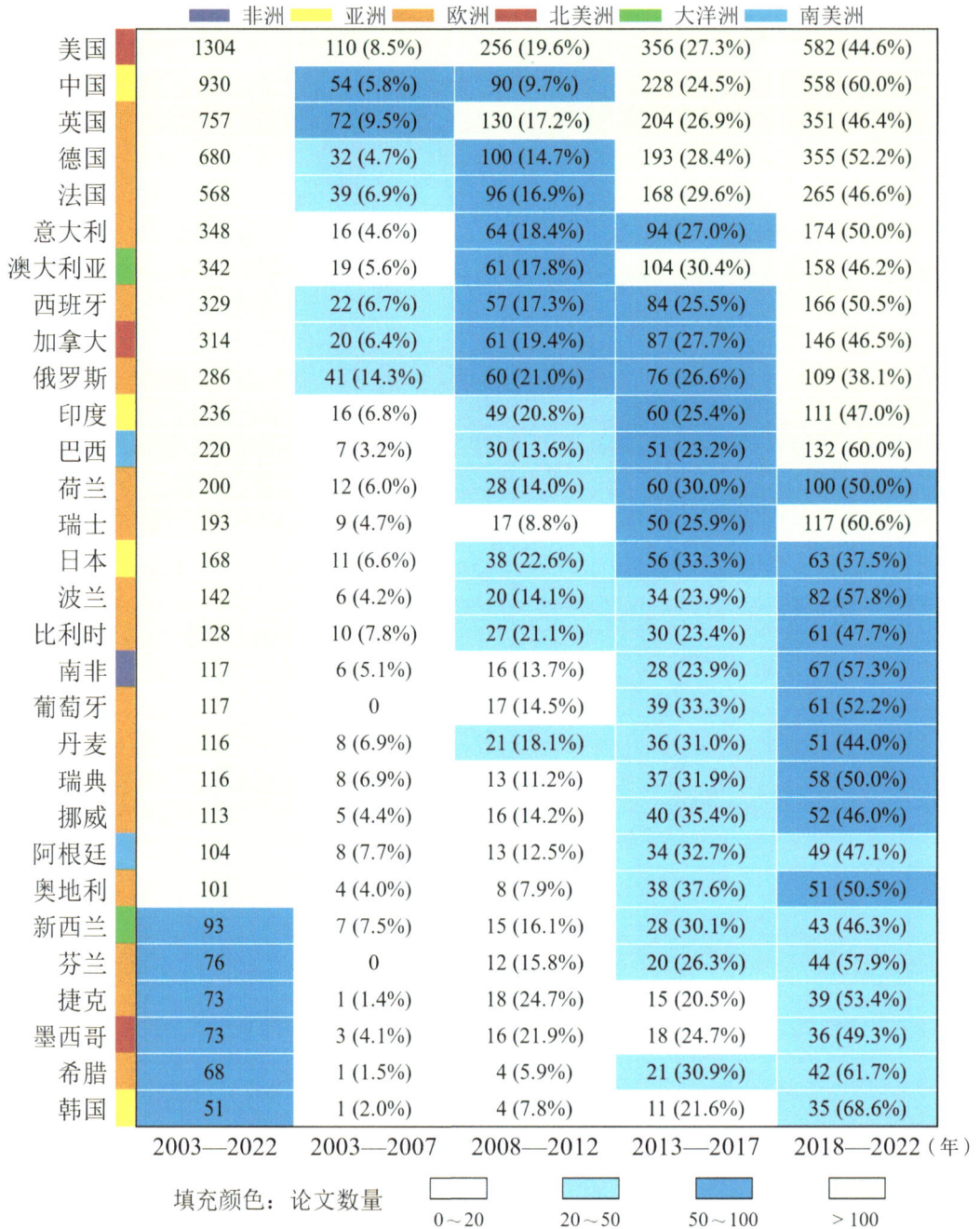

图 5-11　地学学科在不同时段高产国家论文数量及其相应时段占本国总论文数百分比

| 图例 | 非洲 | 亚洲 | 欧洲 | 北美洲 | 大洋洲 | 南美洲 |

| 国家 | 2003—2022 | 2003—2007 | 2008—2012 | 2013—2017 | 2018—2022（年） |
| --- | --- | --- | --- | --- | --- |
| 美国 | 1304 (24.90%) | 110 (26.44%) | 256 (27.77%) | 356 (25.09%) | 582 (23.47%) |
| 中国 | 930 (17.76%) | 54 (12.98%) | 90 (9.76%) | 228 (16.07%) | 558 (22.50%) |
| 英国 | 757 (14.45%) | 72 (17.31%) | 130 (14.10%) | 204 (14.38%) | 351 (14.15%) |
| 德国 | 680 (12.98%) | 32 (7.69%) | 100 (10.85%) | 193 (13.60%) | 355 (14.31%) |
| 法国 | 568 (10.85%) | 39 (9.38%) | 96 (10.41%) | 168 (11.84%) | 265 (10.69%) |
| 意大利 | 348 (6.65%) | 16 (3.85%) | 64 (6.94%) | 94 (6.62%) | 174 (7.02%) |
| 澳大利亚 | 342 (6.53%) | 19 (4.57%) | 61 (6.62%) | 104 (7.33%) | 158 (6.37%) |
| 西班牙 | 329 (6.28%) | 22 (5.29%) | 57 (6.18%) | 84 (5.92%) | 166 (6.69%) |
| 加拿大 | 314 (6.00%) | 20 (4.81%) | 61 (6.62%) | 87 (6.13%) | 146 (5.89%) |
| 俄罗斯 | 286 (5.46%) | 41 (9.86%) | 60 (6.51%) | 76 (5.36%) | 109 (4.4%) |
| 印度 | 236 (4.51%) | 16 (3.85%) | 49 (5.31%) | 60 (4.23%) | 111 (4.48%) |
| 巴西 | 220 (4.20%) | 7 (1.68%) | 30 (3.25%) | 51 (3.59%) | 132 (5.32%) |
| 荷兰 | 200 (3.82%) | 12 (2.88%) | 28 (3.04%) | 60 (4.23%) | 100 (4.03%) |
| 瑞士 | 193 (3.69%) | 9 (2.16%) | 17 (1.84%) | 50 (3.52%) | 117 (4.72%) |
| 日本 | 168 (3.21%) | 11 (2.64%) | 38 (4.12%) | 56 (3.95%) | 63 (2.54%) |
| 波兰 | 142 (2.71%) | 6 (1.44%) | 20 (2.17%) | 34 (2.40%) | 82 (3.31%) |
| 比利时 | 128 (2.44%) | 10 (2.40%) | 27 (2.93%) | 30 (2.11%) | 61 (2.46%) |
| 南非 | 117 (2.23%) | 6 (1.44%) | 16 (1.74%) | 28 (1.97%) | 67 (2.70%) |
| 葡萄牙 | 117 (2.23%) | 0 | 17 (1.84%) | 39 (2.75%) | 61 (2.46%) |
| 丹麦 | 116 (2.22%) | 8 (1.92%) | 21 (2.28%) | 36 (2.54%) | 51 (2.06%) |
| 瑞典 | 116 (2.22%) | 8 (1.92%) | 13 (1.41%) | 37 (2.61%) | 58 (2.34%) |
| 挪威 | 113 (2.16%) | 5 (1.20%) | 16 (1.74%) | 40 (2.82%) | 52 (2.10%) |
| 阿根廷 | 104 (1.99%) | 8 (1.92%) | 13 (1.41%) | 34 (2.40%) | 49 (1.98%) |
| 奥地利 | 101 (1.93%) | 4 (0.96%) | 8 (0.87%) | 38 (2.68%) | 51 (2.06%) |
| 新西兰 | 93 (1.78%) | 7 (1.68%) | 15 (1.63%) | 28 (1.97%) | 43 (1.73%) |
| 芬兰 | 76 (1.45%) | 0 | 12 (1.30%) | 20 (1.41%) | 44 (1.77%) |
| 捷克 | 73 (1.39%) | 1 (0.24%) | 18 (1.95%) | 15 (1.06%) | 39 (1.57%) |
| 墨西哥 | 73 (1.39%) | 3 (0.72%) | 16 (1.74%) | 18 (1.27%) | 36 (1.45%) |
| 希腊 | 68 (1.30%) | 1 (0.24%) | 4 (0.43%) | 21 (1.48%) | 42 (1.69%) |
| 韩国 | 51 (0.97%) | 1 (0.24%) | 4 (0.43%) | 11 (0.78%) | 35 (1.41%) |
| 地学 | 5237 | 416 | 922 | 1419 | 2480 |

填充颜色：论文数量占本科学的比例　　0～1.5%　1.5%～3%　3%～6%　>6%

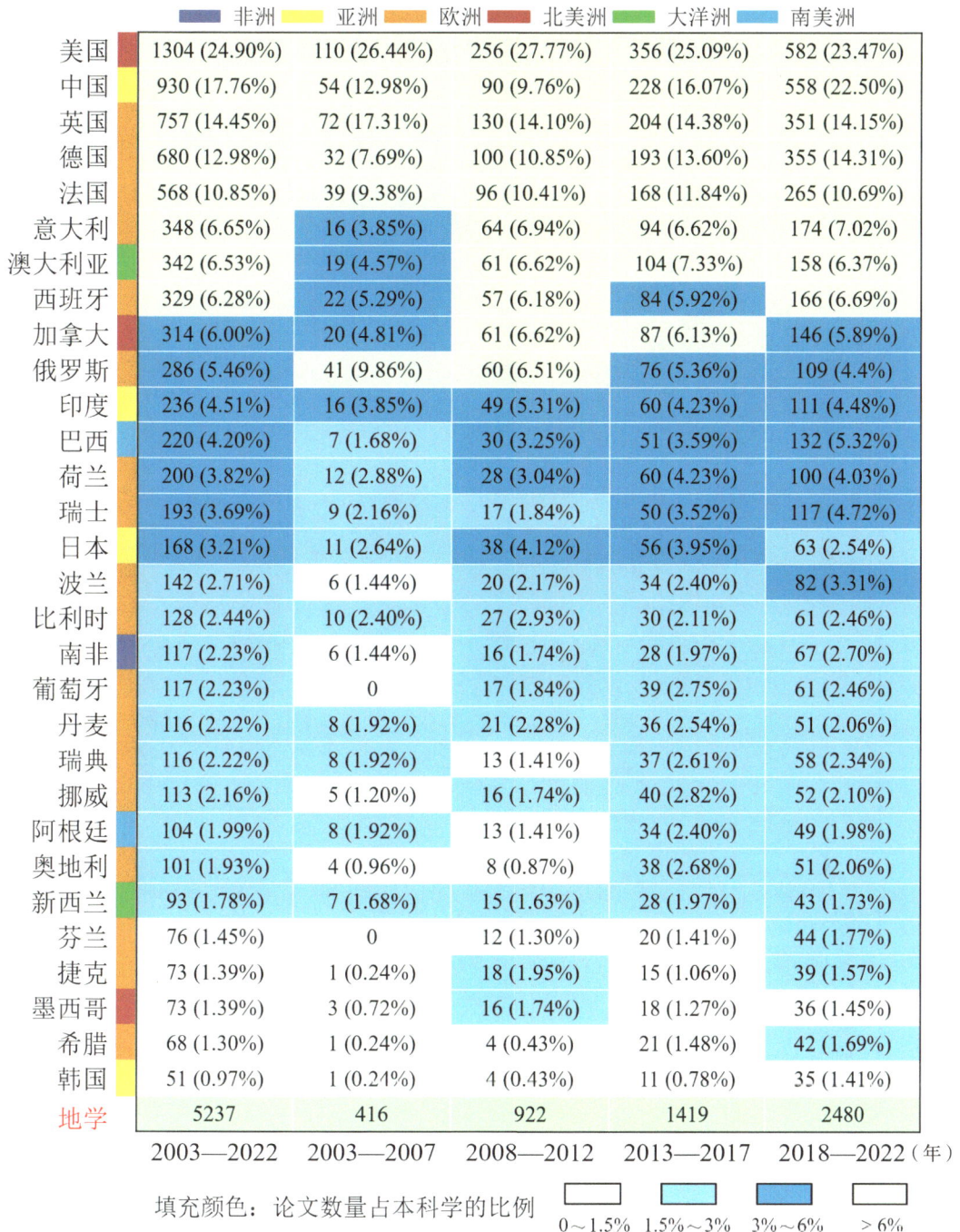

图5-12　高产国家在不同时段论文数量及其占相应时段全球论文数量百分比

　　图5-13为高产国家论文数占本国论文总数百分比（饼图）及占全球论文总数百分比（柱状图），饼图和柱状图中相同时间段使用相同颜色表征，各洲之间用不同颜色加以分割。饼图可视化图5-11的数据，柱状图可视化图5-12的数据。

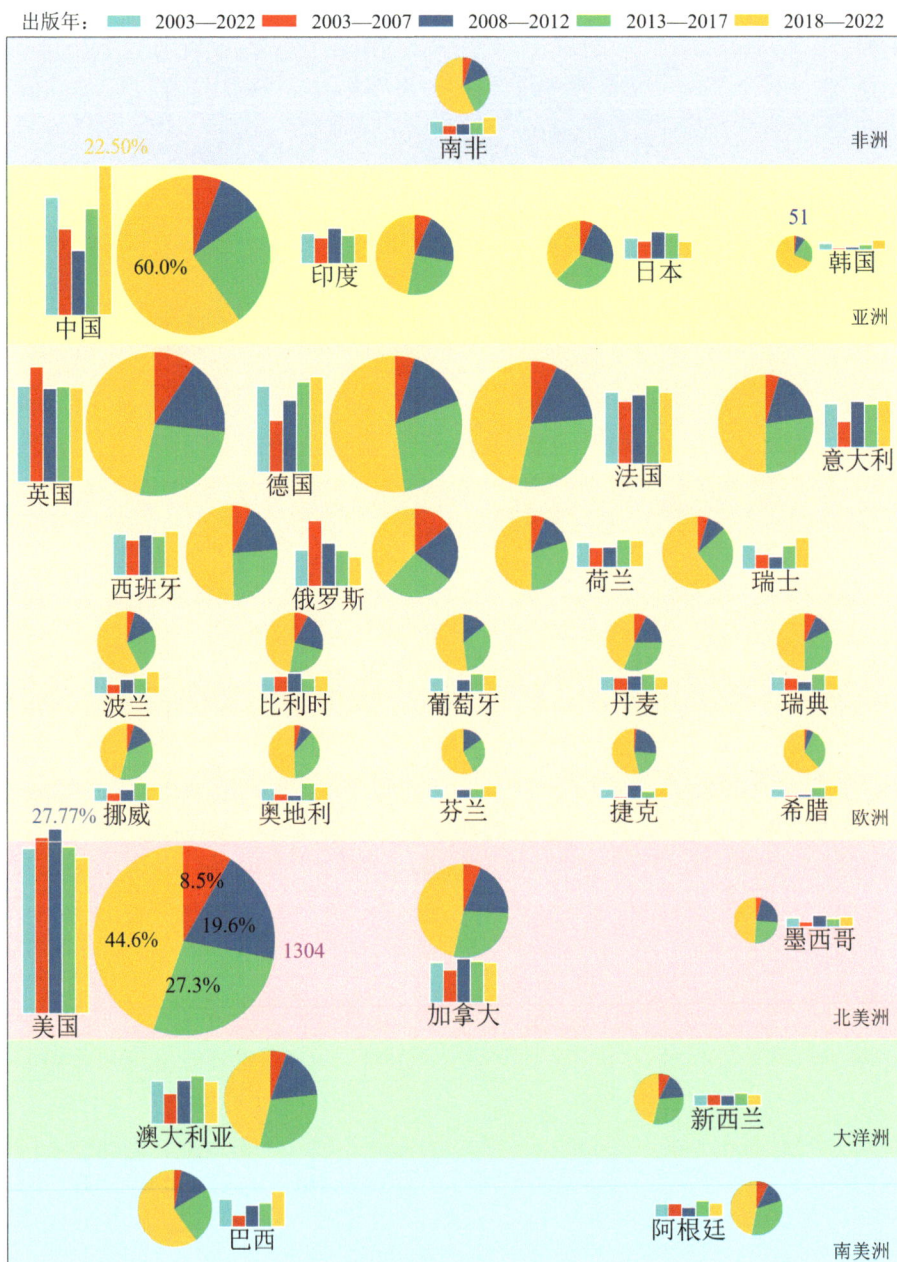

饼图大小：2003—2022年各国的论文数量；饼图中各部分：各国各时段论文数占本国总论文数百分比
柱状图：同时段各国论文数占本学科论文总数百分比

**图5-13　不同时段高产国家论文数占本国总论文数百分比（饼图）及占全球论文数百分比（柱状图）**

　　图 5-13 饼图圈的大小显示该国 2003—2022 年间发表论文总数的多少，表示图 5-11 中第一列数据。美国的论文数量最多为 1304 篇，韩国的论文数量最少为 51 篇，分别是图中的最大圈和最小圈。饼图中呈现的 4 种颜色，分别代表 4 个不同时段高产国家论文数量或占本国论文总数的百分比。4 个不同时段美国论文数量分别占本国论文总数的百分比分别是 8.5%、19.6%、27.3% 和 44.6%（其他国家以此类推）。中国 2018—2022 年间时段论文数量占本国论文总数的百分比为 60%，该时段论文数量占本国论文总数的百分比超过或达到 60% 的国家还有巴西、瑞士、希腊和韩国，表明这些国家论文增长速度较快。美国各时段论文数量都大于 100 篇，其在该学科领域研究成果一直在增长。

　　图 5-13 柱状图由 5 根柱子构成，分别代表 2003—2022 年间总时段和其他 4 个时段占相同时段全球论文总数量的百分比。从绝对数值来看，30 个国家中 5 个时段，美国的论文数量都最高，占比也最大，韩国论文数量都最低，占比也最小。从相对数值上比较，随着时间推移中国论文的数量占比不断增加，德国、西班牙、波兰、比利时和南非论文数量也是如此。

## 5.2.2　不同时段高产国家论文数量及其质量信息可视化

　　二模网络以时间段和国家为两个节点，表征了各国在 4 个时间段成为高产国家的次数。圆圈不同颜色代表国家所属的洲，不同连线颜色代表在 4 个时间段出现的频率次数。地学学科在 4 个时间段进入前 30 位的国家有 37 个（图 5-14），其中欧洲 22 个，亚洲 5 个，北美洲和非洲各 3 个，南美洲和大洋洲各 2 个。4 个时间段论文数量始终保持在前 30 位的国家有 25 个（见图 5-14 左侧所列），芬兰、葡萄牙和捷克出现 3 次，希腊和爱沙尼亚出现 2 次，斯洛文尼亚、爱尔兰、坦桑尼亚、纳米比亚、罗马尼亚、印度尼西亚和韩国只出现 1 次（见图 5-14 右侧所列）。本节重点呈现不同时间段地学学科生物多样性论文的数量及其质量信息化。

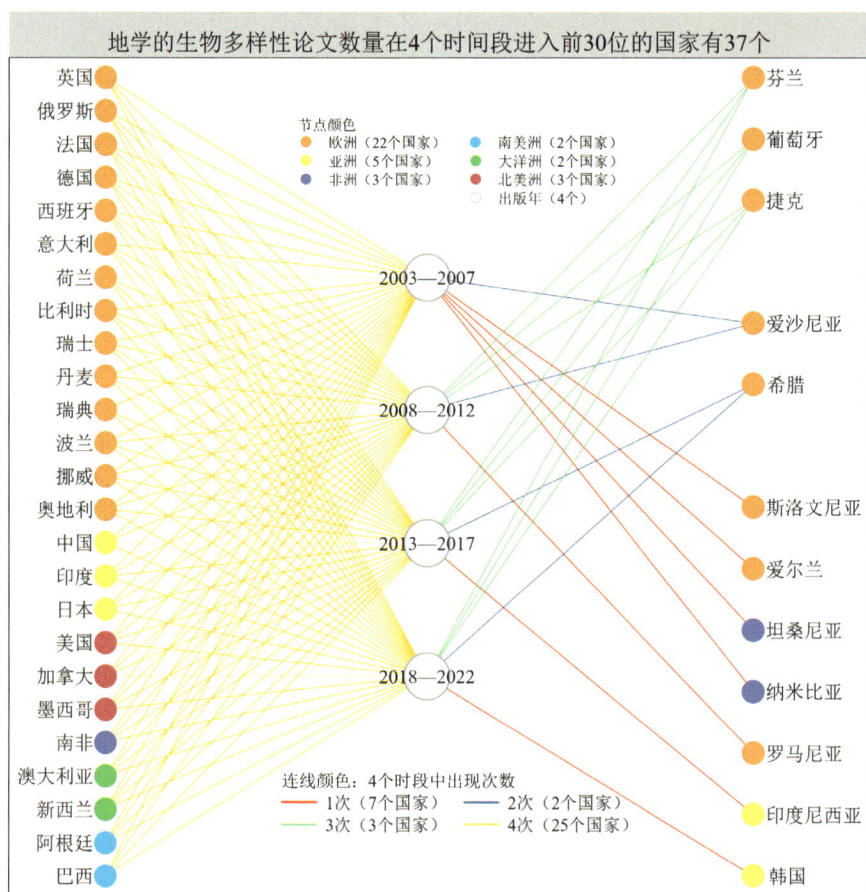

图 5-14　地学学科在不同时段高产国家的全球分布总览

### 5.2.2.1　2003—2007 年间

2003—2007 年，全球共发表论文 416 篇，来源于 6 大洲的 49 个国家或地区。高产国家共发表论文 409 篇，占全球论文总数量的 98.3%。该时段排在前 30 位国家的论文信息见图 5-15。30 个高产国家包括欧洲国家 17 个、非洲 3 个、亚洲 3 个、北美洲 3 个、南美洲 2 个、大洋洲 2 个。各国论文数量在 2～110 篇之间，美国论文数量 110 篇和被引次数 8919 次排列第一。中国论文数量 54 篇排列第 3 位。引文影响力排列前五位的是瑞士 130.8、巴西 116.7、荷兰 107.5、丹麦 102.4 和比利时 101.0；引文影响力最低的是爱尔兰和纳米比亚为 10.0。CNCI 超过 1 的国家 17 个，排在前 5 位的国家是瑞士 2.87、巴西 2.48，荷兰 2.45、南非 2.23 和比利时 2.22。CNCI 最低的国家是纳米比亚 0.22。

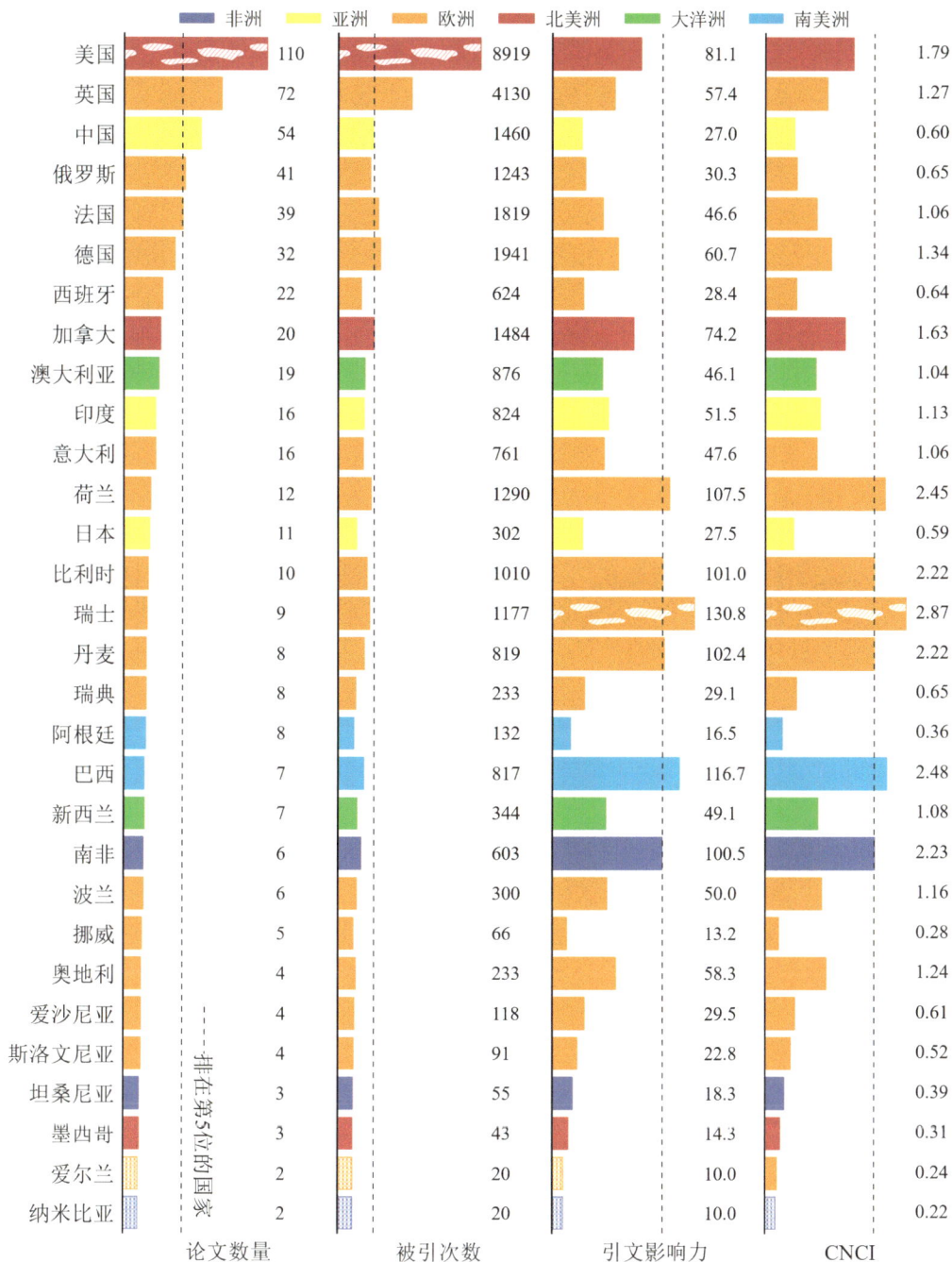

| | 非洲 | 亚洲 | 欧洲 | 北美洲 | 大洋洲 | 南美洲 |
|---|---|---|---|---|---|---|

| 国家 | 论文数量 | 被引次数 | 引文影响力 | CNCI |
|---|---|---|---|---|
| 美国 | 110 | 8919 | 81.1 | 1.79 |
| 英国 | 72 | 4130 | 57.4 | 1.27 |
| 中国 | 54 | 1460 | 27.0 | 0.60 |
| 俄罗斯 | 41 | 1243 | 30.3 | 0.65 |
| 法国 | 39 | 1819 | 46.6 | 1.06 |
| 德国 | 32 | 1941 | 60.7 | 1.34 |
| 西班牙 | 22 | 624 | 28.4 | 0.64 |
| 加拿大 | 20 | 1484 | 74.2 | 1.63 |
| 澳大利亚 | 19 | 876 | 46.1 | 1.04 |
| 印度 | 16 | 824 | 51.5 | 1.13 |
| 意大利 | 16 | 761 | 47.6 | 1.06 |
| 荷兰 | 12 | 1290 | 107.5 | 2.45 |
| 日本 | 11 | 302 | 27.5 | 0.59 |
| 比利时 | 10 | 1010 | 101.0 | 2.22 |
| 瑞士 | 9 | 1177 | 130.8 | 2.87 |
| 丹麦 | 8 | 819 | 102.4 | 2.22 |
| 瑞典 | 8 | 233 | 29.1 | 0.65 |
| 阿根廷 | 8 | 132 | 16.5 | 0.36 |
| 巴西 | 7 | 817 | 116.7 | 2.48 |
| 新西兰 | 7 | 344 | 49.1 | 1.08 |
| 南非 | 6 | 603 | 100.5 | 2.23 |
| 波兰 | 6 | 300 | 50.0 | 1.16 |
| 挪威 | 5 | 66 | 13.2 | 0.28 |
| 奥地利 | 4 | 233 | 58.3 | 1.24 |
| 爱沙尼亚 | 4 | 118 | 29.5 | 0.61 |
| 斯洛文尼亚 | 4 | 91 | 22.8 | 0.52 |
| 坦桑尼亚 | 3 | 55 | 18.3 | 0.39 |
| 墨西哥 | 3 | 43 | 14.3 | 0.31 |
| 爱尔兰 | 2 | 20 | 10.0 | 0.24 |
| 纳米比亚 | 2 | 20 | 10.0 | 0.22 |

----排在第5位的国家

图 5-15　2003—2007 年间地学学科高产国家的论文数量及其影响力指标基本信息

2003—2007 年间高产国家发表的论文数量、被引次数、引文影响力和 CNCI 的变化比较见图 5-16。与 2003—2022 年间相比，位于前 30 的国家中少了捷克、芬兰、葡萄牙、希腊和韩国，增加了爱沙尼亚、斯洛文尼亚、坦桑尼亚、爱尔兰和纳米比亚。美国的论文数量和被引次数排列第一；瑞士的引文影响力和 CNCI 排列第一。

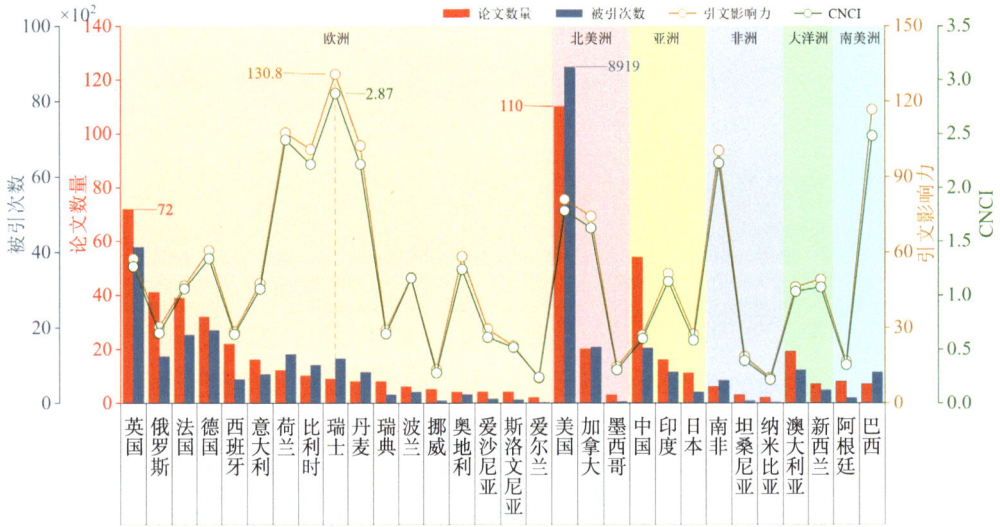

图 5-16　2003—2007 年间地学学科高产国家的分布及其论文数量和影响力指标变化

2003—2007 年间高产国家的论文数量及其 CNCI 与合作论文数量百分比见图 5-17。有 21 个国家的合作论文数量占比达到或超过 50%。瑞士、瑞典和奥地利合作完成论文数量占比 100%。坦桑尼亚和纳米比亚合作完成论文数量为 0。美国和中国合作论文完成数的比例分别是 36.4% 和 37.0%。有 16 个高产国家合作论文的 CNCI 大于 1，有 19 个国家合作论文的 CNCI 大于独立论文的 CNCI。独立论文的 CNCI 有 11 个国家大于 1，巴西独立论文的 CNCI 最高为 3.90。

2003—2007 年间高产国家地学生物多样性论文 409 篇，其中独立 277 篇，合作 132 篇，合作论文占 32.3%。该时段各国独立与合作论文数量比例的饼图叠加合作网络见图 5-18。美国饼圈最大，论文数量为 110 篇，爱尔兰和纳米比亚饼圈最小，论文数量为 2 篇。图中有 99 条连线，英国和美国、英国和法国、英国和德国的连线最粗，合作次数最多的为 10 次，用蓝色；合作次数最少的仅 1 次，共有 64 条，用红色。坦桑尼亚和纳米比亚与其他国家没有连线，说明这两个国家与其他 28 个国家没有合作关系，从图 5-18 中可以看出有 9 个国家饼圈右边大于左边，即独立论文数量大于合作论文数量。

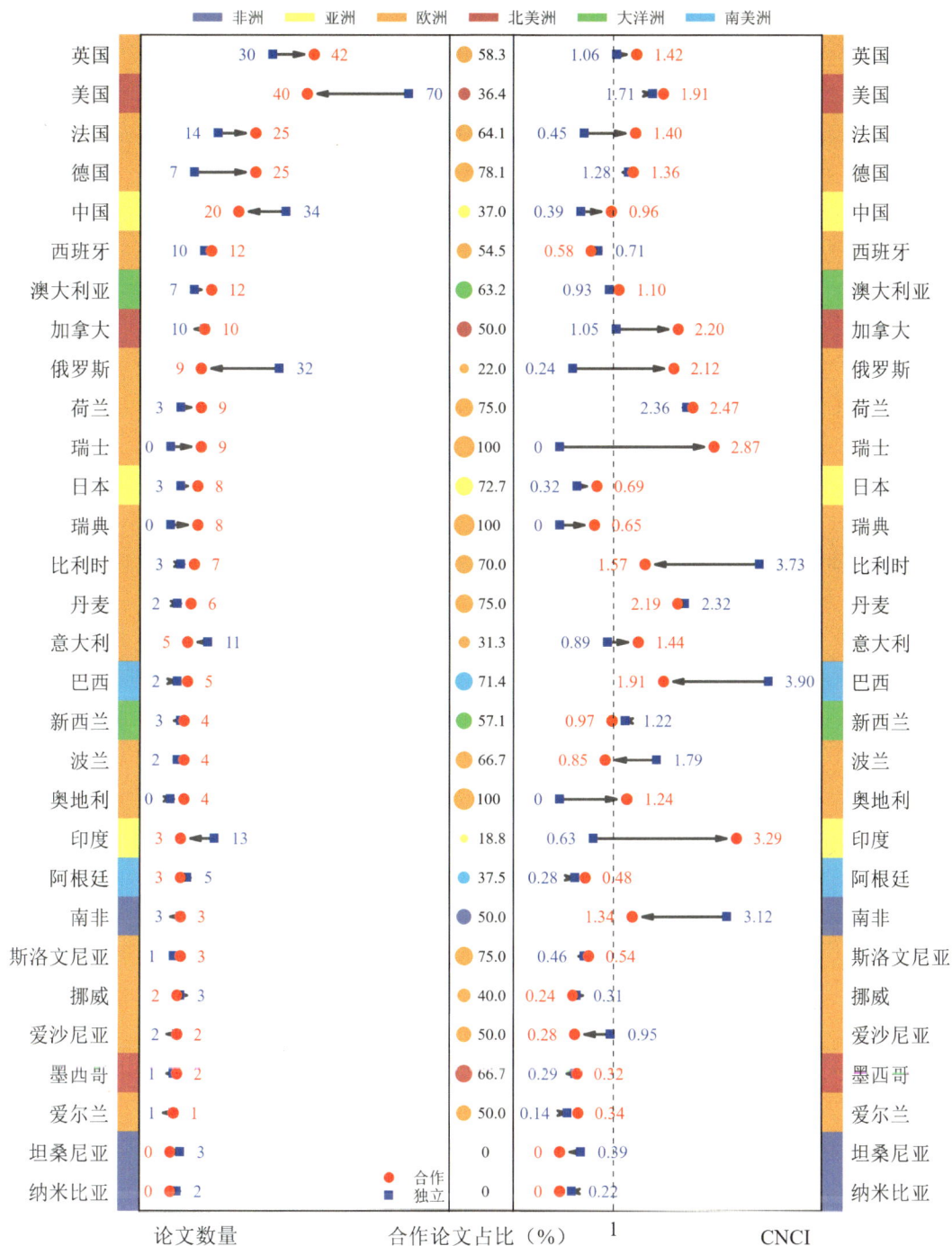

| 图例 | | | | | | |
|---|---|---|---|---|---|---|
| 非洲 | 亚洲 | 欧洲 | 北美洲 | 大洋洲 | 南美洲 | |

| 国家 | 论文数量 | 合作论文占比（%） | CNCI | 国家 |
|---|---|---|---|---|
| 英国 | 30 → 42 | 58.3 | 1.06 → 1.42 | 英国 |
| 美国 | 40 ← 70 | 36.4 | 1.71 ← 1.91 | 美国 |
| 法国 | 14 → 25 | 64.1 | 0.45 → 1.40 | 法国 |
| 德国 | 7 → 25 | 78.1 | 1.28 → 1.36 | 德国 |
| 中国 | 20 ← 34 | 37.0 | 0.39 → 0.96 | 中国 |
| 西班牙 | 10 → 12 | 54.5 | 0.58 → 0.71 | 西班牙 |
| 澳大利亚 | 7 → 12 | 63.2 | 0.93 → 1.10 | 澳大利亚 |
| 加拿大 | 10 → 10 | 50.0 | 1.05 → 2.20 | 加拿大 |
| 俄罗斯 | 9 ← 32 | 22.0 | 0.24 → 2.12 | 俄罗斯 |
| 荷兰 | 3 → 9 | 75.0 | 2.36 → 2.47 | 荷兰 |
| 瑞士 | 0 → 9 | 100 | 0 → 2.87 | 瑞士 |
| 日本 | 3 → 8 | 72.7 | 0.32 → 0.69 | 日本 |
| 瑞典 | 0 → 8 | 100 | 0 → 0.65 | 瑞典 |
| 比利时 | 3 → 7 | 70.0 | 1.57 ← 3.73 | 比利时 |
| 丹麦 | 2 → 6 | 75.0 | 2.19 → 2.32 | 丹麦 |
| 意大利 | 5 ← 11 | 31.3 | 0.89 → 1.44 | 意大利 |
| 巴西 | 2 → 5 | 71.4 | 1.91 ← 3.90 | 巴西 |
| 新西兰 | 3 → 4 | 57.1 | 0.97 → 1.22 | 新西兰 |
| 波兰 | 2 → 4 | 66.7 | 0.85 → 1.79 | 波兰 |
| 奥地利 | 0 → 4 | 100 | 0 → 1.24 | 奥地利 |
| 印度 | 3 ← 13 | 18.8 | 0.63 → 3.29 | 印度 |
| 阿根廷 | 3 → 5 | 37.5 | 0.28 → 0.48 | 阿根廷 |
| 南非 | 3 → 3 | 50.0 | 1.34 ← 3.12 | 南非 |
| 斯洛文尼亚 | 1 → 3 | 75.0 | 0.46 → 0.54 | 斯洛文尼亚 |
| 挪威 | 2 → 3 | 40.0 | 0.24 → 0.31 | 挪威 |
| 爱沙尼亚 | 2 → 2 | 50.0 | 0.28 ← 0.95 | 爱沙尼亚 |
| 墨西哥 | 1 → 2 | 66.7 | 0.29 → 0.32 | 墨西哥 |
| 爱尔兰 | 1 → 1 | 50.0 | 0.14 → 0.34 | 爱尔兰 |
| 坦桑尼亚 | 0 → 3 | 0 | 0 → 0.39 | 坦桑尼亚 |
| 纳米比亚 | 0 → 2 | 0 | 0 → 0.22 | 纳米比亚 |

论文数量　　合作论文占比（%）　　1　　CNCI

● 合作　■ 独立

图 5-17　2003—2007 年间地学学科高产国家的论文数量及其 CNCI 与合作论文数量百分比

**169**

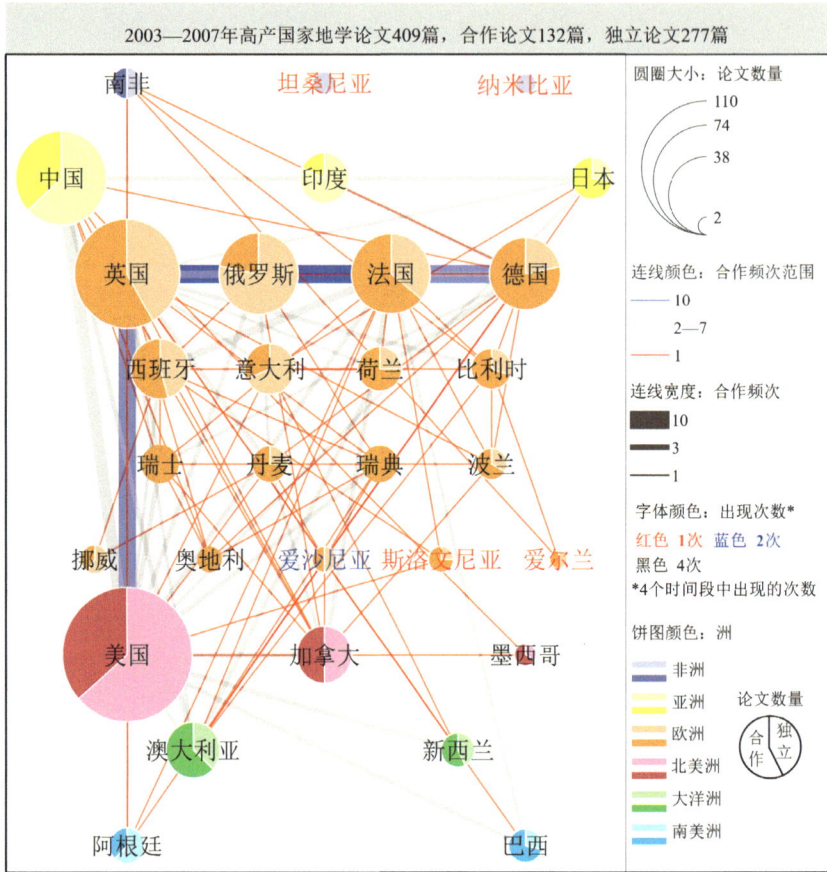

图 5-18　2003—2007 年高产国家的独立与合作论文数量比例及其合作网络

### 5.2.2.2　2008—2012 年间

2008—2012 年全球共发表论文 922 篇，来源于 6 大洲的 86 个国家或地区。高产国家共发表论文 893 篇，占全球论文总数量的 96.9%。排在前 30 位国家的论文数量及其影响力信息见图 5-19。30 个高产国家中，包括欧洲 19 个国家，亚洲和北美洲各 3 个国家，大洋洲和南美洲各 2 个国家，非洲 1 个国家。各国论文数量在 8～256 篇之间，美国论文数量 256 篇和被引次数 18192 次排列第一；中国论文数量 90 篇，排列第 5 位。引文影响力排列前 5 位的是奥地利 137.4、挪威 96.3、加拿大 71.4、美国 71.1 和瑞典 71.0。引文影响力最少的是罗马尼亚 17.2。CNCI 超过 1 的国家 29 个，在前五位的是奥地利 4.06、挪威 2.61、美国 1.90、加拿大 1.88 和瑞典 1.85。CNCI 最低的国家是罗马尼亚 0.44。美国的引文影响力和 CNCI 分别是 71.1 和 1.90。中国的引文影响力和 CNCI 分别是 41.4 和 1.11。

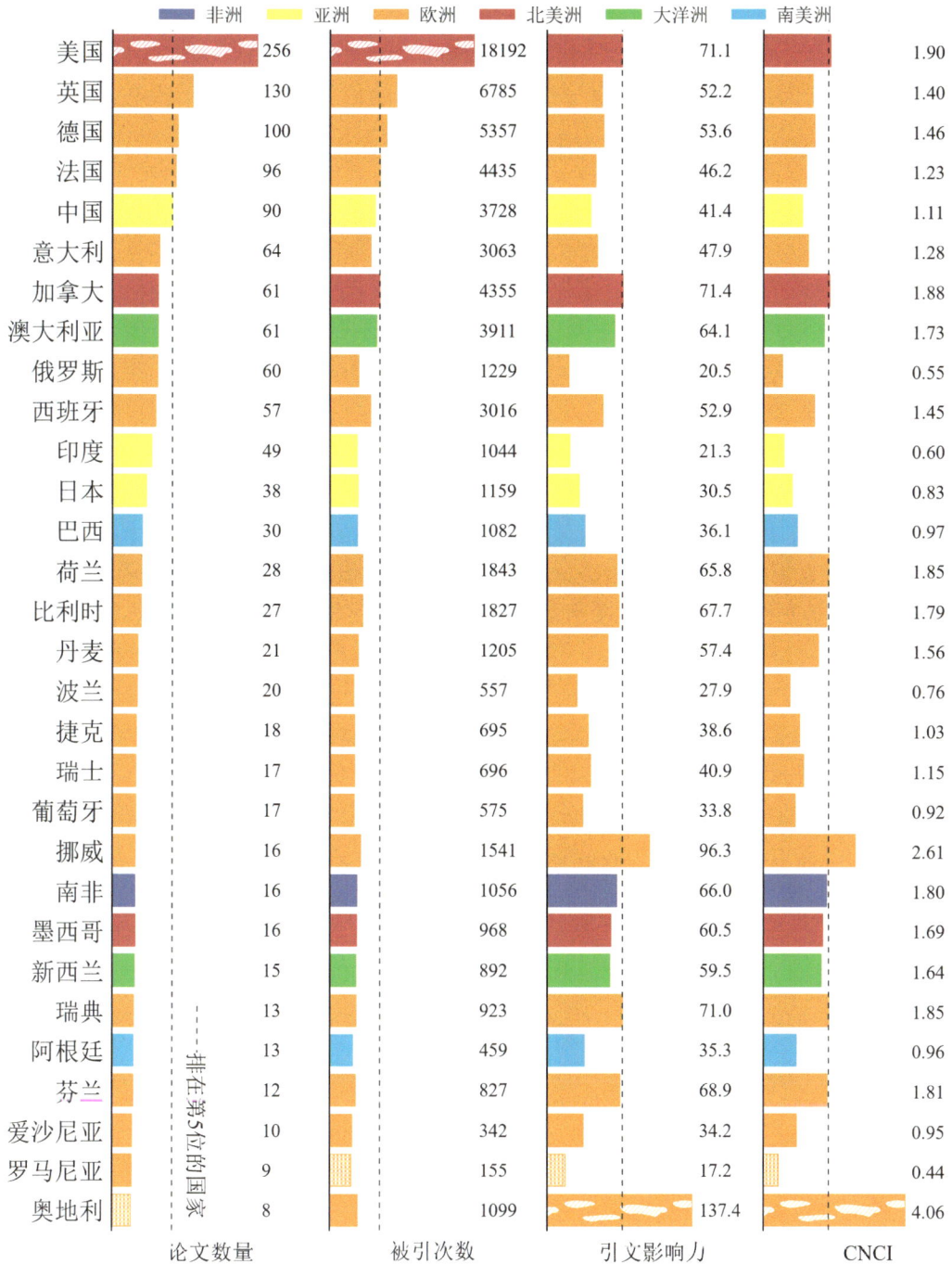

| | 非洲 | 亚洲 | 欧洲 | 北美洲 | 大洋洲 | 南美洲 |
|---|---|---|---|---|---|---|

| 国家 | 论文数量 | 被引次数 | 引文影响力 | CNCI |
|---|---|---|---|---|
| 美国 | 256 | 18192 | 71.1 | 1.90 |
| 英国 | 130 | 6785 | 52.2 | 1.40 |
| 德国 | 100 | 5357 | 53.6 | 1.46 |
| 法国 | 96 | 4435 | 46.2 | 1.23 |
| 中国 | 90 | 3728 | 41.4 | 1.11 |
| 意大利 | 64 | 3063 | 47.9 | 1.28 |
| 加拿大 | 61 | 4355 | 71.4 | 1.88 |
| 澳大利亚 | 61 | 3911 | 64.1 | 1.73 |
| 俄罗斯 | 60 | 1229 | 20.5 | 0.55 |
| 西班牙 | 57 | 3016 | 52.9 | 1.45 |
| 印度 | 49 | 1044 | 21.3 | 0.60 |
| 日本 | 38 | 1159 | 30.5 | 0.83 |
| 巴西 | 30 | 1082 | 36.1 | 0.97 |
| 荷兰 | 28 | 1843 | 65.8 | 1.85 |
| 比利时 | 27 | 1827 | 67.7 | 1.79 |
| 丹麦 | 21 | 1205 | 57.4 | 1.56 |
| 波兰 | 20 | 557 | 27.9 | 0.76 |
| 捷克 | 18 | 695 | 38.6 | 1.03 |
| 瑞士 | 17 | 696 | 40.9 | 1.15 |
| 葡萄牙 | 17 | 575 | 33.8 | 0.92 |
| 挪威 | 16 | 1541 | 96.3 | 2.61 |
| 南非 | 16 | 1056 | 66.0 | 1.80 |
| 墨西哥 | 16 | 968 | 60.5 | 1.69 |
| 新西兰 | 15 | 892 | 59.5 | 1.64 |
| 瑞典 | 13 | 923 | 71.0 | 1.85 |
| 阿根廷 | 13 | 459 | 35.3 | 0.96 |
| 芬兰 | 12 | 827 | 68.9 | 1.81 |
| 爱沙尼亚 | 10 | 342 | 34.2 | 0.95 |
| 罗马尼亚 | 9 | 155 | 17.2 | 0.44 |
| 奥地利 | 8 | 1099 | 137.4 | 4.06 |

---- 排在第5位的国家

论文数量　　被引次数　　引文影响力　　CNCI

图 5-19　2008—2012 年间地学学科高产国家的论文数量及其影响力指标基本信息

2008—2012 年间高产国家地学生物多样性发表的论文数量、被引次数、引文影响力和 CNCI 的变化比较见图 5-20。与 2003—2022 时间段相比，30 个国家中少了希腊和韩国，增加了爱沙尼亚和罗马尼亚。美国的论文数量和被引次数排列第一；奥地利的引文影响力和 CNCI 排列第一。

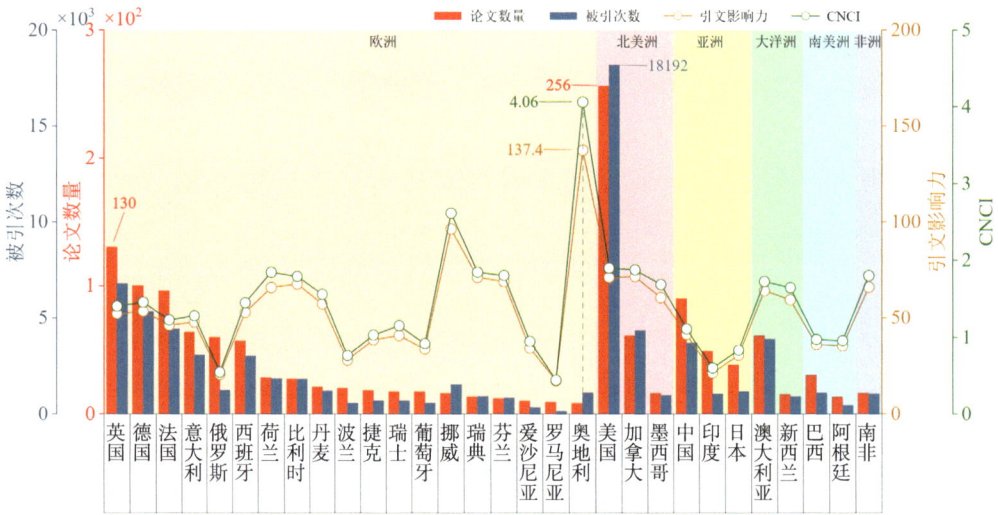

图 5-20 2008—2012 年间地学学科高产国家的分布及其论文数量和影响力指标变化

2008—2012 年间高产国家的论文数量及其 CNCI 与合作论文数量百分比见图 5-21。有 24 个国家的合作论文数量占比达到或超过 50%。瑞士合作论文数量占比最高为 88.2%。俄罗斯合作论文数量占比最低为 30.0%。美国和中国合作论文完成数的比例分别是 58.6% 和 48.9%。除罗马尼亚外，其他 29 个国家合作论文的 CNCI 大于 1，只有奥地利独立论文的 CNCI 大于合作论文的 CNCI。独立论文的 CNCI 大于 1 的国家有美国、澳大利亚、英国、西班牙、奥地利和南非，奥地利独立论文的 CNCI 最高，为 13.9。

2008—2012 年间地学生物多样性论文 30 个高产国家共完成论文数量 893 篇，其中独立 542 篇，合作 351 篇，合作论文占 39.3%。各国独立与合作论文比例的饼图叠加合作网络见图 5-22。美国饼圈最大，论文数量为 256 篇，奥地利饼圈最小，论文数量为 8 篇。图中有 251 条连线，美国和英国的连线最粗，合作次数最多为 33 次，用蓝色连线表示；合作次数最少的 1 次，用红色连线表示，共有 112 条，合作次数介于两者之间的用灰色连线表征。

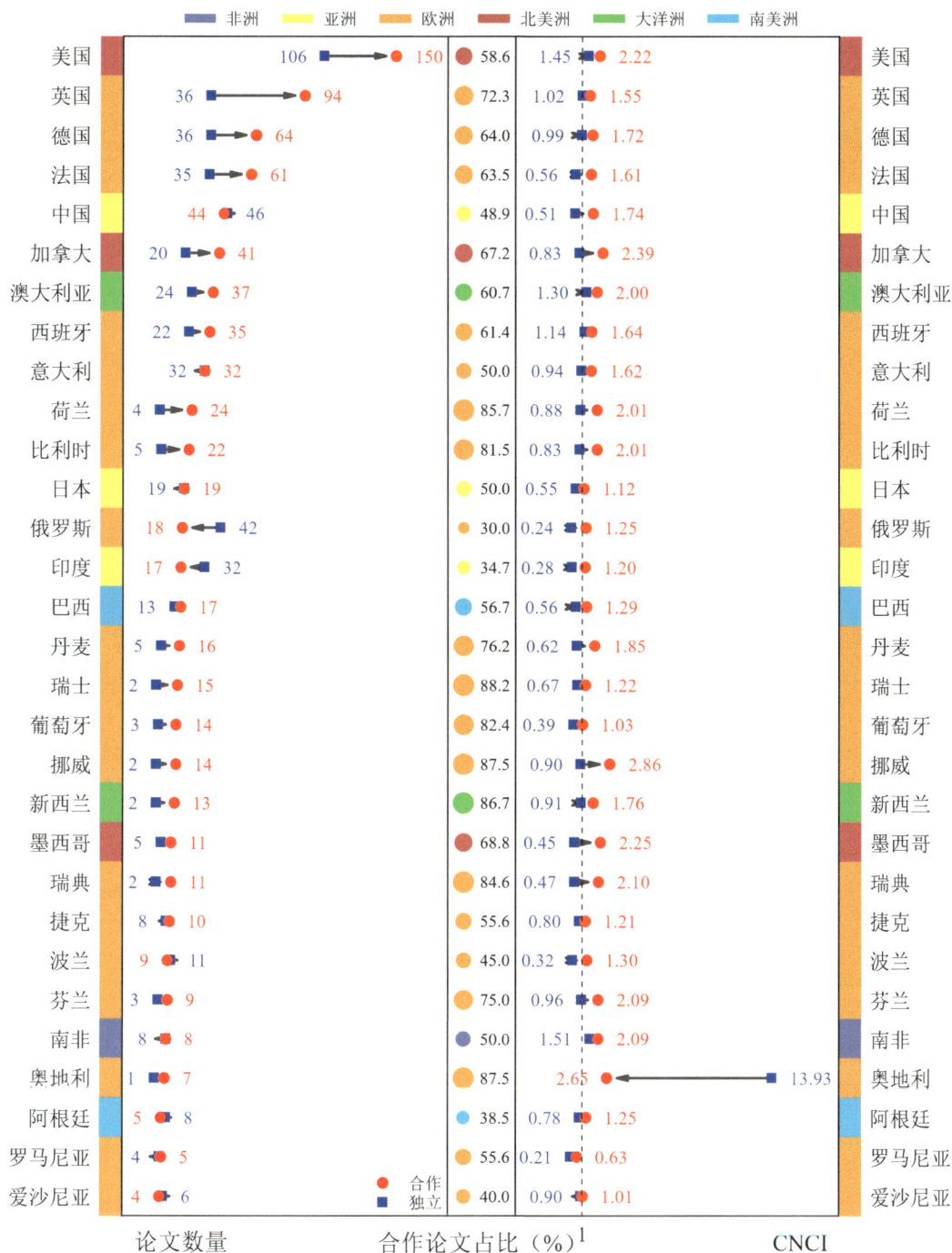

图 5-21  2008—2012 年间地学学科高产国家的论文数量及其 CNCI 与合作论文数量百分比

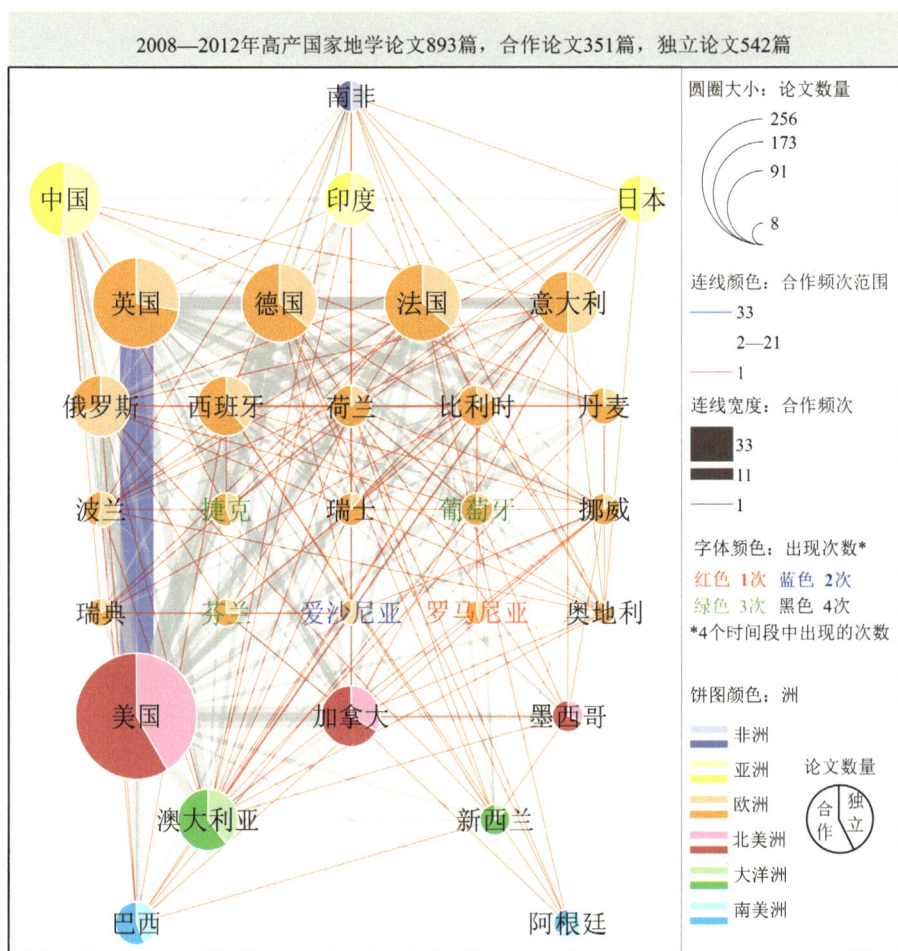

图 5-22　2008—2012 年高产国家的独立与合作论文数量比例及其合作网络

### 5.2.2.3　2013—2017 年间

2013—2017 年间，全球共发表论文 1419 篇，来源于 6 大洲的 102 个国家或地区。高产国家共发表论文 1364 篇，占全球论文总数量的 96.1%。排在前 30 位国家的论文数量及其影响力信息见图 5-23。30 个高产国家中，包括欧洲 18 个国家，亚洲 4 个国家，北美洲 3 个国家，南美洲和大洋洲各 2 个国家，非洲 1 个国家。各国发表数量在 15～356 篇之间，美国以论文数量 356 篇和被引次数 15914 次排列第一，中国论文数量 228 篇，排列第 2 位，被引次数 7208 次排列第 3 位，捷克的论文数量最少，为 15 篇。引文影响力排列前 5 位的是瑞士 87.7、瑞典 51.9、意大利 46.5、美国 44.7 和比利时 44.4；引文影响力最少的是印度尼西亚 17.1。CNCI 数值超过 1 的国家 29 个，排在前五位的是瑞士 3.80、瑞典 2.25、意大利 2.06、美国 1.87 和挪威 1.81；CNCI 最低的国家是阿根廷 0.73。美国的引文影响力和 CNCI 分别是 44.7 和 1.87。中国引文影响力和 CNCI 分别是 31.6 和 1.32。

| 国家 | 非洲 | 亚洲 | 欧洲 | 北美洲 | 大洋洲 | 南美洲 | 论文数量 | 被引次数 | 引文影响力 | CNCI |
|---|---|---|---|---|---|---|---|---|---|---|
| 美国 | | | | | | | 356 | 15914 | 44.7 | 1.87 |
| 中国 | | | | | | | 228 | 7208 | 31.6 | 1.32 |
| 英国 | | | | | | | 204 | 7199 | 35.3 | 1.49 |
| 德国 | | | | | | | 193 | 7522 | 39.0 | 1.62 |
| 法国 | | | | | | | 168 | 5911 | 35.2 | 1.48 |
| 澳大利亚 | | | | | | | 104 | 3699 | 35.6 | 1.44 |
| 意大利 | | | | | | | 94 | 4370 | 46.5 | 2.06 |
| 加拿大 | | | | | | | 87 | 3332 | 38.3 | 1.59 |
| 西班牙 | | | | | | | 84 | 1909 | 22.7 | 0.96 |
| 俄罗斯 | | | | | | | 76 | 1864 | 24.5 | 0.97 |
| 荷兰 | | | | | | | 60 | 2315 | 38.6 | 1.61 |
| 印度 | | | | | | | 60 | 1303 | 21.7 | 0.92 |
| 日本 | | | | | | | 56 | 1968 | 35.1 | 1.58 |
| 巴西 | | | | | | | 51 | 1621 | 31.8 | 1.32 |
| 瑞士 | | | | | | | 50 | 4386 | 87.7 | 3.80 |
| 挪威 | | | | | | | 40 | 1640 | 41.0 | 1.81 |
| 葡萄牙 | | | | | | | 39 | 1296 | 33.2 | 1.39 |
| 奥地利 | | | | | | | 38 | 1205 | 31.7 | 1.36 |
| 瑞典 | | | | | | | 37 | 1919 | 51.9 | 2.25 |
| 丹麦 | | | | | | | 36 | 1457 | 40.5 | 1.75 |
| 波兰 | | | | | | | 34 | 696 | 20.5 | 0.87 |
| 阿根廷 | | | | | | | 34 | 645 | 19.0 | 0.73 |
| 比利时 | | | | | | | 30 | 1331 | 44.4 | 1.80 |
| 新西兰 | | | | | | | 28 | 1061 | 37.9 | 1.53 |
| 南非 | | | | | | | 28 | 918 | 32.8 | 1.34 |
| 希腊 | | | | | | | 21 | 386 | 18.4 | 0.81 |
| 芬兰 | | | | | | | 20 | 441 | 22.1 | 0.96 |
| 墨西哥 | | | | | | | 18 | 409 | 22.7 | 1.00 |
| 印度尼西亚 | | | | | | | 18 | 307 | 17.1 | 0.75 |
| 捷克 | | | | | | | 15 | 453 | 30.2 | 1.19 |

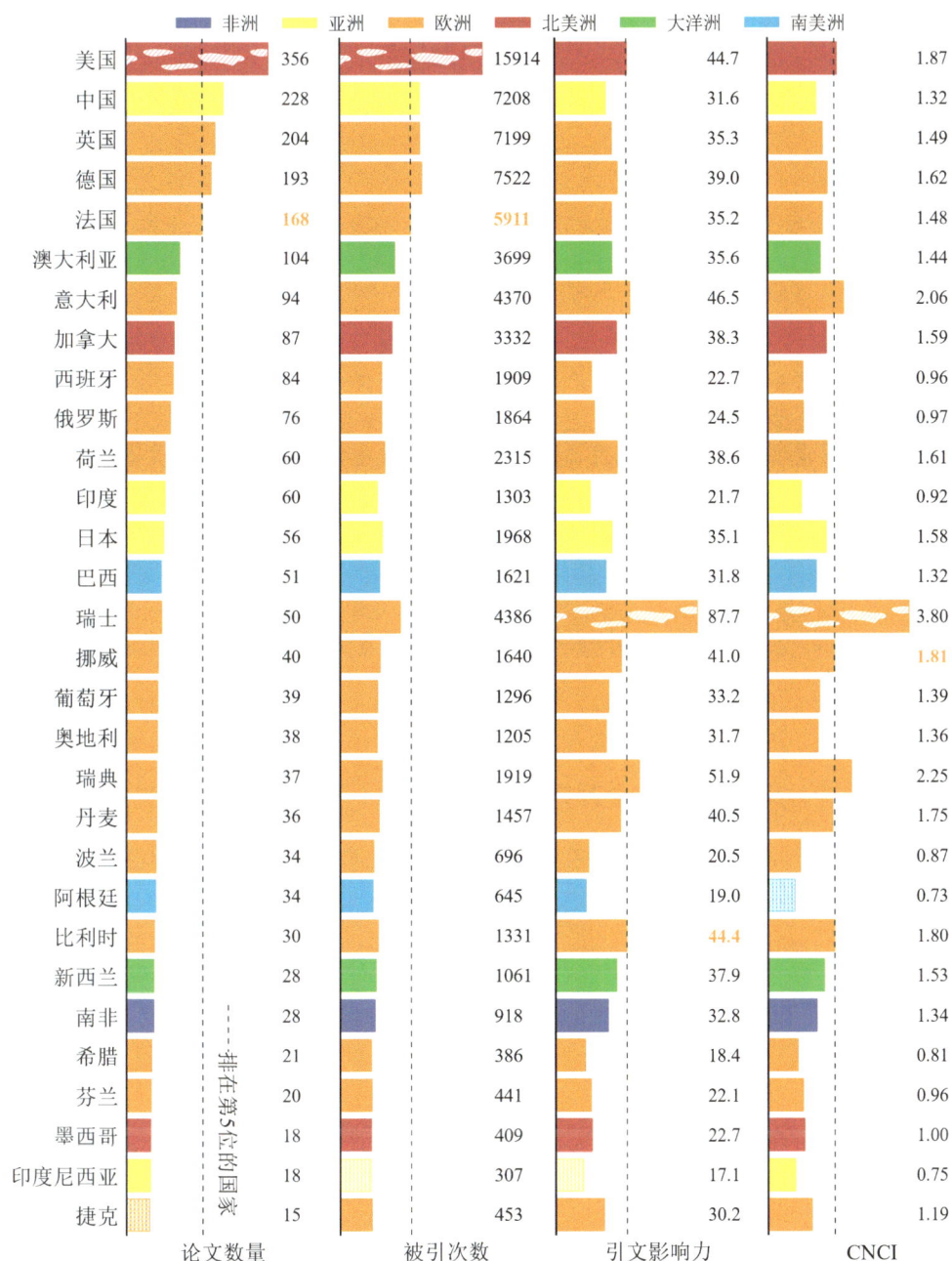

图 5-23 2013—2017 年间地学学科高产国家的论文数量及其影响力指标基本信息

2013—2017 年间地学生物多样性发表的论文数量、被引次数、引文影响力和 CNCI 的变化比较见图 5-24。与 2003—2022 时段比较，30 个国家中少了韩国，增加了印度尼西亚。美国的论文数量和被引次数排列第一；瑞士的引文影响力和 CNCI 排列第一。

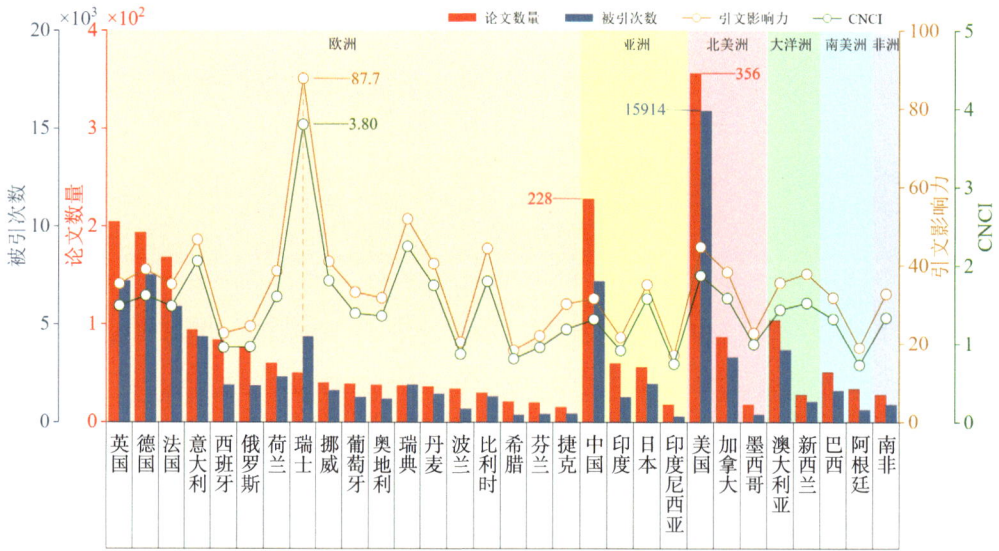

图 5-24　2013—2017 年间地学学科高产国家的分布及其论文数量和影响力指标变化

2013—2017 年间高产国家的论文数量及其 CNCI 与合作论文数量百分比见图 5-25。有 29 个国家的合作论文数量占比超过 50%，但印度只有 38.3%。印度尼西亚合作论文数量占比最高，为 100%。美国和中国合作论文数量占比分别是 64.6% 和 51.3%。西班牙、希腊、阿根廷和印度尼西亚合作论文的 CNCI 都小于 1，只有捷克合作论文的 CNCI 小于独立论文的 CNCI。独立论文的 CNCI 有 10 个国家大于 1，美国独立论文的 CNCI 最高，为 1.86。

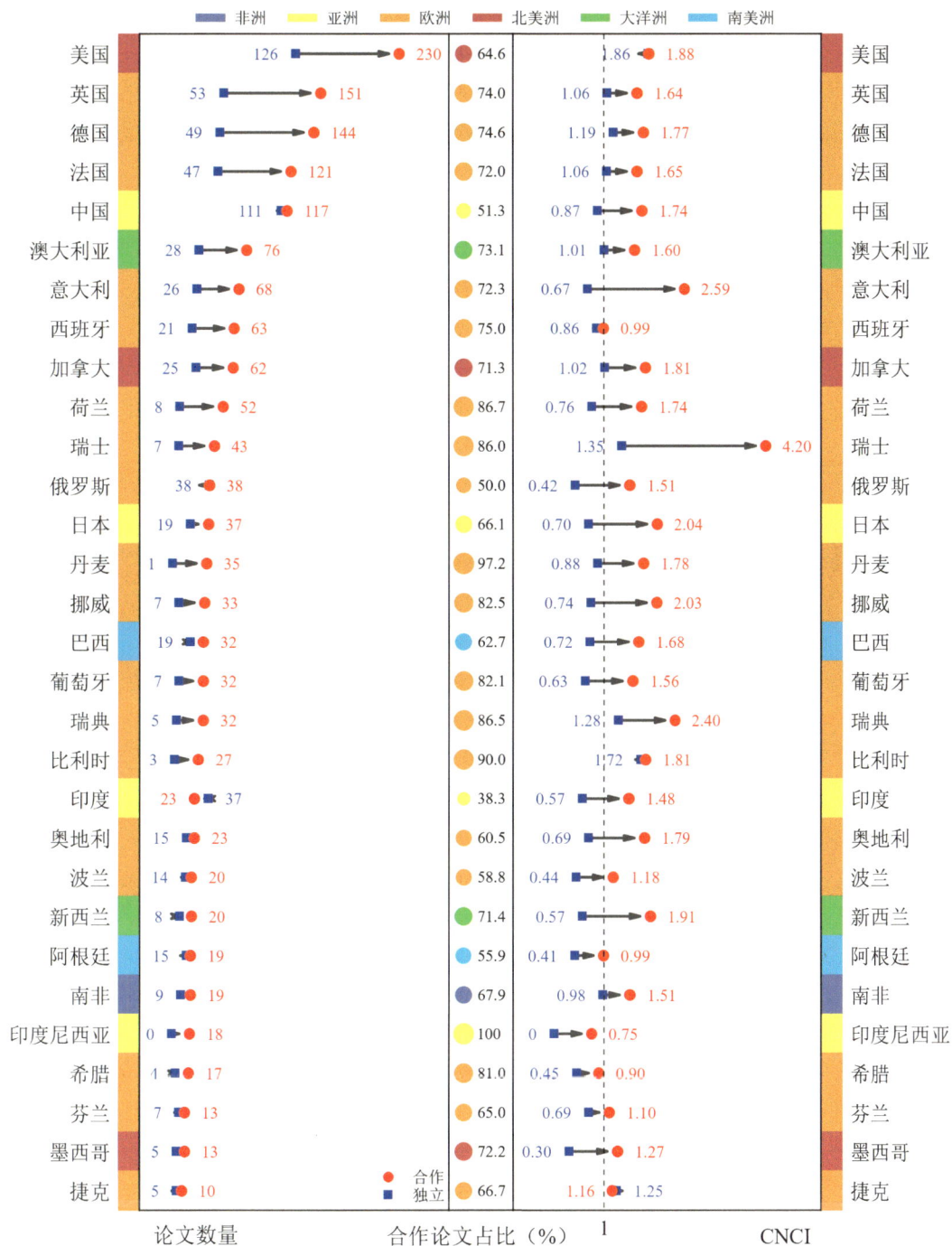

| | 非洲 | 亚洲 | 欧洲 | 北美洲 | 大洋洲 | 南美洲 |

| 国家 | 论文数量（独立→合作） | 合作论文占比（%） | CNCI（独立→合作） |
|---|---|---|---|
| 美国 | 126 → 230 | 64.6 | 1.86 ← 1.88 |
| 英国 | 53 → 151 | 74.0 | 1.06 → 1.64 |
| 德国 | 49 → 144 | 74.6 | 1.19 → 1.77 |
| 法国 | 47 → 121 | 72.0 | 1.06 → 1.65 |
| 中国 | 111 → 117 | 51.3 | 0.87 → 1.74 |
| 澳大利亚 | 28 → 76 | 73.1 | 1.01 → 1.60 |
| 意大利 | 26 → 68 | 72.3 | 0.67 → 2.59 |
| 西班牙 | 21 → 63 | 75.0 | 0.86 → 0.99 |
| 加拿大 | 25 → 62 | 71.3 | 1.02 → 1.81 |
| 荷兰 | 8 → 52 | 86.7 | 0.76 → 1.74 |
| 瑞士 | 7 → 43 | 86.0 | 1.35 → 4.20 |
| 俄罗斯 | 38 → 38 | 50.0 | 0.42 → 1.51 |
| 日本 | 19 → 37 | 66.1 | 0.70 → 2.04 |
| 丹麦 | 1 → 35 | 97.2 | 0.88 → 1.78 |
| 挪威 | 7 → 33 | 82.5 | 0.74 → 2.03 |
| 巴西 | 19 → 32 | 62.7 | 0.72 → 1.68 |
| 葡萄牙 | 7 → 32 | 82.1 | 0.63 → 1.56 |
| 瑞典 | 5 → 32 | 86.5 | 1.28 → 2.40 |
| 比利时 | 3 → 27 | 90.0 | 1.72 → 1.81 |
| 印度 | 23 → 37 | 38.3 | 0.57 → 1.48 |
| 奥地利 | 15 → 23 | 60.5 | 0.69 → 1.79 |
| 波兰 | 14 → 20 | 58.8 | 0.44 → 1.18 |
| 新西兰 | 8 → 20 | 71.4 | 0.57 → 1.91 |
| 阿根廷 | 15 → 19 | 55.9 | 0.41 → 0.99 |
| 南非 | 9 → 19 | 67.9 | 0.98 → 1.51 |
| 印度尼西亚 | 0 → 18 | 100 | 0 → 0.75 |
| 希腊 | 1 → 17 | 81.0 | 0.45 → 0.90 |
| 芬兰 | 7 → 13 | 65.0 | 0.69 → 1.10 |
| 墨西哥 | 5 → 13 | 72.2 | 0.30 → 1.27 |
| 捷克 | 5 → 10 | 66.7 | 1.16 → 1.25 |

● 合作　■ 独立

论文数量　　　合作论文占比（%）　　1　　　CNCI

图 5-25　2013—2017 年间地学学科高产国家的论文数量及其 CNCI 与合作论文数量百分比

2013—2017 年间地学生物多样性论文高产国家共发表论文数量 1364 篇，其中独立 719 篇，合作 645 篇，合作论文占 47.3%。高产国家独立与合作论文比例的饼图叠加合作网络图见图 5-26。美国的饼圈最大，论文数量为 356 篇，捷克的饼圈最小，论文数量为 15 篇。图中有 314 条连线，美国和中国的连线最粗，即合作次数最多为 58 次，用蓝色连线表示，有 78 组国家合作次数仅 1 次，用红色连线表示。

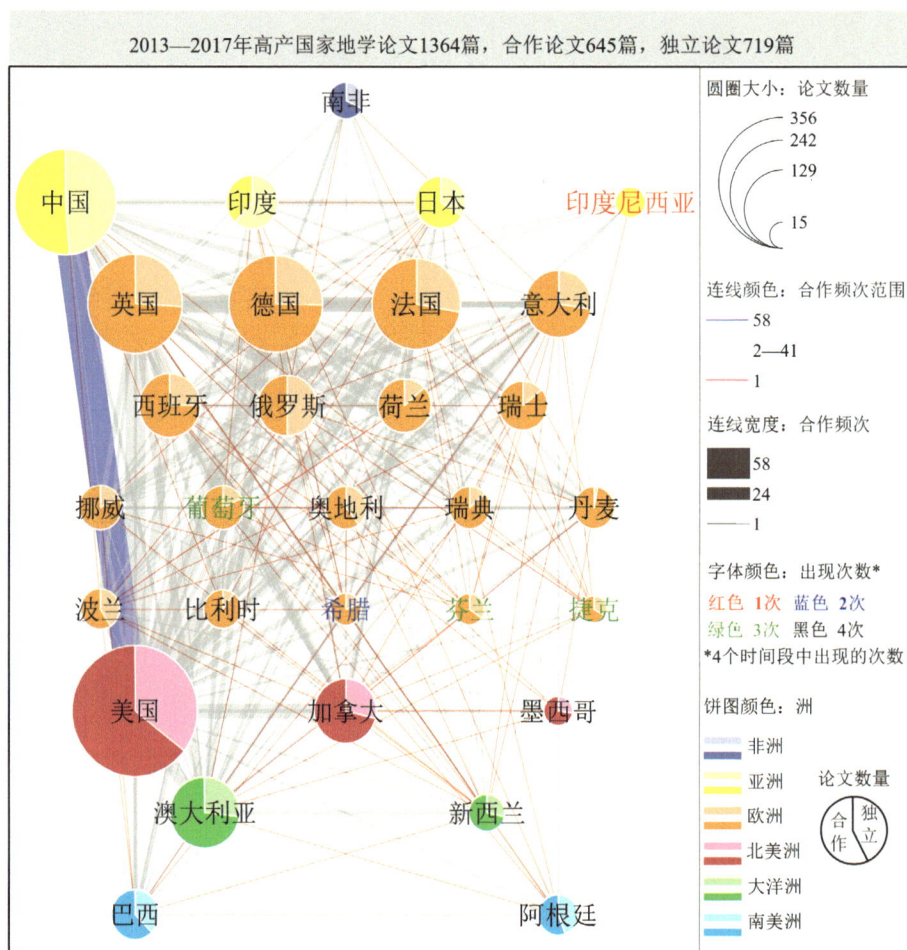

图 5-26　2013—2017 年高产国家的独立与合作论文数量比例及其合作网络

### 5.2.2.4　2018—2022 年间

2018—2022 年间，全球发表论文 2480 篇，来源于 6 大洲的 127 个国家或地区。高产国家共发表论文 2360 篇，占全球论文总数量的 95.2%。排在前 30 位国家的论文信息见图 5-27。30 个高产国包括欧洲 18 个国家，亚洲 4 个国家，北美洲 3 个国家，大洋洲和南美洲各 2 个国家，非洲 1 个国家。该时段美国论文数量 582 篇和被引次数 8300 次排列第一，中国的论文数量 558 篇和被引次数 6185 次排列第二，韩

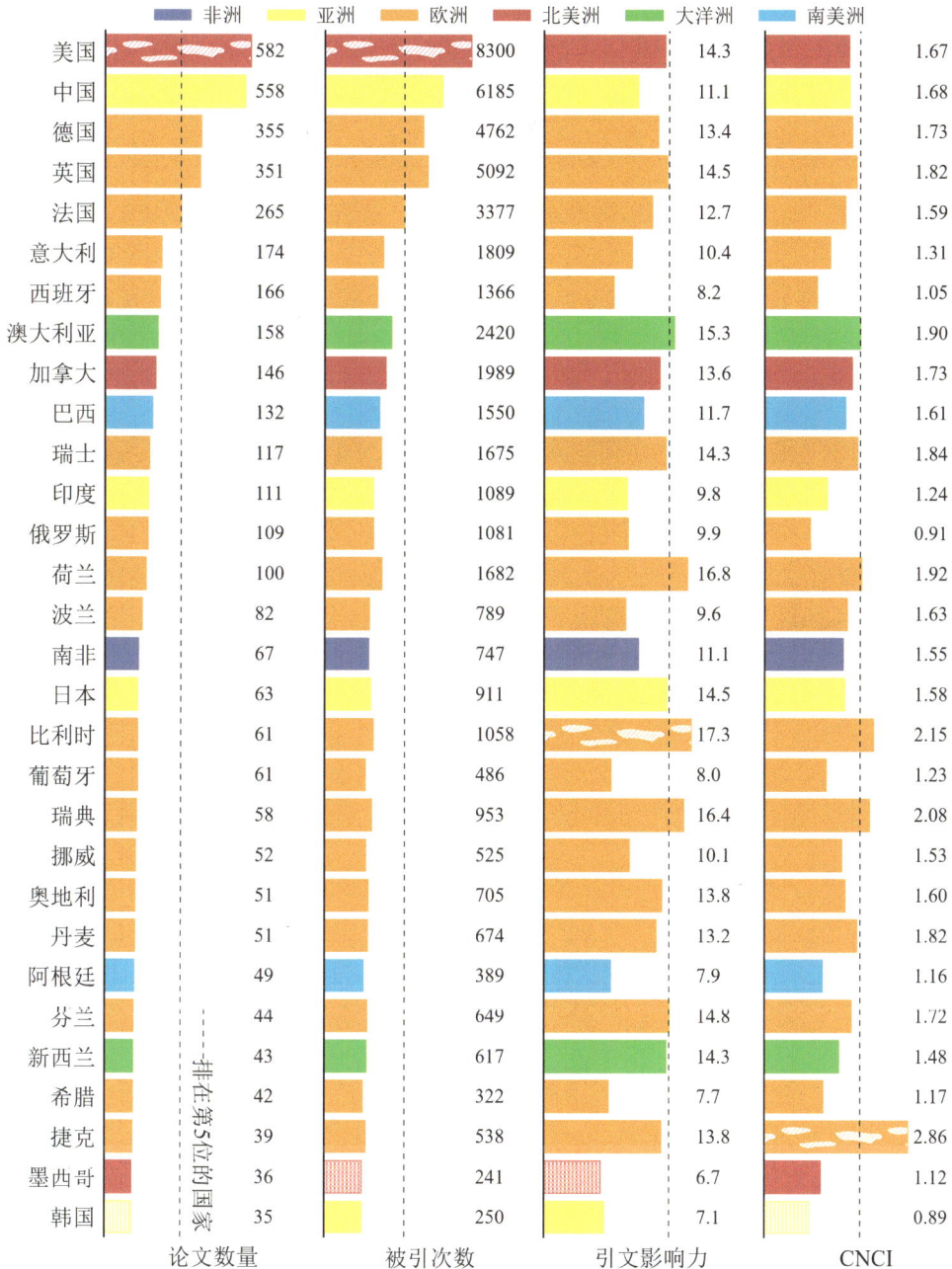

图 5-27  2018—2022 年间地学学科高产国家的论文数量及其影响力指标基本信息

国的论文数量最少 35 篇。引文影响力排列前 5 位的是比利时 17.3、荷兰 16.8、瑞典 16.4、澳大利亚 15.3 和芬兰 14.8。CNCI 排列前 5 位是捷克 2.86、比利时 2.15、瑞典 2.08、荷兰 1.92 和澳大利亚 1.90。引文影响力排在最后的是墨西哥 6.7。俄罗斯和韩国的 CNCI 小于 1，数值最低的是韩国 0.89。美国的引文影响力和 CNCI 分别是 14.3 和 1.67。中国的引文影响力和 CNCI 分别是 11.1 和 1.68。

2018—2022 年间论文数量、被引次数、引文影响力和 CNCI 的变化比较见图 5-28。与 2003—2022 时间段相比，30 个国家完全一致。美国论文数量和被引次数排列第一；比利时引文影响力排列第一，捷克 CNCI 排列第一。

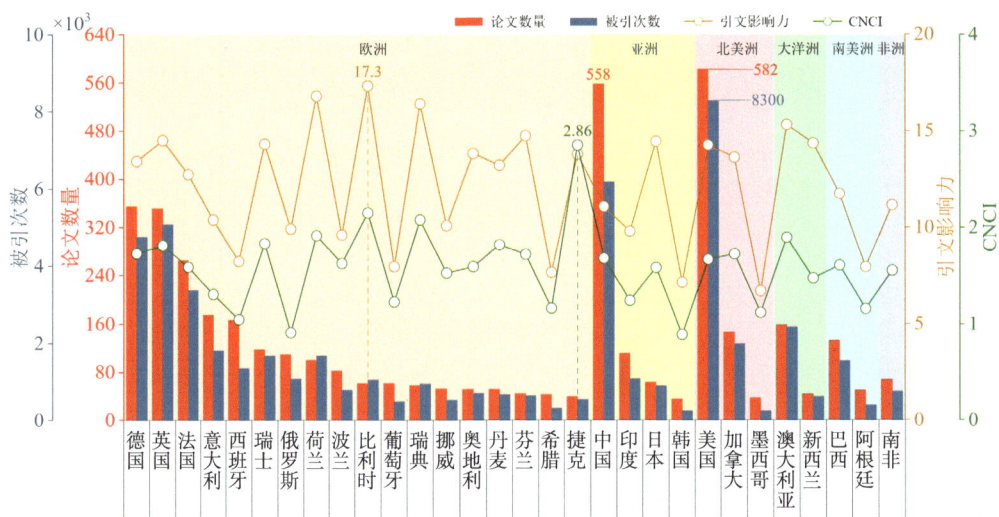

图 5-28　2018—2022 年间地学学科高产国家的分布及其论文数量和影响力指标变化

2018—2022 年间高产国家论文数量及其 CNCI 与合作论文数量百分比见图 5-29。印度和俄罗斯 2 个国家的独立论文数量大于合作论文数量。有 28 个国家的合作论文数量占比超过 50%，其中有 12 个国家的合作论文数量占比超过 80%。比利时合作论文数量比例最高为 95.1%。美国和中国合作论文数量的比例分别是 72.0% 和 50.4%。各国合作论文的 CNCI 都大于 1，澳大利亚独立论文的 CNCI 最大，为 2.14。

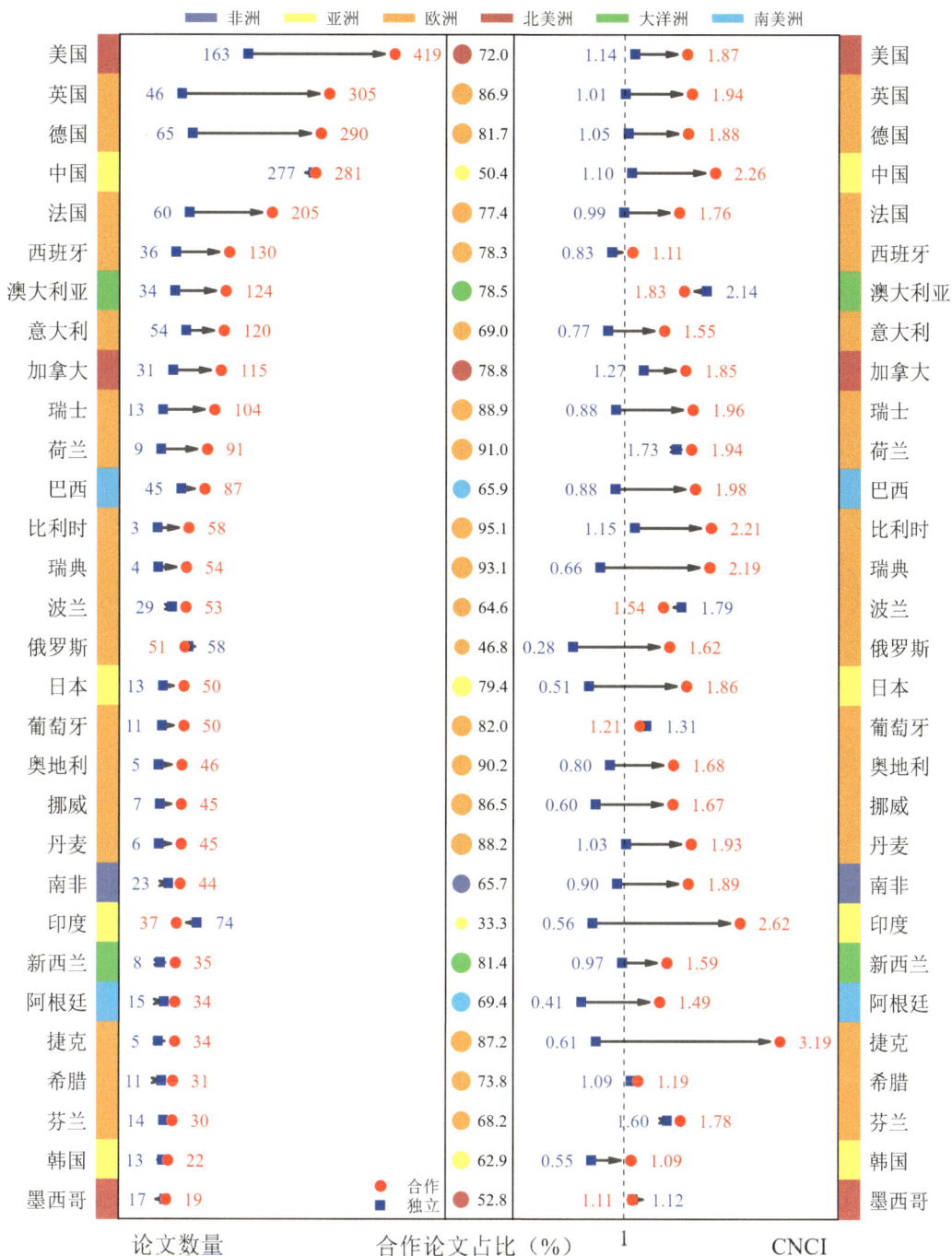

图 5-29　2018—2022 年间地学学科高产国家的论文数量及其 CNCI 与合作论文数量百分比

2018—2022 年间高产国家共完成论文数量 2360 篇，其中独立 1149 篇，合作 1211 篇，合作论文占 51.3%。高产国家独立与合作论文比例的饼图叠加合作网络见图 5-30。美国的饼圈最大，论文数量为 582 篇，韩国的图圈最小，论文数量为 35 篇。图中有 381 条连线，美国和中国的连线最粗，即合作次数最多为 114 次，用蓝色连线表示；67 组国家间合作次数仅 1 次，用红色连线表示。

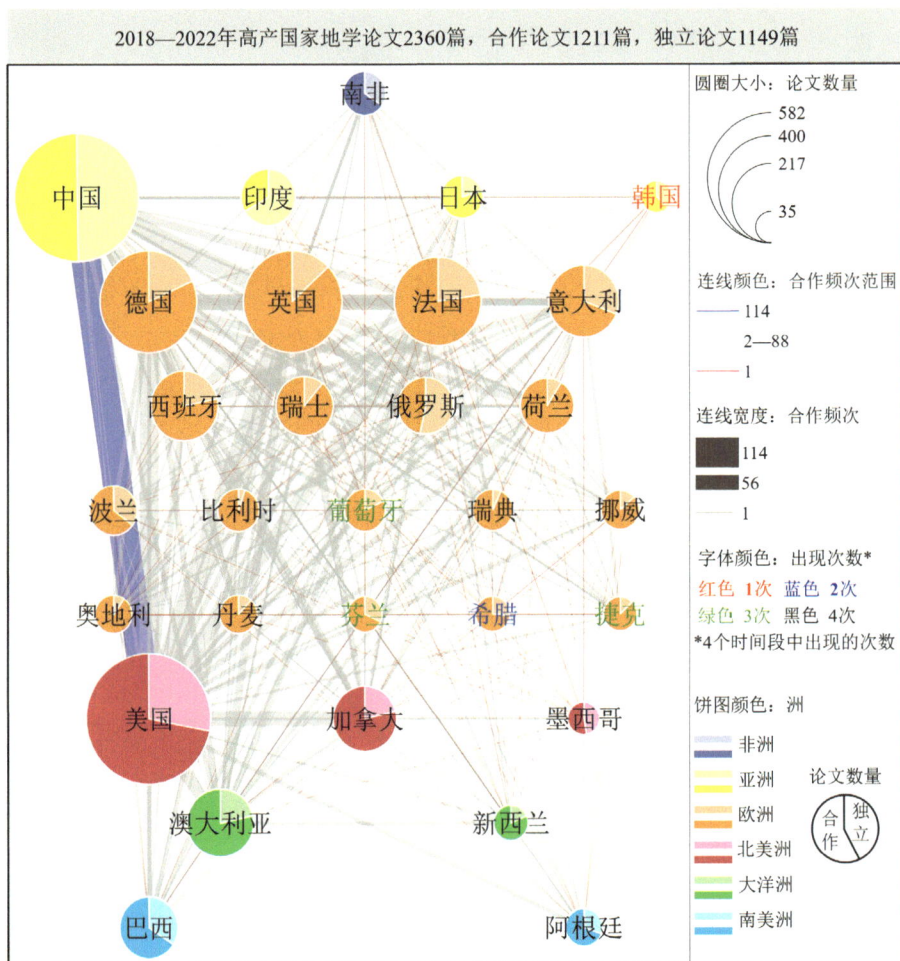

图 5-30  2018—2022 年高产国家的独立与合作论文数量比例及其合作网络

## 5.3　地学主要国家生物多样性论文及其合作研究信息可视化

　　欧洲、亚洲、北美洲、大洋洲、南美洲和非洲20年间发表地学生物多样性相关论文数量分别是2992篇、1580篇、1564篇、408篇、408篇和292篇，占全球地学生物多样性论文数量（5237篇）的百分比分别是57.1%、30.2%、29.9%、7.8%、7.8%和5.6%。以各洲发表论文数量最多的国家（TOP1）为代表（主要国家），比较其发表论文的数量与质量特征，比较它们与全球国家或地区合作、与高产国家合作、与生物多样性特别丰富国家合作的数量与分布。地学学科发表生物多样性论文的主要国家分别是美国、中国、英国、澳大利亚、巴西和南非，它们20年间共发表论文数量2975篇，占全球论文总数量的56.8%，各自发表论文数量占所在洲论文总数量的百分比分别是83.4%、58.9%、25.3%、83.8%、53.9%和40.1%，为所在洲的科研大国。除了英国外，其他5国也是生物多样性特别丰富的国家。主要国家逐年发表论文数量基本呈现缓慢上升态势（图5-31）。

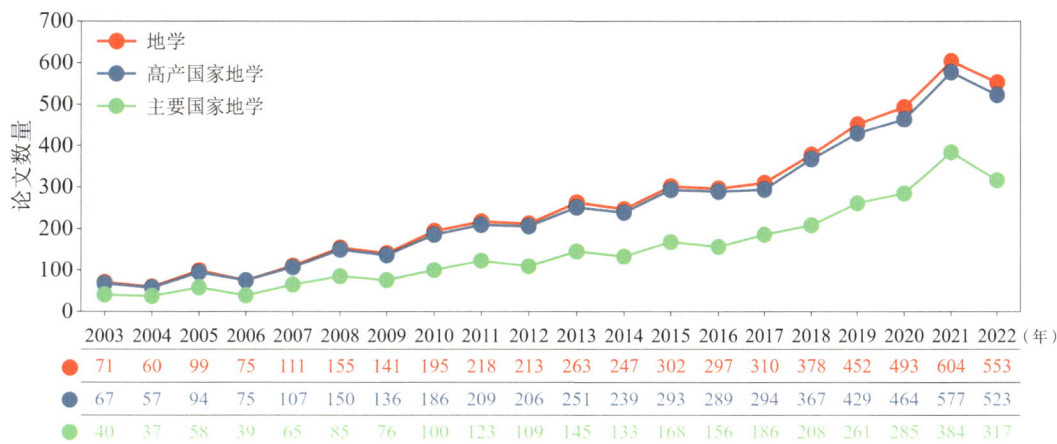

图 5-31　地学学科主要国家生物多样性论文数量的逐年变化

### 5.3.1　主要国家论文数量及其质量信息的年度分布可视化

　　20年间美国、中国、英国、澳大利亚、巴西和南非6个主要国家的论文数量、被引次数、引文影响力和CNCI的基础数据比较见图5-32，与其他3个学科相比，地学学科6个主要国家的论文数量相对较少。从图中看出，美国在地学学科生物多样性研究论文的数量、被引次数、引文影响力和CNCI都是最高的，中国论文影响力和CNCI最低。

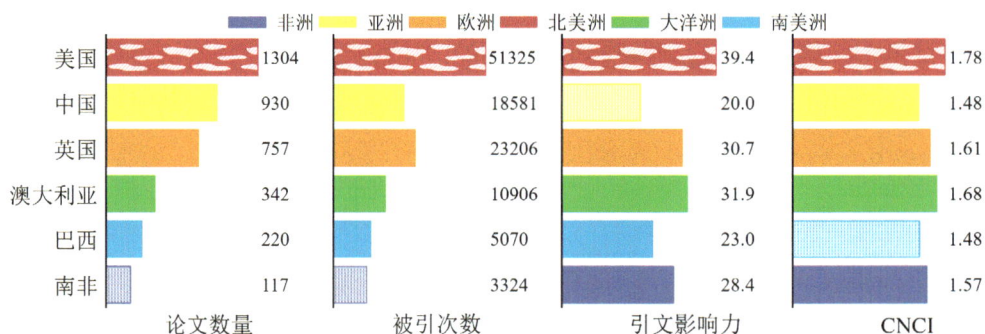

图5-32　地学学科主要国家论文的数量和影响力指标基本信息

地学学科各主要国家论文数量的年度变化趋势比较见图5-33。图中曲线上论文数量的最大值用圆圈标出，并用虚线与对应的年份链接，图中6个主要国家论文数量的最大值和最小值用表格进行了显示。从图中可以看出，美国论文数量年度变化曲线除了2022年外，均处于图中最上方。南非的论文数量年度曲线处于图中最下方。英国、澳大利亚和巴西的论文数量曲线处于图中部。中国论文数量年度曲线2013年之前变化缓慢，之后增长凶猛，在2022年超越美国，达169篇。

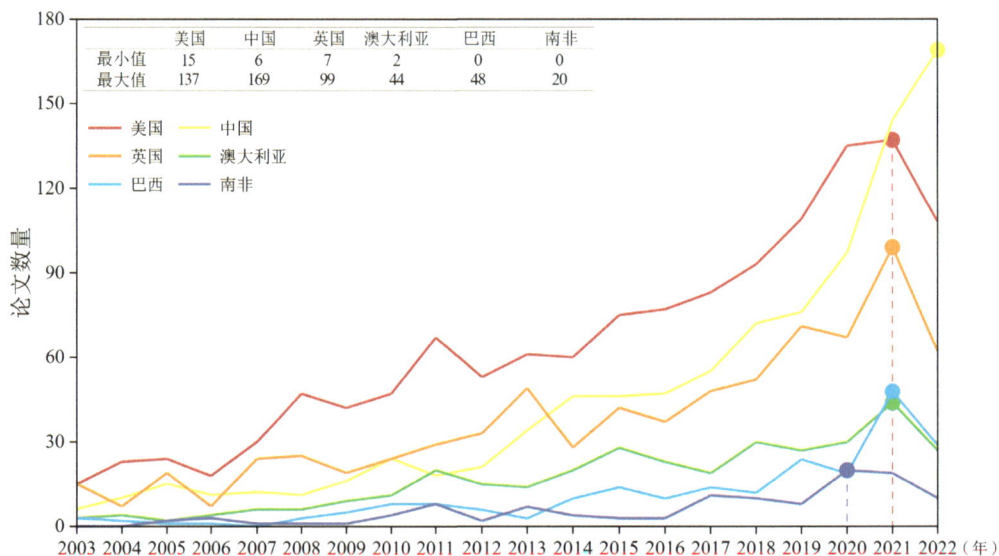

图5-33　地学学科主要国家论文数量年度变化比较

主要国家论文被引次数的年度变化趋势比较见图 5-34。图中曲线上论文被引次数的最大值用圆圈标出，并用虚线与对应的年份链接，图中 6 个主要国家论文被引次数的最大值和最小值用表格进行了显示。从图中可以看出，美国论文被引次数年度曲线基本成山峰状，处于图的最上方，最高值出现在 2011 年。英国与中国论文被引次数年度曲线缠绕，位于美国曲线图的下方。巴西和南非的论文被引次数年度曲线处于图的最下方。

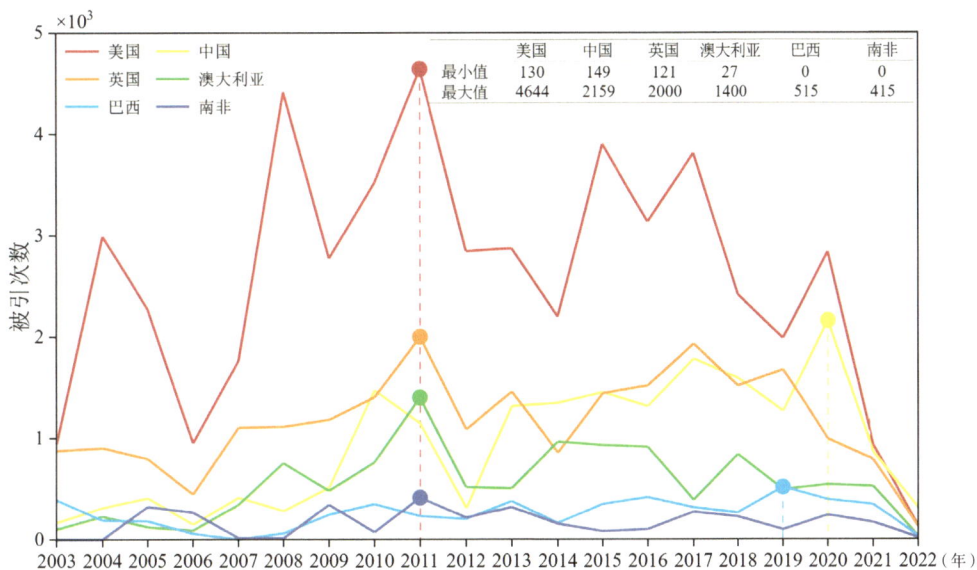

图 5-34　地学学科主要国家论文被引次数年度变化比较

主要国家论文引文影响力的年度变化趋势比较见图 5-35。图中曲线上论文被引次数的最大值用圆圈标出，并用虚线与对应的年份链接，图中 6 个主要国家论文被引次数的最大值和最小值用表格进行了显示。图中可以看出，20 年间中 6 个国家论文的该指数变化随着时间的推移由高到低变化。美国和英国论文引文影响力最大值均出现在 2004 年，为 130.0 和 129.0。中国论文引文影响力最大值只有 63.6，是 6 个主要国家中该指标的最低点。澳大利亚论文引文影响力最大值出现在 2008 年，为 125.5。南非论文引文影响力最大值出现在 2009 年，为 181.0，是 6 个主要国家中该指标的最高点，同时波动幅度较大。

主要国家论文 CNCI 的年度变化趋势比较见图 5-36。曲线上论文 CNCI 的最大值圆圈标出，并用虚线与对应的年份链接，图中 6 个主要国家论文 CNCI 的最大值和最小值用表格进行了显示。从图中看出，美国和英国该指标在 2004 年达到最大值，随后呈现下降并趋于平稳，但每年美国论文的 CNCI 都大于 1。澳大利亚该指标在 2008 年达到最大值。巴西该指标在 2009 年达到最大值，也是 6 个主要国家中该指标的最高点。中国该指标最高值为 2.54，是 6 个主要国家中该指标的最低点。

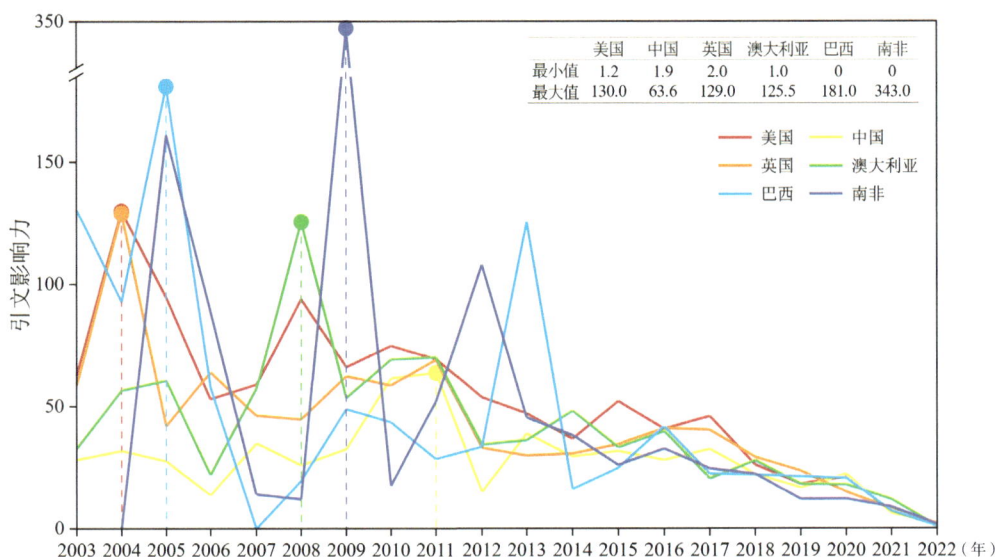

图 5-35　地学学科主要国家论文引文影响力年度变化比较

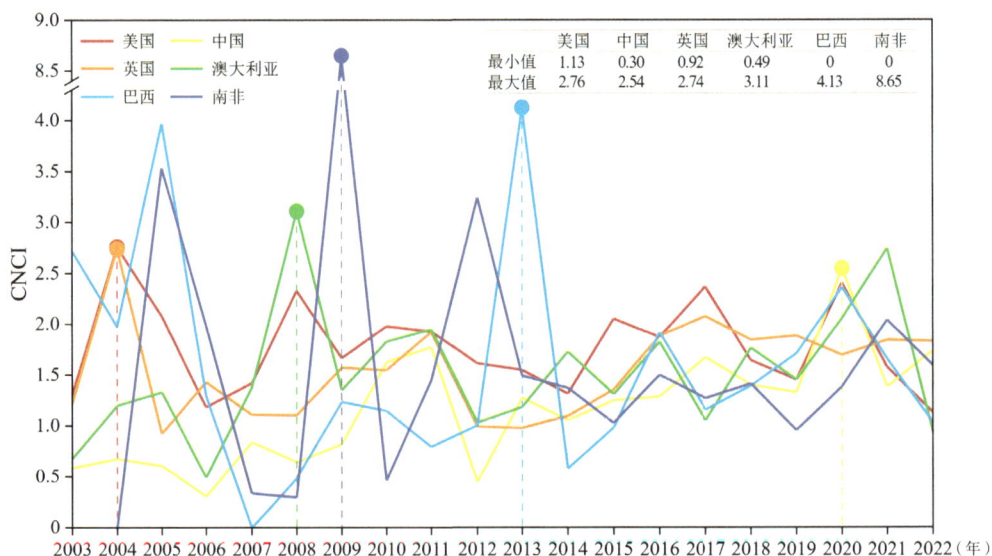

图 5-36　地学学科主要国家论文 CNCI 年度变化比较

## 5.3.2 主要国家合作研究信息可视化

地学主要国家与高产国家合作论文数量与分布见图 5-37。图左侧国家顺序按照美国与各高产国家合作论文数占比由高到低排列，图中方块大小为主要国家合作论文总量，圆圈大小为相应主要国家与高产国家合作论文的数量，各洲用不同颜色加以区分。图中每组数据包括某主要国家与某高产国家合作的论文数及占比（论文数除以某主要国家合作论文总数）。从图中可以看出，中国与美国的合作论文数量占比达到中国合作论文总数的 43.1%。6 个主要国家与图中位于前 5 位国家的合作论文数量占比都在 5% 以上。另外，合作次数较高的国家之间表现出一定的区域性，澳大利亚与新西兰的合作论文数量占澳大利亚合作论文总数的 11.6%。另外，巴西与葡萄牙的合作论文数量占巴西合作论文总数的 8.5%。南非与葡萄牙，巴西与希腊之间没有合作。

生物多样性特别丰富的国家 17 个。主要国家与生物多样性特别丰富国家的合作论文数量与分布见图 5-38。从图中可以看出，中国与美国的合作论文数量占比达到中国合作论文总数的 43.1%，中国与英国的合作论文数量占比达到英国合作论文总数的 16.6%。6 个主要国家与美国、中国和澳大利亚的合作占比在 6.4% 以上。既是高产国家又是生物多样性特别丰富国家分别是美国、澳大利亚、中国、巴西、墨西哥、南非和印度 7 国，6 个主要国家与这 7 国合作论文占比都在 1.0% 以上。6 个主要国家中只有美国与生物多样性特别丰富的国家都有合作。

图 5-39 为地学学科主要国家与各洲合作国家或地区的分布与数量。方块大小为 6 大洲参与研究的国家或地区数，圆圈大小为各洲的国家或地区数。从图中看出，在地学领域，6 个主要国家与非洲、亚洲和欧洲国家科研合作较多。美国和英国的"科研朋友圈"相对最大，分别是 109 和 98 个国家或地区。

| | 非洲 | 亚洲 | 欧洲 | 北美洲 | 大洋洲 | 南美洲 |
|---|---|---|---|---|---|---|
| 美国 | 839 | 199 (43.1%) | 172 (29.1%) | 87 (34.9%) | 46 (32.6%) | 27 (36.5%) |
| 中国 | 199 (23.7%) | 462 | 98 (16.6%) | 36 (14.5%) | 9 (6.4%) | 6 (8.1%) |
| 英国 | 172 (20.5%) | 98 (21.2%) | 592 | 63 (25.3%) | 29 (20.6%) | 23 (31.1%) |
| 德国 | 137 (16.3%) | 78 (16.9%) | 133 (22.5%) | 43 (17.3%) | 26 (18.4%) | 15 (20.3%) |
| 加拿大 | 112 (13.3%) | 44 (9.5%) | 48 (8.1%) | 23 (9.2%) | 11 (7.8%) | 10 (13.5%) |
| 法国 | 106 (12.6%) | 49 (10.6%) | 115 (19.4%) | 38 (15.3%) | 26 (18.4%) | 19 (25.7%) |
| 澳大利亚 | 87 (10.4%) | 36 (7.8%) | 63 (10.6%) | 249 | 12 (8.5%) | 8 (10.8%) |
| 西班牙 | 62 (7.4%) | 12 (2.6%) | 69 (11.7%) | 9 (3.6%) | 11 (7.8%) | 7 (9.5%) |
| 意大利 | 57 (6.8%) | 15 (3.2%) | 63 (10.6%) | 18 (7.2%) | 6 (4.3%) | 10 (13.5%) |
| 巴西 | 46 (5.5%) | 9 (1.9%) | 29 (4.9%) | 12 (4.8%) | 141 | 4 (5.4%) |
| 荷兰 | 41 (4.9%) | 13 (2.8%) | 63 (10.6%) | 28 (11.2%) | 5 (3.5%) | 5 (6.8%) |
| 瑞士 | 40 (4.8%) | 21 (4.5%) | 36 (6.1%) | 14 (5.6%) | 6 (4.3%) | 4 (5.4%) |
| 瑞典 | 40 (4.8%) | 14 (3.0%) | 40 (6.8%) | 14 (5.6%) | 3 (2.1%) | 3 (4.1%) |
| 俄罗斯 | 37 (4.4%) | 17 (3.7%) | 29 (4.9%) | 8 (3.2%) | 5 (3.5%) | 4 (5.4%) |
| 丹麦 | 36 (4.3%) | 16 (3.5%) | 40 (6.8%) | 13 (5.2%) | 6 (4.3%) | 5 (6.8%) |
| 日本 | 35 (4.2%) | 38 (8.2%) | 19 (3.2%) | 14 (5.6%) | 4 (2.8%) | 2 (2.7%) |
| 挪威 | 32 (3.8%) | 11 (2.4%) | 36 (6.1%) | 9 (3.6%) | 3 (2.1%) | 1 (1.4%) |
| 比利时 | 30 (3.6%) | 5 (1.1%) | 42 (7.1%) | 12 (4.8%) | 4 (2.8%) | 8 (10.8%) |
| 南非 | 27 (3.2%) | 6 (1.3%) | 23 (3.9%) | 8 (3.2%) | 4 (2.8%) | 74 |
| 阿根廷 | 27 (3.2%) | 4 (0.9%) | 9 (1.5%) | 5 (2.0%) | 9 (6.4%) | 2 (2.7%) |
| 墨西哥 | 27 (3.2%) | 2 (0.4%) | 6 (1.0%) | 3 (1.2%) | 2 (1.4%) | 1 (1.4%) |
| 印度 | 24 (2.9%) | 14 (3.0%) | 13 (2.2%) | 7 (2.8%) | 2 (1.4%) | 2 (2.7%) |
| 新西兰 | 23 (2.7%) | 8 (1.7%) | 19 (3.2%) | 29 (11.6%) | 2 (1.4%) | 1 (1.4%) |
| 奥地利 | 21 (2.5%) | 11 (2.4%) | 21 (3.5%) | 7 (2.8%) | 1 (0.7%) | 2 (2.7%) |
| 葡萄牙 | 21 (2.5%) | 2 (0.4%) | 28 (4.7%) | 12 (4.8%) | 12 (8.5%) | 0 |
| 波兰 | 19 (2.3%) | 9 (1.9%) | 23 (3.9%) | 10 (4.0%) | 3 (2.1%) | 2 (2.7%) |
| 捷克 | 19 (2.3%) | 7 (1.5%) | 17 (2.9%) | 6 (2.4%) | 2 (1.4%) | 2 (2.7%) |
| 芬兰 | 18 (2.1%) | 6 (1.3%) | 13 (2.2%) | 3 (1.2%) | 3 (2.1%) | 1 (1.4%) |
| 韩国 | 14 (1.7%) | 8 (1.7%) | 8 (1.4%) | 3 (1.2%) | 3 (2.1%) | 0 |
| 希腊 | 6 (0.7%) | 2 (0.4%) | 13 (2.2%) | 4 (1.6%) | 0 | 1 (1.4%) |

美国　中国　英国　澳大利亚　巴西　南非

□ 方形大小：主要国家合作的论文数量　○ 圆形大小：主要国家与高产国家合作的论文数量

图 5-37　地学学科主要国家与高产国家论文合作数量与分布

| | 非洲 | 亚洲 | 北美洲 | 大洋洲 | 南美洲 |

| 国家 | 美国 | 中国 | 澳大利亚 | 巴西 | 南非 | 英国 |
|---|---|---|---|---|---|---|
| 美国 | 839 | 99 (43.1%) | 87 (34.9%) | 46 (32.6%) | 27 (36.5%) | 172 (29.1%) |
| 中国 | 99 (23.7%) | 462 | 36 (14.5%) | 9 (6.4%) | 6 (8.1%) | 98 (16.6%) |
| 澳大利亚 | 87 (10.4%) | 36 (7.8%) | 249 | 12 (8.5%) | 8 (10.8%) | 63 (10.6%) |
| 巴西 | 46 (5.5%) | 9 (1.9%) | 12 (4.8%) | 141 | 4 (5.4%) | 29 (4.9%) |
| 南非 | 27 (3.2%) | 6 (1.3%) | 8 (3.2%) | 4 (2.8%) | 74 | 23 (3.9%) |
| 墨西哥 | 27 (3.2%) | 2 (0.4%) | 3 (1.2%) | 2 (1.4%) | 1 (1.4%) | 6 (1.0%) |
| 印度 | 24 (2.9%) | 14 (3.0%) | 7 (2.8%) | 2 (1.4%) | 2 (2.7%) | 13 (2.2%) |
| 哥伦比亚 | 14 (1.7%) | 1 (0.2%) | 1 (0.4%) | 5 (3.5%) | 0 | 5 (0.8%) |
| 秘鲁 | 10 (1.2%) | 1 (0.2%) | 4 (1.6%) | 5 (3.5%) | 2 (2.7%) | 6 (1.0%) |
| 印度尼西亚 | 9 (1.1%) | 6 (1.3%) | 4 (1.6%) | 0 | 0 | 10 (1.7%) |
| 菲律宾 | 6 (0.7%) | 1 (0.2%) | 5 (2.0%) | 0 | 1 (1.4%) | 4 (0.7%) |
| 厄瓜多尔 | 6 (0.7%) | 1 (0.2%) | 0 | 2 (1.4%) | 0 | 5 (0.8%) |
| 马来西亚 | 5 (0.6%) | 4 (0.9%) | 8 (3.2%) | 1 (0.7%) | 0 | 9 (1.5%) |
| 委内瑞拉 | 3 (0.4%) | 0 | 1 (0.4%) | 2 (1.4%) | 0 | 1 (0.2%) |
| 马达加斯加 | 2 (0.2%) | 1 (0.2%) | 0 | 0 | 0 | 2 (0.3%) |
| 巴布亚新几内亚 | 1 (0.1%) | 0 | 0 | 1 (0.7%) | 0 | 0 |
| 刚果民主共和国 | 1 (0.1%) | 0 | 0 | 0 | 0 | 0 |

方形大小：主要国家合作的论文数量　　圆形大小：主要国家与生物多样性特别丰富国家合作的论文数量

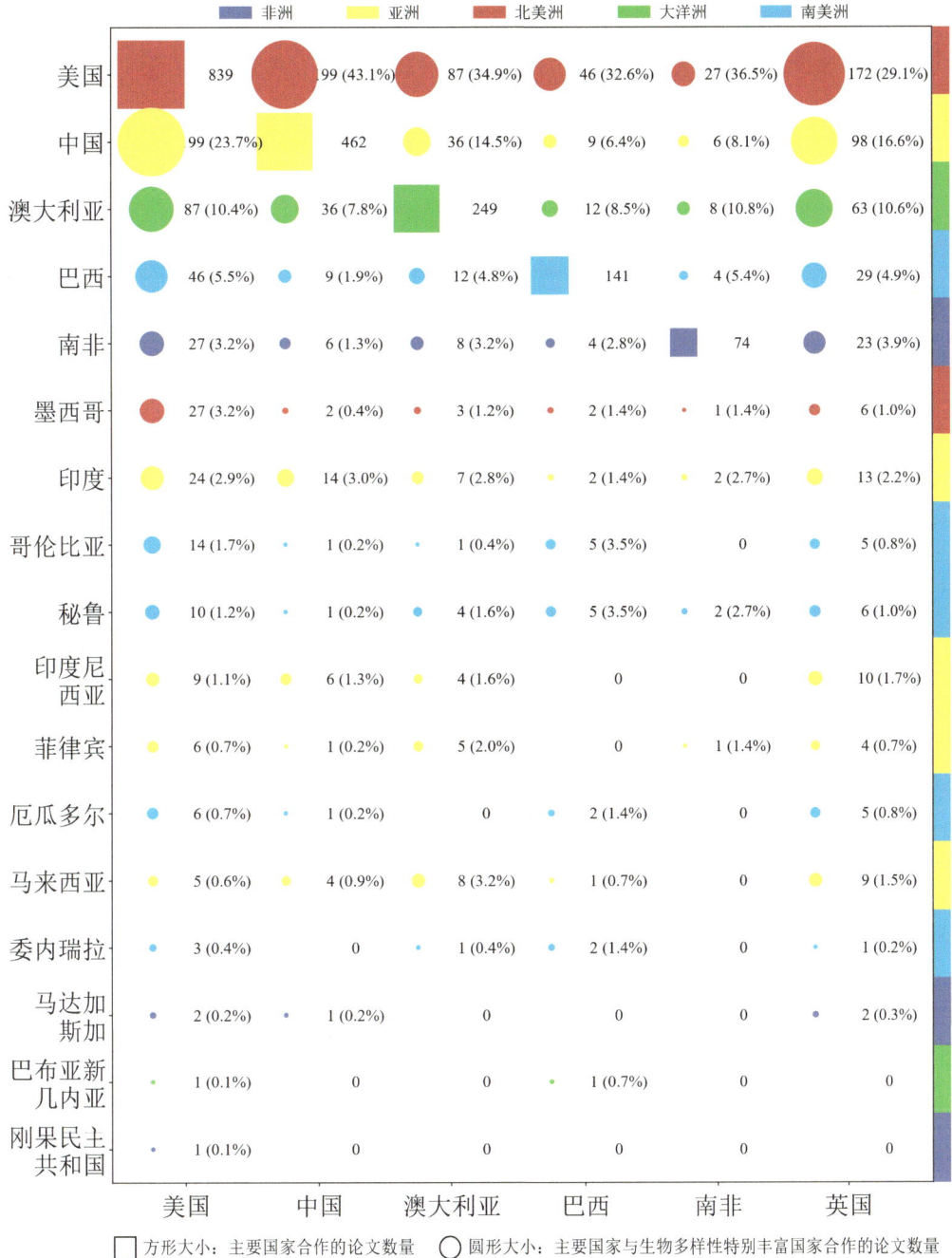

图 5-38　地学学科主要国家与生物多样性特别丰富国家论文合作的数量与分布

189

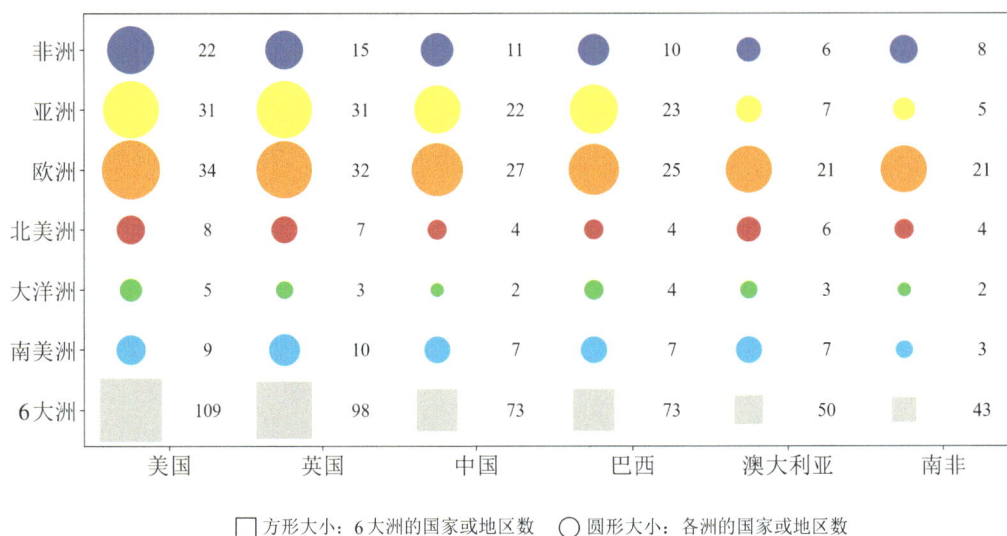

图 5-39　地学学科主要国家与各洲论文合作国家或地区的分布与数量

各主要国家与世界其他国家或地区合作网络见图 5-40 至图 5-45。图中国家次序从上到下按照所属洲排列，即非洲、亚洲、欧洲、北美洲、大洋洲和南美洲，合作论文数量多的国家排在前面。图中央方块和数字代表主要国家名称及其总的合作论文数量。与其合作的国家以圆圈表示，合作次数以圆圈大小和链接线条粗细表示（合作次数最多的国家圆圈中标有数据）。圆圈颜色代表合作论文的 CNCI。

地学生物多样性论文 CNCI 的最高值为 87.5，这篇论文涉及的国家是瑞士和意大利，没有涉及主要国家。影响主要国家论文 CNCI 的有三篇论文，第一篇为 2021 年发表 "Perceived global increase in algal blooms is attributable to intensified monitoring and emerging bloom impacts" CNCI 为 19.6，作者来自于 13 个国家，主要国家有澳大利亚、美国、南非、英国，此外还有菲律宾。第二篇为 2020 年发表的 "Global distribution of carbonate rocks and karst water resources" CNCI 为 16.2，作者来自 7 个国家，主要国家有巴西、美国、中国，此外还有塞尔维亚。第三篇为 2021 年发表的 "Global acceleration in rates of vegetation change over the past 18,000 years" CNCI 为 11.5，作者来自 6 个国家，主要国家有澳大利亚和美国，此外还有捷克。

图 5-40 中美国分别与非洲、亚洲、欧洲、北美洲、大洋洲和南美洲的 22 个、31 个、34 个、8 个、5 个和 9 个，共计 109 个国家或地区进行合作，该图具体可视化了图 5-39 中美国与各洲合作的国家或地区信息。

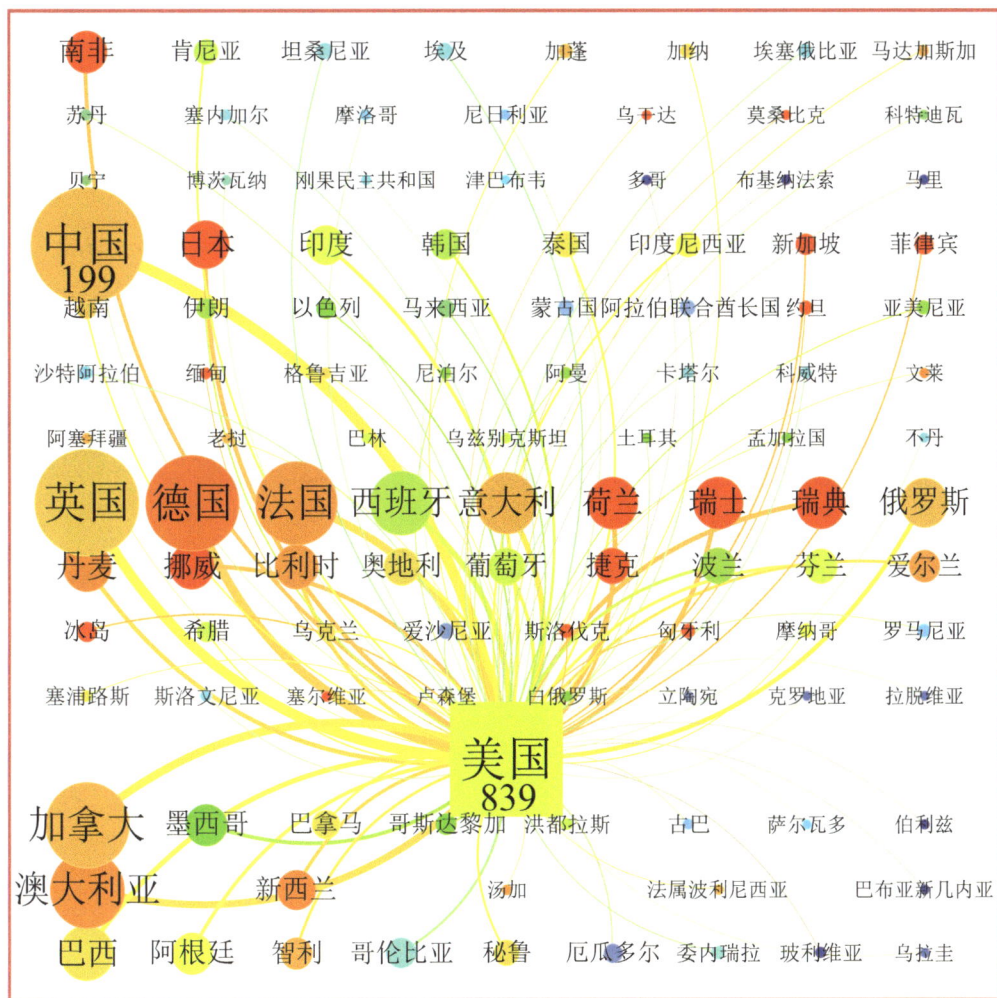

连线粗细：合作次数
节点大小：论文数量，中国最多为199篇，最少为1篇
节点颜色：CNCI，美国为1.94，塞尔维亚最大为16.21，玻利维亚、巴布亚新几内亚、伯利兹、多哥、布基纳法索和马里最小为0
□ 方形大小：美国合作论文数量   ○ 圆形大小：各国家或地区与美国合作的论文数量

图 5-40　地学学科美国与全球各国或地区论文合作网络热图

图 5-41 中中国分别与非洲、亚洲、欧洲、北美洲、大洋洲和南美洲的 11 个、22 个、27 个、4 个、2 个和南美洲 7 个，共计 73 个国家或地区进行合作，该图具体可视化了图 5-39 中中国与各洲合作的国家或地区信息。

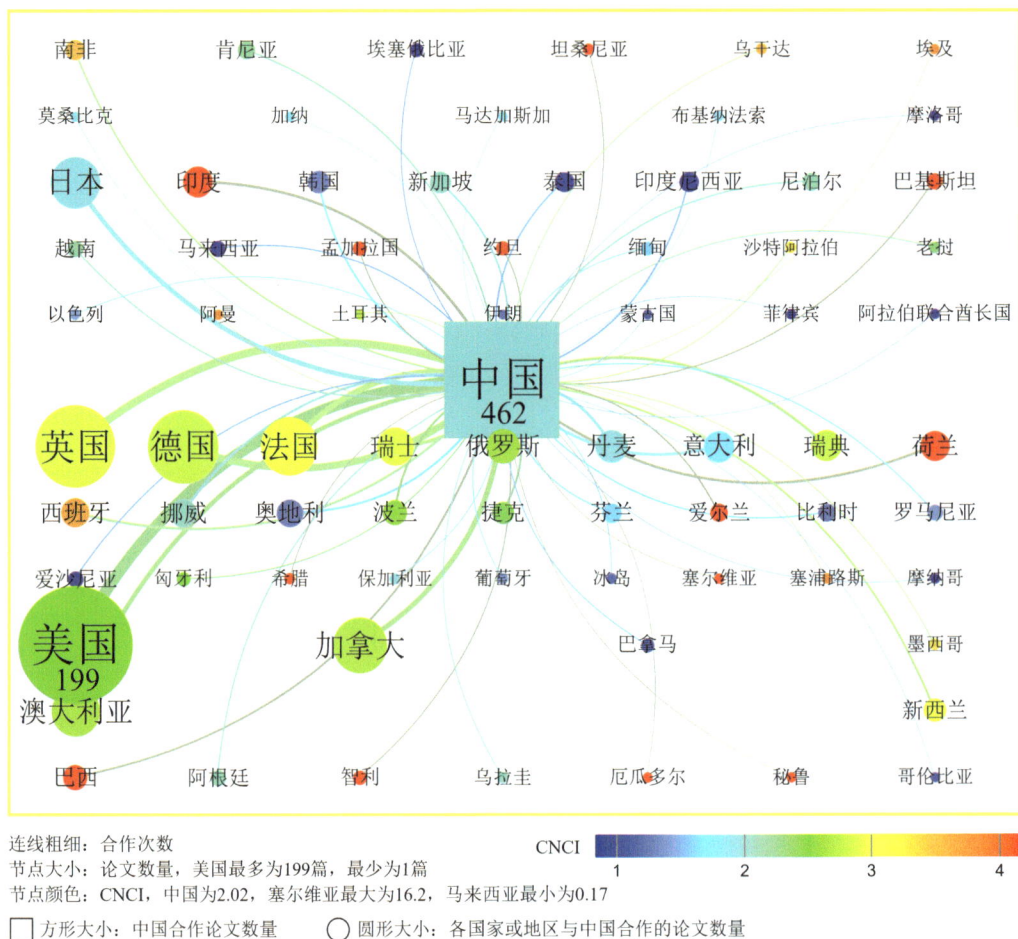

图 5-41　地学学科中国与全球各国或地区论文合作网络热图

图 5-42 中英国分别与非洲、亚洲、欧洲、北美洲、大洋洲和南美洲的 15 个、
31 个、32 个、7 个、3 个和 10 个，共计 98 个国家或地区进行合作，该图具体可视
化了图 5-39 中英国与各洲合作的国家或地区信息。

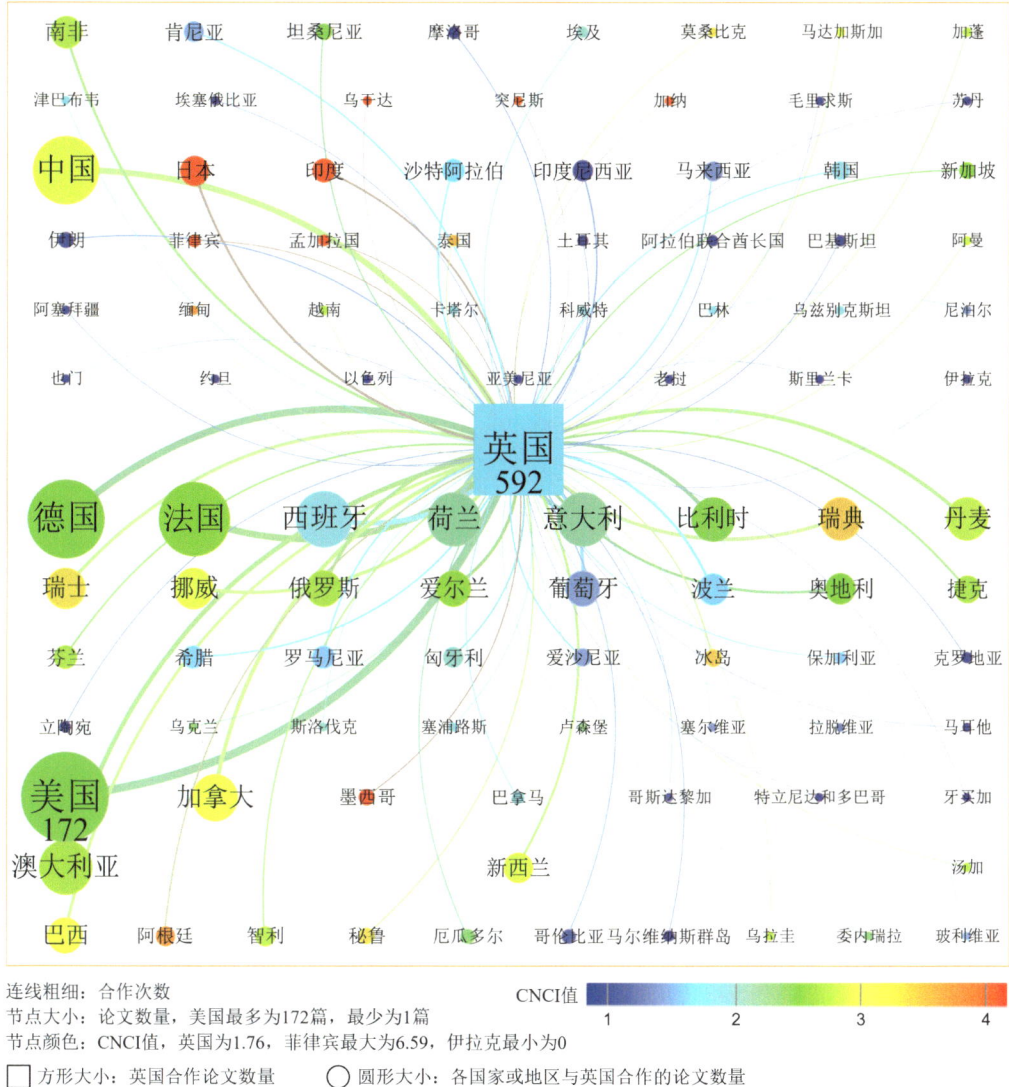

连线粗细：合作次数
节点大小：论文数量，美国最多为172篇，最少为1篇
节点颜色：CNCI值，英国为1.76，菲律宾最大为6.59，伊拉克最小为0

□ 方形大小：英国合作论文数量    ○ 圆形大小：各国家或地区与英国合作的论文数量

CNCI值
1    2    3    4

图 5-42　地学学科英国与全球各国或地区论文合作网络热图

图 5-43 中澳大利亚分别与非洲、亚洲、欧洲、北美洲、大洋洲和南美洲的 6 个、7 个、21 个、6 个、3 个和 7 个，共计 50 个国家或地区进行合作，该图具体可视化了图 5-39 中澳大利亚与各洲合作的国家或地区信息。

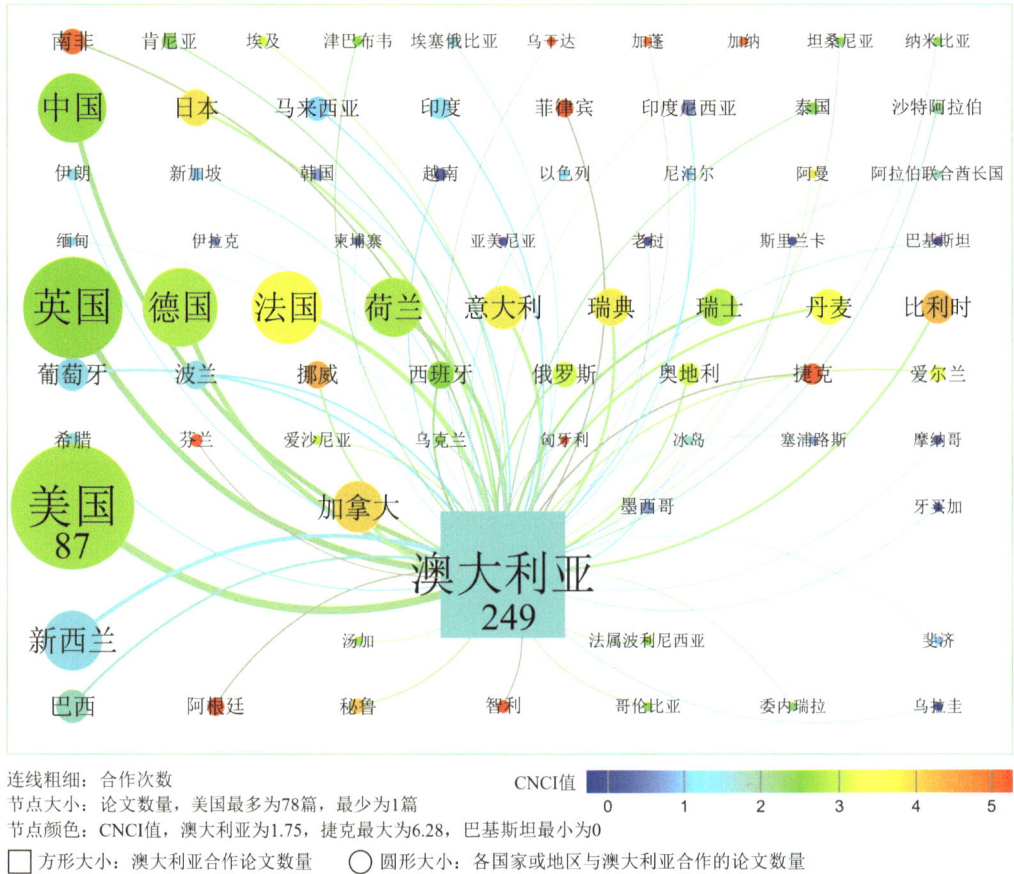

连线粗细：合作次数
节点大小：论文数量，美国最多为78篇，最少为1篇
节点颜色：CNCI值，澳大利亚为1.75，捷克最大为6.28，巴基斯坦最小为0

CNCI值  0  1  2  3  4  5

□ 方形大小：澳大利亚合作论文数量    ○ 圆形大小：各国家或地区与澳大利亚合作的论文数量

图 5-43   地学学科澳大利亚与全球各国或地区论文合作网络热图

图 5-44 中巴西分别与非洲、亚洲、欧洲、北美洲、大洋洲和南美洲的 10 个、23 个、25 个、4 个、4 个和 7 个，共计 73 个国家或地区进行合作，该图具体可视化了图 5-39 中巴西与各洲合作的国家或地区信息。

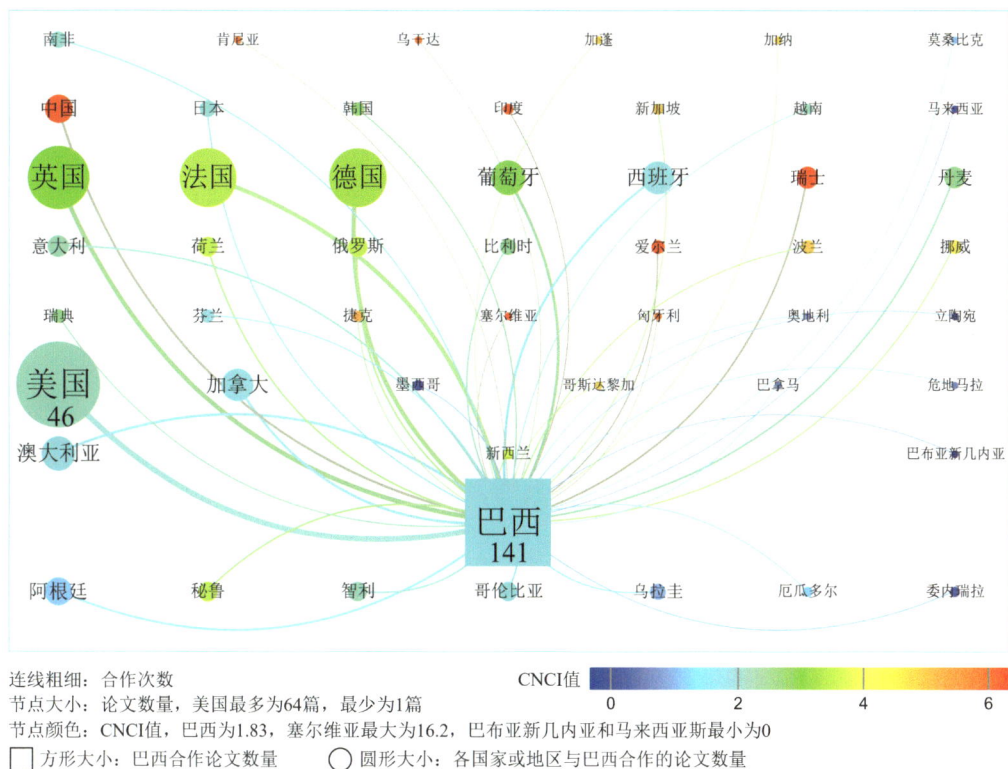

连线粗细：合作次数
节点大小：论文数量，美国最多为64篇，最少为1篇
节点颜色：CNCI值，巴西为1.83，塞尔维亚最大为16.2，巴布亚新几内亚和马来西亚斯最小为0
□ 方形大小：巴西合作论文数量　　○ 圆形大小：各国家或地区与巴西合作的论文数量

图 5-44　地学学科巴西与全球各国或地区论文合作网络热图

图 5-45 中南非分别与非洲、亚洲、欧洲、北美洲、大洋洲和南美洲的 8 个、5 个、21 个、4 个、2 个和 3 个，共计 43 个国家或地区进行合作，该图具体可视化了图 5-39 中南非与各洲合作的国家或地区信息。

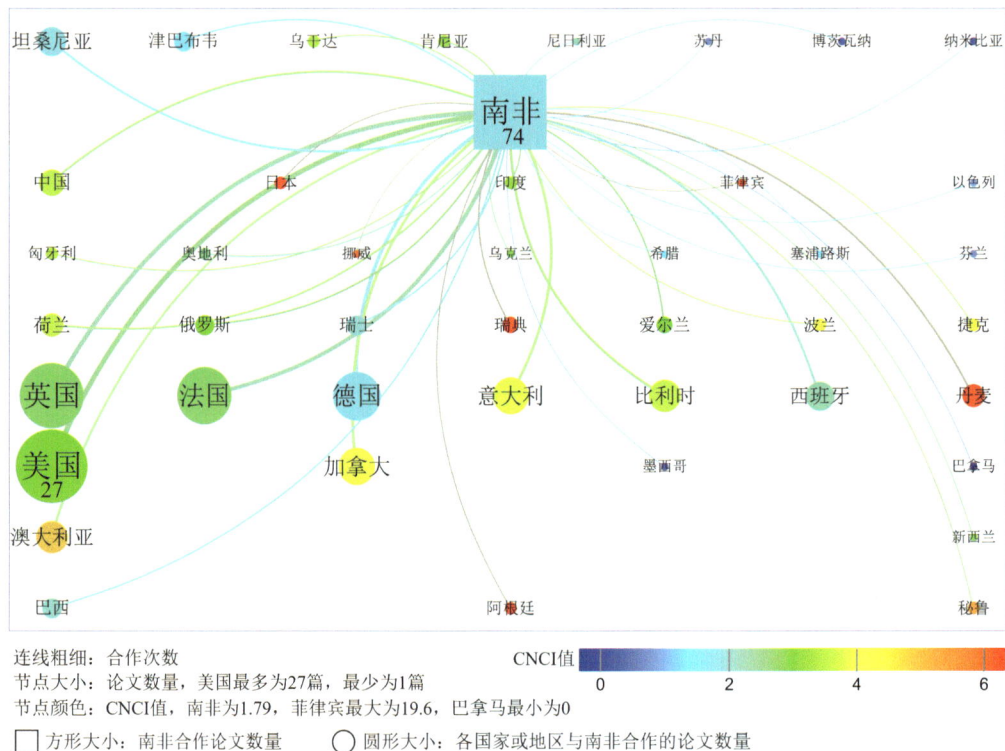

连线粗细：合作次数
节点大小：论文数量，美国最多为27篇，最少为1篇
节点颜色：CNCI值，南非为1.79，菲律宾最大为19.6，巴拿马最小为0
□ 方形大小：南非合作论文数量　　○ 圆形大小：各国家或地区与南非合作的论文数量

图 5-45　地学学科南非与全球各国或地区论文合作网络热图

# 参考文献

范毅, 周敏, 2011. 世界地图集 [M]. 北京：中国地图出版社.

李杰, 2018. 科学知识图谱原理及应用 VOSviewer 和 CitNetExplorer 初学者 [M]. 北京：高等教育出版社.

李骁, 吴纪华, 李博, 2019. 为生物多样性与人类未来而战 [J]. 科学通报, 64(23): 2374-2378.

刘爱原, 郭玉清, 李世颖, 等, 2012. 从文献计量角度分析中国生物多样性研究现状 [J]. 生态学报, 32(24):7635-7643.

刘爱原, 康斌, 郭玉清, 2018. 中国滨海湿地研究态势 基于文献计量分析视角 [M]. 北京：中国农业出版社.

刘爱原, 林荣澄, 郭玉清, 2015. 全球北极底栖生物研究文献计量分析 [J]. 生态学报, 35(9):2789-2799.

谭春林, 2024. Origin 绘图深度解析：科研数据的可视化艺术 [M]. 北京：北京大学出版社.

谭春林, 2023. Origin 科研绘图与学术图表绘制从入门到精通 [M]. 北京：北京大学出版社.

习近平, 2021. 共同构建地球生命共同体——在《生物多样性公约》第十五次缔约方大会领导人峰会上的主旨讲话 [J]. 中国生态文明, (5):6-7.

习近平, 2020. 在联合国生物多样性峰会上的讲话 [N]. 人民日报.

CHEN C, PARK T, WANG X H, et al., 2019. China and India lead in greening of the world through land-use management[J]. Nature Sustainability, 2(2):122-129.

CLARIVATE. InCites Help Center—Category Normalized Citation Impact (CNCI) [EB/OL]. (2024-05-08)[2024-10-08]. https://incites.zendesk.com/hc/en-gb/articles/25087312115601-Category-Normalized-Citation-Impact-CNCI.

CLARIVATE. InCites Help Center—Citation Impact[EB/OL]. (2024-05-30)[2024-10-08]. https://incites.zendesk.com/hc/en-gb/articles/24647918076177-Citation-Impact.

FAZEY I, FISCHER J, LINDENMAYER D B, 2005. Who does all the research in conservation biology?[J]. Biodiversity and Conservation, 14(4):917−934.

FU H Z, HO Y S, 2014. Top cited articles in adsorption research using Y-index[J]. Research Evaluation, 23(1):12−20.

FU H Z, WANG M H, HO Y S, 2012. The most frequently cited adsorption research articles in the Science Citation Index (Expanded)[J]. Journal of Colloid and Interface Science, 379:148−156.

HARZING A, GIROUD A, 2014. The competitive advantage of nations: An application to academia[J]. Journal of Informetrics, 8(1):29−42.

HUANG X L, WANG L, LIU W S, 2023. Identification of national research output using Scopus/Web of Science Core Collection: a revisit and further investigation[J]. Scientometrics, 128(4):2337−2347.

ISBELL F, GONZALEZ A, LOREAU M, et al., 2017. Linking the influence and dependence of people on biodiversity across scales[J]. Nature, 546(7656):65−72.

LIU A Y, FU H Z, LI S Y, et al., 2014. Comments on "Global trends of solid waste research from 1997 to 2011 by using bibliometric analysis"[J]. Scientometrics, 98(1):767−774.

LIU A Y, LI S Y, GUO Y Q, 2014. Characteristics of research on bioinformatics in China assessed with Science Citation Index Expanded[J]. Scientometrics, 99(2):371−391.

LIU W S, HU G Y, TANG L, 2018. Missing author address information in Web of Science An explorative study[J]. Journal of Informetrics, 12(3):985−997.

LIU W S, ZHANG R F, 2024. Multilateral co-authorship: an important but easily overlooked pattern in international scientific collaboration research[J]. Scientometrics, 129(7):4661−4668.

LIU X J, ZHANG L, HONG S, 2011. Global biodiversity research during 1900-2009: a bibliometric analysis[J]. Biodiversity and Conservation, 20(4):807−826.

MASOOD E, 2018. Battle over biodiversity[J]. Nature, 560(7719):423−425.

MONASTERSKY R, 2014. Life - a status report[J]. Nature, 516(7530):159.